高职高专电子信息类系列教材

大华智慧物联职业教育与技能认证系列教材

智慧园区控制与管理

主　编　向怀坤

副主编　张晗毓　王志权

西安电子科技大学出版社

内 容 简 介

本书以城市智慧园区控制与管理领域的安防技术应用为场景，以典型项目、任务情境、学习目标、知识储备、任务实施、评价与考核为主线进行内容编排，以智慧园区安防系统控制与管理方案分析、智慧园区视频监控设备操作与系统调试、智慧园区入侵和报警设备操作与系统调试、智慧园区出入门禁控制设备操作与系统调试、智慧园区楼寓对讲设备操作与系统调试、智慧园区停车安全管理设备操作与系统调试六个项目为载体，设置了一系列来自企业一线的工作任务及配套实训内容，非常适合高职教学的需要，充分体现了"学中做、做中学"的职教特色。书中的大量二维码资源可方便读者深入学习与实践。

本书可供高职高专院校的智能交通、智能楼寓、计算机等相关专业课程的教学使用，同时也可作为智慧安防从业人员的参考和培训用书。

图书在版编目(CIP)数据

智慧园区控制与管理 / 向怀坤主编. —西安：西安电子科技大学出版社，2023.2
ISBN 978-7-5606-6716-4

Ⅰ. ①智… Ⅱ. ①向… Ⅲ. ①工业园区—管理 Ⅳ. ①TU984.13

中国版本图书馆 CIP 数据核字(2022)第 231407 号

策　　划　李惠萍
责任编辑　李惠萍
出版发行　西安电子科技大学出版社(西安市太白南路 2 号)
电　　话　(029) 88202421　88201467　　　邮　　编　710071
网　　址　www.xduph.com　　　　　　电子邮箱　xdupfxb001@163.com
经　　销　新华书店
印刷单位　咸阳华盛印务有限责任公司
版　　次　2023 年 2 月第 1 版　　2023 年 2 月第 1 次印刷
开　　本　787 毫米×1092 毫米　1/16　印张 17.5
字　　数　414 千字
印　　数　1～3000 册
定　　价　45.00 元
ISBN　978-7-5606-6716-4 / TU

XDUP 7018001-1
如有印装问题可调换

高职高专电子信息类系列教材
大华智慧物联职业教育与技能认证系列教材
编委会名单

主　任：董铸荣

副主任：李智杰　刘　明　梁伯栋

编委成员(按姓氏笔画排序)：

王　亮　王志权　毛海霞　邓中辉　叶　权　朱红梅

向怀坤　羊华曦　孙龙林　纪力明　李　鹏　李银启

杨　帆　杨　瑾　张自强　张晗毓　夏　栋　夏群峰

陶亚浪　崔　健　梁松峰　韩承伟　曾子铭　谢鑫鑫

前　言

近年来，随着我国智慧园区数量的快速增加、规模的不断扩大，园区中机动车、非机动车及行人出行需求不断提升，使得园区安全防范与事件有效管控问题不断受到严峻挑战。如何提升智慧园区的安防管理与控制水平，使其更好地为智慧城市发展服务，成为智慧园区开发、建设与运维中需要考虑的重要问题。

经过 30 多年的信息化建设，以宽带互联网、移动通信和企业信息化应用为代表的信息技术覆盖了社会生活的方方面面，我国已经全面进入信息化社会。在公共安全防范领域，以视频监控为主要应用的传统安防技术，正不断地向网络化、数字化、智能化方向发展。人工智能、大数据、云计算以及新一代移动通信技术(5G)正激发智慧城市的无限潜力，为智能安防在智慧城市特别是智慧园区中的应用与发展提供了强大的技术支撑，我国智慧园区的控制与管理必将迎来一个新的发展阶段。在此背景下，由深圳职业技术学院与浙江大华技术股份有限公司合作推出大华智慧物联职业教育与技能认证系列教材。

本书以智慧园区安防技术应用实践为依托，采用项目导向、任务驱动、实训操作的职业教材编写理念，设置了包括智慧园区安防系统控制与管理方案分析、智慧园区视频监控设备操作与系统调试、智慧园区入侵和报警设备操作与系统调试、智慧园区出入门禁控制设备操作与系统调试、智慧园区楼寓对讲设备操作与系统调试、智慧园区停车安全管理设备操作与系统调试在内的 6 大项目以及 18 个配套的工作任务模块，每个任务模块又采用任务情境、学习目标、知识储备、任务实施、评价与考核、拓展与提升六大体系架构进行编排，内容严格遵循国家、行业标准与相关规范。在本书中的一些重要节点处，以二维码形式增加了配套的电子文档、图纸、音频、视频、动画等学习资源，实现了纸书与数字资源的完美结合，体现了"互联网+"新形态一体化教材的理念；通过扫描二维码就可以观看相应的学习资源，保障了学习者自主学习的便利性。另外，每个工作任务中的拓展与提升模块，便于学习者理论联系实践，更好地掌握各个工作任务所涉及的专业知识。

本书由深圳职业技术学院的向怀坤担任主编，浙江大华技术股份有限公司的张晗毓、王志权担任副主编。其中，项目一由张晗毓、王志权编写，项目二、项目三、项目四、项目五、项目六由向怀坤编写。全书由向怀坤负责统稿，王志权负责全书的审校。另外，浙江大华技术股份有限公司的张自强、叶权、纪力明、邓中辉、夏栋、陶亚浪、谢鑫鑫、杨瑾、羊华曦、杨帆也参与了本书的部分编写及审校工作。

本书在编写过程中参阅和应用了国内外相关的论著和资料，在此对本书所参考引用到的文献作者和译者表示由衷的感谢和诚挚的谢意。

由于作者水平有限，书中不妥之处在所难免，恳请专家和读者给予批评和指正。

编　者

2022 年 9 月

目　　录

智慧园区安防系统控制与管理方案分析

在智慧城市建设的大背景下，为提高传统园区的运营与管理效率，增强其对各类产业的集聚力，智慧园区的概念被提出并迅速受到各方的高度关注。作为智慧城市的重要组成部分，智慧园区在实现城市产业升级、资源整合、人才就业、自主创新、低碳环保等方面将发挥重要作用。受经济快速发展和政策的持续推动，我国智慧园区近年来数量快速增加、规模不断扩大，园区的机动车、非机动车及行人出行需求不断提升，使得园区内的道路交通供需矛盾日益突出，园区安全防范与事件有效管控问题不断受到严峻挑战。如何提升智慧园区的安防管理与控制水平，使其更好地为智慧城市发展服务，成为智慧园区开发、建议与运维中需要考虑的重要问题。

本项目以智慧园区安防系统控制与管理方案分析为载体，通过设置三个典型工作任务，即了解智慧园区及其发展历程、知晓智慧园区安防管控内容和认识大华智慧园区智能安防方案，使学习者可以在完成任务的过程中，对智慧园区及其安防管控方面的基本概念、系统构成和方案设计有较深入的认识，为学习后面各项目内容奠定坚实基础。项目一的任务点思维导图如图 1-1 所示。

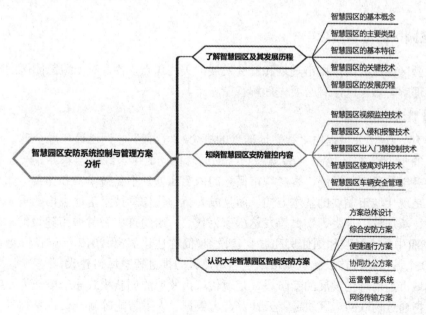

图 1-1　项目一的任务点思维导图

任务 1-1　了解智慧园区及其发展历程

 任务情境

　　近年来，在智慧化成为时代主题的大背景下，我国拉开了智慧城市建设的大幕，陆续出台了一系列相关的政策文件。在此基础上，传统城市园区开始快速向智慧园区转型升级。智慧园区被认为是传统城市园区 2.0 版，是智慧城市的重要表现形态，其体系结构与发展模式是智慧城市在一个小区域范围内的缩影。

　　在此背景下，有必要深入了解智慧园区及其发展情况。本次学习任务要求能熟练利用相关工具，完成有关智慧园区的调查与分析。

 学习目标

(1) 理解智慧园区的基本概念。
(2) 了解智慧园区的主要类型。
(3) 掌握智慧园区的基本特征。
(4) 了解智慧园区的关键技术。
(5) 理解智慧园区的发展历程。

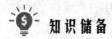 **知识储备**

一、智慧园区的基本概念

　　智慧园区已成为当今城市规划和社会发展的关注焦点，各方对于智慧园区的理解各有不同。要理解智慧园区，有必要先理解智慧城市。

1. 智慧城市的概念

　　2009 年，IBM 公司提出"智慧地球"的概念，"智慧"一词迅速风靡全球。作为智慧地球概念的一个重要衍生品，"智慧城市"的概念由此诞生。经过学术界、产业界及其他社会力量多年的研究与发展，智慧城市概念的内涵和外延不断被丰富和完善，如今，智慧城市不仅是现代城市发展的基本方向，而且成为新一代信息技术落地生根的重要平台。国外以美国、新加坡、丹麦、瑞典等发达国家为代表，纷纷推出智慧城市建设的基本方案。我国住建部(中华人民共和国住房和城乡建设部，简称住建部)于 2012 年年底将北京、上海、天津等 90 个城市纳入首批智慧城市试点名单，大力推进智慧城市建设。

　　智慧城市是信息化发展的新阶段，是现代城市发展的创新模式。一般认为，广义的智慧城市是指通过物联网、区块链、云计算、大数据、人工智能等新一代信息技术，实现全面透彻的感知、宽带泛在的互联、智能融合的应用以及以用户创新、开放创新、大众创新、协同创新等为特征的可持续创新城市发展模式。狭义的智慧城市是指以新一代信息技术为特征的数字化、信息化、智能化城市。

当前，在我国智慧城市的规划与建设中，总体上以缓解城市普遍面临的"城市病"为优先发展目标。近年来，随着我国城市化的加速发展，诸如道路交通拥堵、环境污染加剧、公共资源紧张等"城市病"日趋突出，因此加快建设智慧型公共服务和智慧型城市管理系统，成为我国当前智慧城市建设的重要组成部分。人们期望通过智慧就业、智慧医疗、智慧交通、智慧能源、智慧电力、智慧园区等的建设，迅速提升城市建设和管理的规范化、精准化和智能化水平，积极推动城市人流、物流、信息流、资金流的高效协调运行，有效促进城市公共资源在全市范围内共享。通过智慧城市的建设，不仅能够提升城市的运行效率和公共服务水平，还能改善城市居民日常生活水平，推动整个城市和社会的发展转型。

2. 智慧园区的概念

在智慧城市概念的引导下，智慧园区的理念也很快进入了公众视野。智慧园区被认为是传统园区的信息化升级改造。传统园区一般是指城市(包括民营企业与政府合作)规划建设的，供水、供电、供气、通信、道路、仓储及其他配套设施齐全、布局合理且能够满足从事某种特定行业生产和科学实验需要的标准性建筑物群体，包括工业园区、产业园区、物流园区、都市工业园区、科技园区、创意园区等，以北京中关村、深圳蛇口工业园区、苏州工业园区等较为知名。图1-2为苏州工业园区企业总部基地效果图。

图1-2　苏州工业园区企业总部基地效果图

智慧园区反映了智慧城市的主要体系模式与发展特征，同时又具有不同于智慧城市的其他特性。一般认为，智慧园区是指以"园区＋互联网"为理念，融入社交、移动、大数据和云计算，将产业集聚发展与城市生活居住的不同空间有机组合，形成社群价值关联、圈层资源共享、土地全时利用的功能复合型城市空间区域。智慧园区整合信息技术和各类资源，充分降低企业运营成本，提高工作效率，加强各类园区创新、服务和管理能力，为园区铸就超强的软实力。

智慧园区是城市发展产业、增强经济实力的重要平台，同时也是壮大区域经济与城市转型的有效载体。经过多年的发展,传统的园区发展模式难以为继,迫切需要智慧化建设来实现转型升级。如今,智慧园区正逐渐成为地区招商引资、储备人才的重要途径。我国社会、经济还处于快速发展阶段,园区正向着智慧化、创新化、科技化的方向转变。智慧园区通过利用各种智能化、信息化应用,帮助传统园区实现产业结构和管理模式的转变,从而有效提升园区的企业市场竞争力,促进以园区为核心的产业聚合,为园区及园区的企业打造经济与品牌双效益,成为应对新一代园区竞争的有力武器。另外,智慧园区也是建设智慧城市的重要内容,同时还是各级政府、百姓、企业关注的重点,智慧园区的建成对智慧城市具有重要的示范作用。

二、智慧园区的主要类型

1. 根据园区建筑类型和功能进行划分

根据园区主要建筑的类型和功能,智慧园区可分为生产制造型园区、物流仓储型园区、商办型园区及综合型园区四类,如表 1-1 所示。

表 1-1　基于建筑类型和功能的智慧园区分类

序号	类型	说　明
1	生产制造型园区	主要建筑多以车间、厂房为主,其信息化主要面向生产管理和生产过程自动化的需求
2	物流仓储型园区	主要建筑多以仓库为主,其信息化主要面向仓储、运输、口岸的信息化管理和服务的需求,其行业涵盖现代物流和交通运输两类生产性服务行业
3	商办型园区	建筑类型包括商务办公、宾馆、商场及会展等,其信息化主要面向安全、便捷、智能的办公环境管理,多样化的通信服务以及专业领域的信息化服务需求
4	综合型园区	包含生产制造型园区、物流仓储型园区和商办型园区三种形态在内的大型综合性园区

2. 根据园区主导产业类型进行划分

智慧园区产业类型主要有软件产业、物流产业、文化创意产业、高新技术产业、影视产业、化学工业、医疗产业及动漫产业等,根据园区主导产业类型大致可以将智慧园区分为以下几种类型。

1) 软件产业园

为了促进我国软件行业的快速、健康发展,1992 年国家相关部门率先命名了我国最早的三大软件基地,即北京软件基地、上海浦东软件园基地和位于珠海的南方软件基地。这些软件园以软件产业研发为主导,构成了相对完整的园区管理模式。2001 年 7 月,国家相关部门在软件园原有的基础上,确定北京、上海、西安、南京、济南、成都、广州、杭州、长沙、大连和珠海为国家重点建设的 11 个国家级软件产业基地。如今,软件园遍布全国各地,成为我国软件产业的中坚力量。

2) 物流产业园

物流园是指在物流作业集中、几种运输方式衔接的地区,将多种物流设施和不同类型的物流企业在空间上集中进行布局的场所,是一个有一定规模的、多种服务功能汇聚的物流企业集结地。

3) 文化创意产业园

文化创意产业园是一系列与文化关联、产业规模集聚的特定地理区域，是具有鲜明文化形象特征并对外界产生一定吸引力的，集生产、交易、休闲、居住为一体的多功能园区。

4) 高新技术产业园

高新技术产业园是由各级政府批准成立的科技工业园区，是以发展高新技术为目的而设置的特定区域。它主要是依托智力密集、技术密集和开放环境，依靠科技和经济实力，吸收和借鉴国外先进的科技资源、资金和管理方式，通过实行税收和贷款方面的优惠政策和各项改革措施，实现软硬环境的局部优化，最大限度地把科技成果转化为现实生产力而建立起来的，促进科研、教育和生产结合的综合性产业发展基地。

5) 影视产业园

影视产业园是以影视制作为核心，打造影视制作工业体系，具体建设影视传媒、数字内容、创意设计等产业规模集聚的特定地理区域，是具有鲜明文化形象，对外界产生一定吸引力的，体现文化、影视、商、学、研、住的高度融合，并形成人气、创意、产业和活动等高度集聚的多功能园区。

6) 化学工业园

化学工业园又称化学工业区。化工产业一直是国家和区域经济的主导和支柱。近年来，化学工业园已经成为中国化工发展方向的主流模式。化学工业园主要以石油化工产业为基础，并服务于石油化工产业。

7) 医疗产业园

医疗产业园是以医药及医疗器械产业作为功能定位的园区。它致力于发展医药及医疗器械生产研发中心、科研成果转化基地和物流集散中心。

8) 动漫产业园

动漫产业园是指以引进动漫图书、报刊、电影、电视、音像制品、舞台剧和基于现代信息传播技术手段的动漫新品种等动漫直接产品的开发、生产、出版、播出、演出和销售，以及生产与动漫形象有关的服装、玩具、电子游戏等衍生品的生产和经营为主的产业企业，促使这些企业在产业园内实现上、下游企业的无缝对接，达到以节约成本、提高效率、提升竞争力等效果为目的的产业园。

三、智慧园区的基本特征

近年来，我国产业园区正朝着科技创新、智慧化、精细化的方向发展。智慧园区以信息技术为手段，赋予园区智慧，优化园区配置，降低运营成本，提高管理效率。

智慧园区的本质是信息化、工业化、城市化的高度融合，是传统园区信息化的更高发展阶段，其主要特征包括生态化、网络化、智能化和社会化。

1. 生态化

为顺应低碳环保、节能减排的潮流，未来智慧园区建设将会更加注重高新技术、生态环保型产业的发展。未来智慧园区将融入低碳管理理念，将新的技术、管理手段、管理平台与园区的创新结合在一起。

智慧园区把人类智慧和智能化技术融入园区的发展与管理之中，体现在园区基础设施、安全保障、管理和服务等各个方面，是信息化不断向纵深发展的一个综合性表现。在未来，更多园区将走上网络全覆盖化、平台集约化、应用智慧化和运营社会化的发展道路。

2. 网络化

如今早已步入信息化时代，计算机和手机等移动设备十分普及，企业在进驻园区时也越来越重视园区的网络覆盖程度。因此，网络全覆盖是园区信息化建设中最基础、最重要的因素，将来必将有更多园区为达到这一目标，完善基础设施建设。有线与无线融合、多种接入方式的高宽带网络，随时随地、无所不在的网络是园区发展的必然趋势。

3. 智能化

物联网的大规模应用促使了信息应用的智慧化和深度化，而在园区这类大规模区域的管理中，物联网在园区的智慧化发展中可以发挥出更大的作用。物联网技术的应用可以大大提升环境监测、安全监控的效率和准确度，解决数据采集、动态监测等关键问题。物联网利用传感技术采集各项数据，能够更有效地达到监测的目的，帮助园区及时做好防范和治理工作。

4. 社会化

如今社会分工越来越细化，参与信息化运营的主体和运营模式也趋向多样化。单纯依靠园区管委会或是某一类提供商将很难完成整体运营，而且将耗费大量的人力和物力。因此，园区需要与各类提供商合作，共同开展运营。提供商包括设备提供商、内容提供商、服务提供商、平台提供商等一系列服务外包机构。

四、智慧园区的关键技术

智慧园区以各项智慧应用为支撑(如图 1-3 所示)，以实现园区内外资源整合为目标，为此需要依托强大的信息技术手段。其关键技术涉及互联网、物联网、大数据、云计算和区块链。

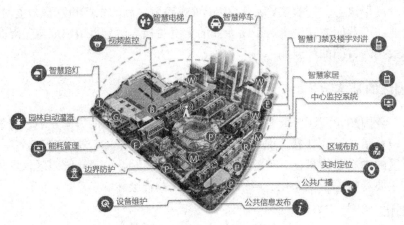

图 1-3　智慧园区的典型智慧应用

1. 互联网

互联网是指在计算机技术的基础上开发建立的一种信息技术。互联网通过计算机网络的广域网使不同的设备相互连接，加快信息的传输速度和拓宽信息的获取渠道，促进各种不同的软件应用的开发，改变了人们的生活和学习方式。互联网的普遍应用，是进入信息社会的标志。

2. 物联网

物联网，顾名思义，就是物和物相连接形成的网络，物联网开启了"万物互联"的时代，推动园区走向信息化。物联网通过现代通信技术、传感器、射频技术等多种技术相结合，实时采集任何需要连接、互动的物体或过程等信息，与互联网相结合来建设一个智能化网络系统。物联网应用平台是从数据接入、数据处理、数据应用三个层面，为智慧园区提供统一的应用与管理平台。

3. 大数据

大数据既是智慧园区的数字化产物，同时也是园区实施智慧化管理的基本条件之一。通过大数据分析，可以快速获取有价值的信息，为园区规划发展提供科学的决策支持，从而提升园区的服务质量和管理能力，同时也为企业提供智慧的数据应用及服务，实现园区产业的聚集和产业升级。

4. 云计算

云计算是新一代 IT 模式，可通过资源池提供网络、服务器、存储、应用程序和服务等多种软硬件资源，同时具备自我管理能力，可弹性扩展资源用量和降低计算机成本，改进服务，提高资源利用效率。

5. 区块链

随着信息技术的不断发展，信息安全问题也日益突出，区块链技术可以为园区网络及信息安全提供保障。区块链是一个分布式的共享账本和数据库，具有去中心化、不可篡改、全程留痕、可以追溯、集体维护、公开透明等特点。基于这些特征，区块链技术奠定了坚实的"信任"基础，创造了可靠的"合作"机制，具有广阔的运用前景，可以有效避免智慧园区信息及信息系统遭到破坏、修改、检视等问题。

五、智慧园区的发展历程

1. 国外科技园区的发展阶段

国外智慧园区以科技类园区为主，包括科学工业园区、高技术产业带、科学城、高技术产品出口与加工区等。回顾世界科学工业园区的发展历程，大体上可分为三个发展阶段，如表 1-2 所示。

2. 国外科技园区的发展状况

全球科技园区大多建于 20 世纪 90 年代，约有 18%的新兴科技园区诞生于 2000 年至 2002 年，可见科技园区在整个智慧园区发展中的迅猛增长势头。表 1-3 给出了世界主要国家和地区首建科技园区的时间。

表 1-2 世界科学工业园区的三个发展阶段

阶　段	内　容
第一阶段(1951—1980 年)	科学工业园区的缓慢发展时期。这一阶段以美国"硅谷"和英国剑桥科学园为代表，是世界科学工业园区的起步、初创阶段
第二阶段(1981—1990 年)	科学工业园区的快速发展时期。这一阶段的主要特征是科学园发展较快，一些发展中国家和地区开始创办科学园，但科学园仍主要分布在发达国家。同时，科学园在各国和地区经济发展和产业升级中发挥了极为重要的带动作用
第三阶段(1991—至今)	科学工业园区的稳定发展时期。在这一阶段，科学园在发展中国家和地区蓬勃兴起和发展

表 1-3 世界主要国家和地区首建科技园区的时间

国家和地区	时间	国家和地区	时间
美国	1951 年	加拿大	1977 年
日本	1963 年	荷兰	1980 年
丹麦	1965 年	意大利	1982 年
澳大利亚	1965 年	瑞典	1983 年
法国	1969 年	德国	1983 年
以色列	1970 年	芬兰	1982 年
英国	1972 年	爱尔兰	1980 年
比利时	1972 年	新加坡	1980 年
韩国	1974 年	中国	1980 年

3. 国外科技园区的发展模式

世界各国的科技园区因各国自身特点不同，其发展模式也不尽相同，概括起来有以下三种模式：

(1) 优势主导模式。

优势主导模式常见于发达国家，是以一个地区具有的优势为主导来谋求发展，比如中国深圳的高新技术产业园区就属于此类发展模式。

(2) 优势导入模式。

优势导入模式源于地区优势不突出，科技、工业技术基础薄弱或原有传统产业失去优势，面临困境，而改弦易辙，创造条件获取未来的优势，比如日本九州的"硅岛"就属于此类发展模式。

(3) 优势综合发展模式。

优势综合发展模式就是综合利用本地区的多种优势(资源、科技、产业、学科、人才、环境等)来谋求发展，比如法国法兰西岛科学城、美国斯坦福科学城等均属于此类发展模式。

4. 我国智慧园区的发展阶段

我国智慧园区发展起步较晚，初始模式是传统的工业园区。技术的发展带来了产业革命，产生了诸如生态工业园、高新技术科技园、电子产业园、IT产业园、创意产业园等新型园区，产业由纺织、煤炭、钢铁、机械等传统产业向高新技术为指导的第三产业和高端制造业转变。园区由人力密集型、高能耗型、配套不完善型向产业集群型，人才、技术和资金高度集中型，集居住、办公、商业、休闲娱乐、生活为一体的都市综合体转变。我国智慧园区的发展历程经历了4个阶段，如表1-4所示。

表1-4 我国智慧园区的四个发展阶段

阶段	内 容
探索期 (1984—1991年)	1984年国家首批规划了14个开放型的沿海城市，在开放型城市的建设过程中建立了首批14个国家级经济开发区
发展期/工业期 (1992—2000年)	1992年，对外开放由沿海城市逐步向内陆城市推进，沿江及内陆省会的城市也陆续成立了经济开发区、高新区与保税区等
调整期 (2001—2009年)	早期园区的粗放式发展模式导致了园区产业混杂、污染严重等问题。2002年，国家开始清理整顿各种类型的园区，并将部分开发区合并整改，开发区进入了规划和调整阶段
扩展及转型期 (2010—至今)	入驻企业及园区的发展扩张，使得土地成为园区发展建设过程中最大的瓶颈问题。园区企业低附加值和土地价值增值的矛盾日益突出。为了响应"十二五"规划提出的产业结构调整、发展战略新兴产业的要求，早期成立的经济开发区开始产业升级

5. 我国智慧园区的级别与类型

园区是我国经济良性发展和产业定位调整、升级的重要载体，对振兴我国区域经济具有重要作用。调查表明，我国园区的行政级别大致分为国家级、省级、地市级、县区级四种。其中，国家级、省级园区的设立需要有明确的产业定位，园区的规划、配套设施的建设要具有严格的审批和申报制度，因此园区发展需要建立起完备的园区管理体系与管理制度，并由政府统一规划(区域及产业规划)、统一建设(道路、通信、通电、通水等基础设施建设)、统一运营(招商、基础设施维护)、提供特色服务(项目推介、融资服务、人才培训、科技孵化等)。地市级、县区级园区规划在审批和审查上没有较为严格的限制，管理一般较为松散，不能享受到国家的相关优惠政策，一般园区的规模较小。

从产业发展定位来看，我国园区大致分为工业园区、经济技术开发区、高新技术开发区、新区这几种类型。其中，工业园区侧重于传统工业企业，主要集中在工业聚集区，特别是集中在我国东部沿海城市，由地方政府组织策划与管理。经济技术开发区主要以引进外资及技术、产品研发经验等方式提升工业水平和促进企业经济发展，由国家级或省级商务部门批准成立。高新技术开发区的主要定位是培养与发展创新型的高新技术产业，并带动园区企业经济结构的调整与升级布局。新区是为发展国家特定战略目标而设立的实验区，是城市综合体的一部分。

6. 我国智慧园区的发展趋势

我国智慧园区的发展趋势主要体现在以下四个方面：

(1) 服务网络化。

随着计算机技术、网络的发展，园区入驻企业越来越重视园区网络的覆盖程度，网络覆盖已经成为园区智慧建设中最基础也是最重要的基础建设。

(2) 应用智慧化。

在园区这种大区域管理的过程中，物联网和云计算技术的应用可以大大提高企业的运营效率，同时降低管理成本。

将物联网技术应用到智慧物流、智能监控等管理中，采用传感技术采集数据和视频信息，可帮助园区企业更高效而合理地创新管理。

通过云计算技术搭建的企业管理服务平台可帮助企业实现现代化高效运营，同时降低管理成本。

(3) 平台集约化。

园区的管理和运营将从分散向集约转变，基于云计算技术的大平台集约和数据的集中共享是园区智慧系统建设的发展方向。

平台集约化包括横向和纵向两个方面：横向是把园区管理内部各个系统集成起来，统一入口、统一认证，数据集中；纵向是将园区管理与上级部门、企业对接起来，实现真正的园区公共大平台，为企业提供一站式服务。

(4) 运营社会化。

随着社会分工越来越细，参与园区智慧建设的主体和运营模式趋向多样化，仅靠园区管理者很难完成整体运营，园区的智慧建设需要园区管理部门统筹管理，需要园区企业、服务提供商、应用提供商多方合作共建。

园区智慧建设不仅要解决园区运营办公问题，提高管理效率，还要注重经济效益、品牌效益和社会效益，从而将园区智慧建设推向更高的层次和水平。

 任务实施

实训 1-1　国内外智慧园区发展状况调查与分析

1. 实训目的

(1) 了解智慧园区的发展背景。

(2) 掌握智慧园区的主要类型。

(3) 理解智慧园区的基本特征。

(4) 熟悉智慧园区的发展历程。

2. 实训器材

(1) 设备：计算机(可上网)。

(2) 工具：计算机制图软件、常用办公软件等。

3. 实训步骤

(1) 基于文献检索、头脑风暴法等方法，对城市智慧园区的基本概念、园区构成、园区功能进行文献检索和数据统计分析。

(2) 在文献检索及数据统计分析的基础上，绘制思维导图，制作 PPT 并进行讲解汇报。

4. 实训成果

(1) 完成智慧园区发展状况调查报告。

(2) 完成国内外智慧园区发展状况调查 PPT 的制作。

 评价与考核

一、任务评价

任务评价见表 1-5。

表 1-5　实训 1-1 任务评价

考核项目	评价要点	学生自评	小组互评	教师评价	小计
文献检索	文献检索方法的运用				
	文献资料整理的条理性				
思维导图	思维导图的分类体系				
	思维导图的知识要点				
PPT 汇报	内容设计是否合理				
	汇报条理是否清晰				
	团队配合是否默契				

二、任务考核

1. 智慧园区的定义是什么？

2. 智慧园区有哪些类型？

3. 智慧园区有哪些基本特征？

4. 国外科技园区发展的基本模式有哪些？

5. 简要描述我国智慧园区的发展历程。

 拓展与提升

在调查、讨论的基础上，分析智慧园区对促进城市社会经济发展的作用，同时探讨当前影响我国城市智慧园区发展的主要制约因素及改善措施。

任务 1-2　知晓智慧园区安防管控内容

 任务情境

随着社会经济的快速发展，安全防范技术的应用已逐渐渗透到人类生存、活动的各个领域。智慧园区作为智慧城市的示范区和智慧产业的培育和集聚区，是智慧城市建设的一项重要内容。随着智慧城市建设的蓬勃兴起，智慧园区的建设在各处遍地开花，在国内全力加快转变经济发展方式，调整经济结构的背景下，园区承载着推动经济发展的重要任务。在此背景下，智慧园区的安全运营显得尤为重要，加强智慧园区的安防体系建设，是确保园区健康、稳定、高效发展的重要举措。

为了深入了解智慧园区主要管控内容，本次学习任务要求能熟练利用 VISIO 等工具软件，绘制智慧园区安全管控体系拓扑图，从而完整、准确、科学地理解智慧园区安防体系及其关键内容。

 学习目标

(1) 了解城市智慧园区视频监控的工作内容。

(2) 了解城市智慧园区入侵报警联动管理的工作内容。

(3) 知晓城市智慧园区门禁智能控制与管理的工作内容。

(4) 了解城市智慧园区车辆管理的工作内容。

(5) 熟练使用相关软件绘制智慧园区信息服务平台软件系统拓扑结构图。

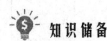 **知 识 储 备**

一、智慧园区视频监控技术

随着城市监控中心的建设，以视频监控为核心的安防管控手段得到了迅猛发展。随处可见的监控摄像机，对保障城市公共安全发挥了巨大作用。

1. 人工智能技术的发展概况

随着视频监控摄像机数量的不断增加，以及视频监控图像分辨率的不断提升，视频监控数据呈现出爆炸性的增长态势。在此情况下，仅仅依靠人眼检索查看所有视频图像已经不太现实。对于每天都在产生的海量视频数据，如何实现对视频图像的模糊查询、快速检索和精准定位？这是视频监控领域亟须解决的现实问题。

人工智能(Artificial Intelligence, AI)技术的出现，为视频监控图像数据的智能分析提供了很好的解决方案。作为计算机科学的一个重要分支，人工智能自诞生以来，其发展之路一直充满了坎坷与曲折，大致可划分为六个发展期。

(1) 起步发展期(1956 年—20 世纪 60 年代初)。人工智能概念于 1956 年达特茅斯会议上首次被确立，之后人们开发了第一款感知神经网络软件，相继取得了一批令人瞩目的研究成果，如机器定理证明、跳棋程序等，由此掀起了人工智能发展的第一个高潮。

(2) 反思发展期(20 世纪 60 年代初—70 年代初)。人工智能发展初期的突破性进展大大提升了人们对人工智能的期望，人们开始尝试更具挑战性的任务，并提出了一些不切实际的研发目标。然而，接二连三的失败和预期目标的落空，例如，无法用机器证明两个连续函数之和还是连续函数、机器翻译闹出笑话等事件，使人工智能的发展步入了低谷。

(3) 应用发展期(20 世纪 70 年代初—80 年代中)。20 世纪 70 年代出现的专家系统通过模拟人类专家的知识和经验解决特定领域的问题，实现了人工智能从理论研究走向实际应用、从一般推理策略探讨转向运用专门知识的重大突破。专家系统在医疗、化学、地质等领域取得成功，推动了人工智能走入应用发展的新高潮。

(4) 低迷发展期(20 世纪 80 年代中—90 年代中)。随着人工智能应用规模的不断扩大，受限于计算能力及数据量不足，以及专家系统存在的应用领域狭窄、缺乏常识性知识、知识获取困难、推理方法单一、缺乏分布式功能、难以与现有数据库兼容等问题逐渐暴露出来。在此期间，人工智能的发展陷入了低迷期。

(5) 稳步发展期(20 世纪 90 年代中—2010 年)。网络技术特别是互联网技术的发展，加速了人工智能的创新研究，促使人工智能技术进一步走向实用化。例如，1997 年，IBM 公司的深蓝超级计算机战胜了国际象棋世界冠军卡斯帕罗夫；2008 年 IBM 公司提出了"智慧地球"的概念，这些都是这一时期的标志性事件。

(6) 蓬勃发展期(2011 年至今)。随着大数据、云计算、互联网、物联网等信息技术的发展，泛在感知数据和图形处理器等计算平台推动以深度神经网络为代表的人工智能技术飞速发展，大幅跨越了科学与应用之间的技术鸿沟，诸如图像分类、语音识别、知识问答、人机对弈、无人驾驶等人工智能技术实现了从不能用、不好用到可以用的技术突破，迎来爆发式增长的新高潮。

2. 人工智能视频监控技术的应用

从人工智能技术目前的应用领域来看，以安防监控视频图像分析为其产业化最成功、应用最成熟、影响最广泛的领域，主要体现在以下几个方面：

1) 车牌识别技术

顾名思义，车牌识别(License Plate Recognition，LPR)技术就是能够自动地检测和识别出车辆的牌照信息的技术。对于车辆物理牌照而言，车牌识别技术是指利用安装在道路上的监控摄像机，自动检测路面上的车辆，自动提取车辆物理牌照信息(即包含汉字字符、英文字母、阿拉伯数字、号牌颜色等信息)并进行处理的技术；对于车辆电子牌照而言，车牌识别技术是指利用射频识别(Radio Frequency IDentification，RFID)技术，对被检测范围内的车辆的电子牌照信息进行自动检测与识别的技术。目前，车辆电子牌照仍处于测试阶段，车辆物理牌照仍处于绝对主导地位，通常所讲的 LPR 技术仍是以监控摄像机为感知设备的车辆物理牌照自动检测、识别与存储技术。

一个完整的车牌识别过程涉及车辆检测、图像采集、车牌定位、字符分割、号牌识别、存储管理，是一个系统化的工作流程(如图 1-4 所示)。其中，车辆检测可以采用地埋式线圈检测、红外检测、雷达检测、视频检测等方式实现；图像采集主要利用可见光摄像机实现；车牌定位、字符分割、号牌识别涉及视频帧图像分析与处理技术；存储管理涉及计算机数据库管理技术。在基于监控摄像机视频的车牌定位、字符分割与号牌识别过程中，主要经历了三种处理技术的发展，分别为图像处理技术、传统模式识别技术及人工神经网络技术。

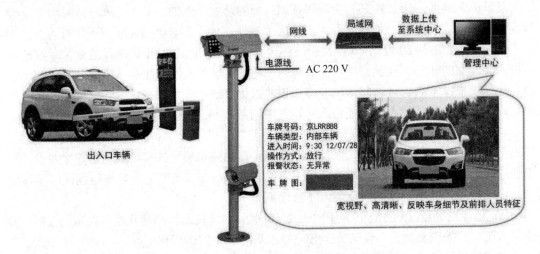

图 1-4 车牌识别过程示意图

(1) 图像处理技术。运用图像处理技术解决车辆牌照识别的研究最早始于 20 世纪 80 年代，但国内外均只是就车牌识别中的某一个具体问题进行讨论，并且通常仅采用简单的图像处理技术来解决，并没有形成完整的应用技术体系。识别过程使用工业电视摄像机拍下车辆的正前方图像，然后交给计算机进行简单的处理，最终仍需要人工干预，如车辆牌照中省份汉字的识别问题。1985 年，有人利用常见的图像处理技术提出在抽取汉字特征的基础上进行汉字识别，根据汉字的投影直方图选取浮动阈值，抽取汉字在竖直方向的峰值，利用树形查表法进行汉字的粗分类；然后根据汉字在水平方向的投影直方图，选取适当阈值，进行量化处理，形成一个变长链码，再用动态规划法，求出与标准模式链码的最小距离，实现细分，最后完成汉字的自动识别。

(2) 传统模式识别技术。传统模式识别技术指依托结构特征法、统计特征法等为代表的识别技术。20 世纪 90 年代，计算机视觉技术的发展促进了车辆牌照识别的系统化研究。1990 年，A.S.Johnson 等人运用计算机视觉技术和图像处理技术构造了车辆牌照的自动识别系统。该系统分为图像分割、特征提取和模板构造、字符识别三个部分，利用不同阈值对应的不同直方图，经过大量统计实验确定出车牌位置的图像直方图的阈值范围，从而根据特定阈值对应的直方图分割出车牌，再利用预先设置的标准字符模板进行模式匹配，最后识别出字符。

(3) 人工神经网络技术。随着人工神经网络技术的不断发展，一些计算机及相关技术发达的国家开始使用人工神经网络技术来解决车牌定位、字符分割与号牌识别问题，例如，1997 年，S.Gendy 等人运用双向联想记忆(Bidirectional Associative Memory，BAM)神经网络对车牌上的字符进行自动识别。BAM 神经网络是由相同神经元构成的双向联想式单层网络，每一个字符模板对应着唯一一个 BAM 矩阵，通过与车牌上的字符比较，识别出正确的车牌号码，这种采用 BAM 神经网络方法的缺点是无法解决识别系统存储容量和处理速度相矛盾的问题。

车牌识别是智能交通系统(Intelligent Traffic System，ITS)的重要组成部分。目前，该项技术已经广泛应用于治安卡口、电子警察、公路收费、停车管理、称重系统、交通诱导、公路稽查、车辆调度等领域，在城市管理与社会经济发展中发挥着重要作用。

2) AI 人脸识别技术

AI 人脸识别技术是基于人的脸部特征,对输入的人脸图像或者视频流进行身份确认的一种基于机器视觉的生物特征识别技术,计算机首先判断是否存在人脸,如果存在人脸,则进一步给出每个人脸的位置、大小和各个主要面部器官的位置信息,并依据这些信息,进一步提取每个人脸中所蕴含的身份特征,并与已知的人脸进行对比,从而识别每个人脸所对应的身份。广义的人脸识别实际包括构建人脸识别系统的一系列相关技术,包括人脸图像采集、人脸定位、人脸识别预处理、身份确认以及身份查找等;狭义的人脸识别特指通过人脸进行身份确认或者身份查找的技术或系统。

具体来看,AI 人脸识别技术主要包括两个部分,即人脸检测和人脸比对,其工作原理如图 1-5 所示。

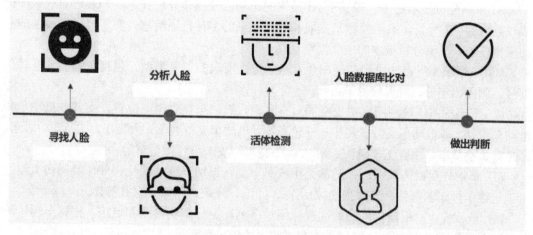

图 1-5　AI 人脸识别工作原理

(1) 人脸检测。人脸检测是指在动态的场景与复杂的背景中判断是否存在人脸,并分离出这种人脸图像。人脸检测一般有下列几种方法:

① 参考模板法:首先设计一个或数个标准人脸的模板,然后计算测试采集的样品与标准模板之间的匹配程度,并通过阈值来判断是否存在人脸。

② 人脸规则法:由于人脸具有一定的结构分布特征,所谓人脸规则的方法,即提取这些特征生成相应的规则,以判断测试样品是否包含人脸。

③ 样品学习法:这种方法采用模式识别中人工神经网络的方法,即通过对人脸图像样品集和非人脸图像样品集的学习产生分类器。

④ 肤色模型法:这种方法是依据面貌肤色在色彩空间中分布相对集中的规律来进行检测。

⑤ 特征子脸法:这种方法是将所有人脸图像集合视为一个人脸图像子空间,并基于检测样品与它在子空间的投影之间的距离判断是否存在人脸。

值得提出的是,上述五种方法在实际检测系统中也可综合使用。

(2) 人脸比对。人脸比对是对被检测到的人脸进行身份确认或在人脸库中进行目标搜索。这实际上就是将采集到的人脸图像与库存的人脸图像依次进行比对,并找出最佳的匹配对象。所以,对人脸的描述决定了人脸识别的具体方法与性能,主要采用特征向量法与面纹模板法两种描述方法。

① 特征向量法：该方法是先确定虹膜、鼻翼、嘴角等五官的大小及位置和距离等属性，然后再计算出它们的几何特征量，而这些特征量形成描述该人脸的特征向量。

② 面纹模板法：该方法是在库中存储若干标准人脸模板或人脸器官模板，在进行比对时，将采样人脸的所有像素与库中所有模板采用归一化相关量度量方法进行匹配。此外，还可以采用模式识别的自相关网络或特征与模板相结合的方法。

人脸识别技术的核心实际为"局部人体特征分析"和"图形/神经识别算法"。这种算法是利用人体面部各器官及特征部位的方法，如对应几何关系，多数据形成识别参数与数据库中所有的原始参数进行比较、判断与确认。

3) AI 车辆分析技术

AI 车辆分析技术是另一项基于 AI 技术的车辆监控视频分析技术，即通过对视频图像或视频流的 AI 分析，自动检测、提取和统计车辆的多种特征信息，实现对车辆属性的自动采集任务。车辆分析技术的主要功能包括：

(1) 车型识别：自动检测车辆图片，从中识别所属的车辆类型，包括车辆品牌及具体型号、颜色、年份、位置信息等。

(2) 车辆检测：检测图片中出现的所有车辆，返回车辆类型与位置，支持非机动车和机动车识别，非机动车支持二轮车、三轮车等，机动车支持客车、大货车、中货车、轿车、面包车、小货车、中客车、SUV、MPV、公交车、皮卡车、微型车等。

(3) 车辆外观损伤识别：针对常见小汽车车型，识别车辆外观受损部件及损伤类型，可识别数十种车辆部件、外观损伤(如刮擦、凹陷、开裂、褶皱、穿孔等)。

(4) 车流统计：根据传入的连续视频图片序列，进行车辆检测和追踪，根据车辆轨迹判断驶入/驶出区域的行为，统计各类车辆的区域进出车流量。

(5) 车辆属性识别：检测图像中的各类车辆，并针对车辆外观进行识别，如车头属性、车尾属性和驾乘人员属性，具体可识别车辆天窗、行李架、车身喷字、挂件、摆件、左右遮阳板、备胎、LED 显示屏、安全带、打电话、吸烟、戴帽子、衣服颜色、副驾驶位是否有人等。

(6) 车辆分割：检测图像中的车辆，以小汽车为主，识别车辆的轮廓范围，与背景进行分离，返回分割后的二值图、灰度图、前景抠图，适应多个车辆、车门开启、各种角度。

上述车辆分析功能的实现，有赖于图像或视频流处理与分析技术，无论是图像分析步骤，还是算法处理流程，总体上与前面所述的车牌识别与人脸识别技术基本一致。车辆分析主要应用于对车辆的属性信息进行自动采集与管理的系统之中，是实现车辆管理的基本功能。

4) AI 视频行为分析技术

AI 视频行为分析技术是一类基于视频图像以实现行为识别为目标的计算机视觉分析技术。其中，涉及与行为识别相关的技术有视频解码技术、流媒体技术、数字矩阵技术、联动控制技术和行为识别算法等。通过 AI 视频行为分析技术，计算机可以实现对异常事件的快速辨识，辅助监控中心值班人员高效处理各种异常突发事件。AI 视频行为分析技术的工作原理及分析流程如图 1-6 所示。

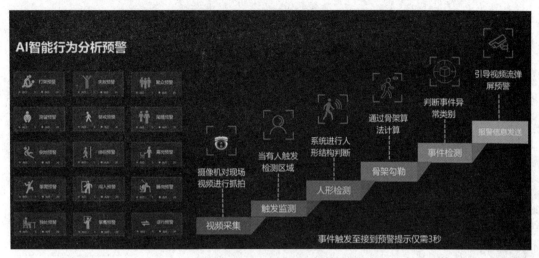

图1-6　AI视频行为分析技术的工作原理及分析流程

AI视频行为分析涉及的算法主要包括 AI 神经网络的深度学习算法、视频结构化技术、人脸识别算法、人脸比对算法、人体识别算法、物体识别算法、活体算法、3D 画面矫正算法、移动侦测算法、图像比对算法、物体轨迹算法、人体跟踪算法等。

当视频监控系统在触发预警后，会自动存储事件的相关信息，包括事件截图、事件录像、抓拍截图等基础信息，并通过对这些基础信息的统计和分析，提供风险指数、防控能力、应急处置等指标供用户参考。

传统的视频监控模式，在大多数时候只能用于事后取证，无法起到预防、预警的作用。这些限制因素使视频监控系统或多或少地存在报警度差、误报和漏报现象多、报警响应时间长、录像数据分析困难等缺陷，进而导致整个系统的安全性和实用性降低，无法满足安防监控的需要，通过 AI 视频行为分析，可以使监控由被动转为主动，满足安防监控场景对控制与管理的需求。图 1-7 为智能视频监控 AI 布控流程。

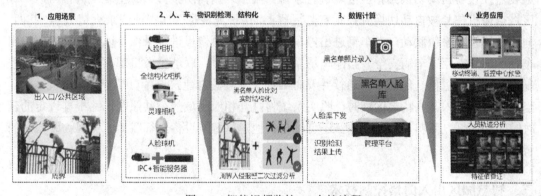

图1-7　智能视频监控 AI 布控流程

二、智慧园区入侵和报警技术

智慧园区入侵和报警是园区智能安全防范管理的重要内容之一，由园区入侵报警智能联动管理系统实施。智慧园区入侵报警与联动管理系统是利用传感技术和电子信息技术，探测并指示非法入侵或试图非法入侵设防区域的行为、处理报警联动信息、发出报警信号的电子系统或网络。

　　智慧园区入侵报警与联动管理系统主要由前端设备、传输网络、控制与管理平台组成。其中，前端设备包括各类探测传感器、报警设备；传输网络可以是公共电话交换网(PSTN)、无线信道(4G/5G/无线集群网)；控制与管理平台(园区管理中心/门岗等)则由接报警控制与管理计算机以及相应软件等组成。图 1-8 为浙江大华技术股份有限公司(简称大华)的一种园区入侵报警与联动管理系统方案的结构。

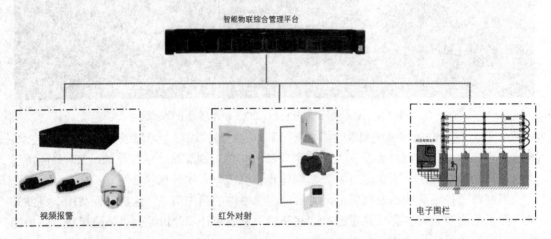

图 1-8　大华园区入侵报警与联动管理系统方案的结构

　　园区入侵报警信号可以联动整个园区的多个管控系统。其一，入侵报警信号可以联动报警区域视频监控相关的摄像机，将图像切换到控制室的监视器上，并进行录像。多个报警信号出现时，报警信号可以顺序切换到不同的监视器上，防止漏报。其二，入侵报警信号可以联动园区门禁系统。当有人进入安装探测器的办公室或开启安装门禁的房门时，可触发监控设备自动切换到相应区域进行录像。其三，当消防报警系统出现火警信号时，该区域摄像机信号被自动切换到控制室监视器上，用于观察是否误报或记录火情大小。其四，与停车场管理系统联动。当车辆进出停车场时，联动摄像机进行录像，以便以后对照进出车辆的情况，保证车辆安全。当停车场系统出现故障时，联动摄像机观察故障情况，在控制室内操作栅栏机，保证车辆通行并及时维修。其五，与建筑设备自动管理系统的联动。当有人持卡进入某些特定区域时，照明系统将打开相应区域的公共照明，并根据设定的延时时间关闭灯光照明。除此之外，还可以与其他建筑智能设备进行联动，实现关联系统的智能化运行。

三、智慧园区出入门禁控制技术

　　智慧园区出入门禁控制是园区安全管理系统的重要内容之一。传统门禁控制系统结构如图 1-9 所示。随着人工智能技术的发展，特别是人脸识别技术在出入门禁控制系统中的广泛应用，目前出入门禁控制技术一般集身份自动鉴别与现代安全管理措施于一体，图 1-10 为基于人脸通行(人脸闸机 + 人脸门禁一体机)的出入门禁控制系统结构图。

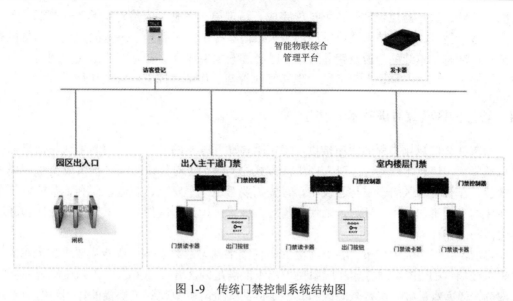

图 1-9 传统门禁控制系统结构图

图 1-10 基于人脸通行的出入门禁控制系统结构图

一个完整的智慧园区出入门禁控制系统主要由门禁识别卡、门禁识别器、门禁控制器、电控锁、闭门器及相关软件等组成。门禁识别卡是门禁控制系统开门的"钥匙",在不同的门禁控制系统中,门禁识别卡可以是磁卡或者指纹、掌纹、虹膜、视网膜、脸面、声音等各种人体生物特征,或者网络二维码标识。门禁识别器负责读取门禁识别卡中的信息,并将这些信息输入到门禁控制器中,实现信息的解释和处理。门禁控制器是门禁控制系统的核心部件,相当于计算机的 CPU,负责整个系统的输入、输出和管控等。电控锁是门禁控制系统的执行终端之一,通常称为锁控,主要品种有电控锁、电插锁(又称电控阳锁)、电控阴锁、磁力锁(又称电磁锁)。闭门器是安装在门扇头上的一个类似弹簧可以伸缩的机械臂,在门开启后通过液压或弹簧压缩后释放,将门自动关闭。门禁软件负责门禁控制系统的监控、管理、查询等工作,监控人员通过门禁软件可以对出入门禁的状态、门禁控制器的工作状态进行监控管理，并可扩展完成人员巡更、考勤及人员定位等工作任务。

在数字技术、网络技术飞速发展的今天，门禁控制技术得到了迅猛的发展。门禁控制系统早已超越了单纯的门道及钥匙管理，已经逐渐发展成为一套完整的出入控制与管理系统，它在工作环境安全、人事考勤管理等行政管理工作中发挥着巨大的作用。

四、智慧园区楼寓对讲技术

随着社会信息化进程的快速推进，特别是移动互联网的发展，人们的生活与信息的关系日益紧密，信息化社会在改变人们生活方式的同时，也对传统的园区楼寓安全管控提出了挑战。在智慧园区的开发与建设中，首先需要营造一个安全、舒适、便利、节能，符合个性化需求的工作与生活环境，现代楼寓对讲技术可以为园区住户带来安全、便捷和舒适的生活与工作体验。

目前，在很多大中城市，各类园区的规模越来越大，数字化、智能化要求越来越高，传统总线加 TCP/IP 组网方式和应用技术已不能满足园区管理的需求。作为楼寓智能化的一部分，楼寓对讲技术在智慧园区和其他小区的安全防范中起到了积极的作用。经历十几年的发展，楼寓对讲系统已由最初的单户型、单元型、总线联网型、半数字联网型，发展到现在的基于 TCP/IP 全数字可视对讲系统。浙江大华股份有限公司的全数字可视楼寓对讲系统主要由管理主机、室内分机、门口机、围墙机、移动设备(手机或 PAD)组成。整个系统采用国际通用 TCP/IP 网络构架，真正做到 TCP/IP 到户。不管是室内分机还是室外分机，都分配一个唯一的 IP 地址，通过 SNMP 网管管理协议，实现在网设备统一管理，对在网设备进行实时监测，一旦发现设备异常，管理中心会第一时间发现并及时上门解决故障，给用户带来了极大便利。管理主机、门口机等设备均采用稳定的嵌入式 Linux 技术，室内分机采用嵌入式 Linux 和 Andriod 技术，保证系统安全、稳定、可靠。

通过楼寓对讲系统，访客可通过小区围墙机、单元门口机呼叫住户，对应的住户室内机即发出铃声提示。当住户按下通话键与访客进行可视对讲，确认访客身份后，住户可在室内按开锁键远程打开单元门，让访客进入单元。物业管理人员可通过管理机呼叫任意住户分机，与住户实现双向对讲。住户也可通过室内机呼叫管理中心。访客还可以通过单元门口机或者小区围墙机，呼叫住户与管理中心，被呼叫的一方可以接听并实现可视通话以确认访客身份。当访客呼叫的住户不在家时，访客可以在门口主机上选择给住户留影留言。另外，小区内任意两个室内分机之间可实现双向语音对讲。小区管理中心的管理员也可通过管理机遥控开启各楼栋门口电锁。住户也可以通过密码打开单元大门。一户一码，同时住户能随时更改自己的密码。住户还可以通过感应卡打开单元大门，该卡还可以实现停车场、门禁、消费等一卡通功能。通过安装支持指纹识别的单元门口机，可实现指纹识别开锁，便捷的同时也非常安全。对于具有人脸识别功能的单元门口机，当业主在双手都拿着东西的情况下，不用放下东西就可通过人脸识别来打开单元大门。

业主还可以通过手机 APP 设定二维码信息的时效和权限，并向平台注册生成二维码，同时发送二维码到访客，访客通过门口主机扫描二维码，平台信息核对准确后，自动开锁。住户可以通过室内机监视功能，调用门口主机视频图像，实时关注小区门口、单元门口的情况。住户还能监视经过授权的支持 Onvif 协议的 IPC 和模拟摄像机图像(最多 32 路)，实时关注主要位置(游乐场、停车场等)的视频图像。住户通过手机或 PAD 可以监控家庭门口机视频和授权的小区监控视频。室内分机可接入不同类型的报警探头，如烟感、燃气、门磁等，实时关注家居环境，保障住户人身财产的安全；支持 8 路，可扩展至 16 路；支持报警输出功能，可以实现消防联动。室内分机可以通过一路 12 V 400 mA 的电源输出给探测器供电，减少单独探测器供电成本。管理中心可对指定用户发送信息(文字、图像和视频)，也可对指定的门口主机发送视音频广告或公告。

五、智慧园区车辆安全管理

智慧园区车辆安全管理是指对进入园区的车辆实施高效的安全管控措施，主要包括车辆进、出道闸的自动检测、识别与收费管理，以及车辆进入园区后的停车、寻车和车位监控管理。随着园区的快速发展，进出园区的机动车辆数量快速增长，停车场管理已成为智慧园区控制与管理的一项重要内容。通过实施智能化的园区车辆控制与管理，不仅可以极大地提高车辆出入的效率，而且可以极大地节约人力、物力，降低园区物业公司的运营成本，提高车辆进出园区的安全保障。

智慧园区车辆安全管理系统采用新一代信息技术，在信息全面感知和互联的基础上，可以实现对车辆进出的智能感知和安全、便捷、高效管理，保障园区内人、车、区域功能系统之间的无缝连接与协同联动。图 1-11 为大华智慧园区车辆安全管理系统结构示意图。该系统主要由出入口管控系统、室内正向诱导系统、反向寻车系统(寻车机、手机)、室外正向诱导系统(视频、地磁)四大子系统构成。

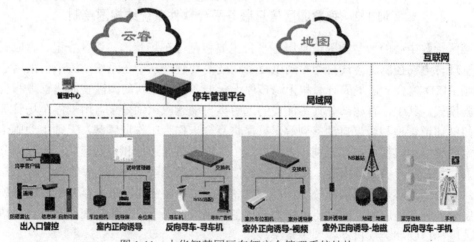

图 1-11　大华智慧园区车辆安全管理系统结构

出入口管控系统是通过采用车牌识别、信息屏、道闸、防砸雷达设备的组合，并对设备进行整合联动的方式来对车辆的进出进行管理。结合管理空余车位数量，计算停车时间及停车费用，使系统更有效地辨识和管理进出场车辆。

室内正向诱导系统是通过部署室内车位相机，检测车位的状态，并同步给管理平台；余位屏、诱导屏从管理平台获取关联区域相关车位状态，实时更新余位信息，实现车位诱导。针对部署有车位指示灯的室内停车场，指示灯可通过车位状态显示红/绿色，车位指示灯显示红色时，表示车位检测器所覆盖范围内无空车位；显示绿色时，表示车位检测器所覆盖范围内有空车位。

室外正向诱导系统主要有室外车位相机视频检测模式和地磁检测模式两种方案。

在使用室外停车诱导系统的停车场中，车主到达停车场入口时，便可根据余位屏查看当前停车场内的车位总体使用情况，如果没有空余车位，则无须入内浪费时间；如有空余车位，则可入内停车。

进入停车场以后，车主可以根据区域诱导屏的余位信息和箭头指示自由地选择一个自己想要前往的停车大区域(如 A 区、B 区、……)，然后再根据诱导屏的余位信息和箭头指示选择一个自己想要前往的停车区(如 A1 区、A2 区、……)，最后，车主到达停车区后，可直观快速地寻找到空余车位，轻松完成整个停车过程，不用再浪费时间寻找车位，也不用担心再"误入歧途"。

车主想要离开停车场时，可通过车场内的反向寻车机查询车辆位置，支持车牌号、停车时间段、车位号、无牌车四种查询方式查找，同时可以查询到基于地图模式的最优行走路线，协助车主在最短时间内找到自己的车辆，驶离车场，提高车场的周转率。为提升车主寻车体验及寻车效率，亦可通过小程序进行反向寻车，从而查询到基于地图模式的最优行走路线，协助车主在最短时间内找到自己的车辆，驶离车场，提高车场的周转率，并结合蓝牙定位系统，实现实时定位导航寻车，寻车体验更佳。

 任务实施

实训 1-2　智慧园区信息服务平台软件系统结构图绘制

某区行政中心的智慧园区信息服务平台主要包括停车场管理、访客登记、感应式门禁通道管理、电梯控制、会议自动签到以及多功能消费管理六个子系统。该平台采用业内超薄双频 RFID 复合卡，集成有源和无源芯片于一卡，打造全新的园区智能化管理和自动化的体验模式。其中，有源部分具备优良的远距离自动感应识别效果，用于停车场管理、感应式门禁通道管理和会议自动签到等，只需将复合卡作为工作证佩戴，无须主动刷卡，到达设定的感应距离便可自动识别，大大提高了车辆人员的通行和识别速度；无源部分可存储个人信息、账户资金等内容，具备良好的信息安全加密手段，用于餐饮消费等小额支付场景。无源部分芯片采用国际统一标准，具备 16 个存储空间，每个存储空间相对独立，可扩展至各种其他应用，同时还可作为一种备用手段，用于停车场管理、感应式门禁通道管理、电梯控制和会议自动签到等系统。

1. 实训目的

(1) 了解智慧园区信息服务平台的设备构成。

(2) 熟悉 VISIO 绘图软件的使用方法。

(3) 能正确绘制智慧园区信息服务平台软件系统结构图。

2. 实训器材

(1) 设备：电脑(可上网)。

(2) 工具：VISIO 绘图工具。

3. 实训步骤

(1) 熟悉给定的实训素材，梳理智慧园区信息服务平台各功能模块及其相互关系。

(2) 利用计算机 VISIO 软件，绘制智慧园区信息服务平台软件系统结构图。

4. 实训成果

(1) 完成智慧园区信息服务平台主要功能列表。

(2) 完成智慧园区信息服务平台软件系统结构图。

 评价与考核

一、任务评价

任务评价见表 1-6。

表 1-6　实训 1-2 任务评价

考核项目	评价要点	学生自评	小组互评	教师评价	小计
智慧园区信息服务平台软件系统结构图	平台软件的需求分析是否合理、全面				
	平台软件系统的结构设计是否合理				
	平台软件结构图的绘制是否美观				

二、任务考核

1. 人工智能在视频监控中的应用场景有哪些？

2. 园区入侵报警与联动管理系统由哪些关键模块构成？

3. 园区入侵报警信号可以联动园区的哪些管控系统？

4. 园区出入门禁控制系统主要由哪些模块构成？

 拓展与提升

试结合所学知识和文献检索结果，分析以物联网、人工智能、大数据、云计算等为代表的新一代信息技术将对智慧园区的控制与管理工作带来哪些改变？

任务 1-3　认识大华智慧园区智能安防方案

 任务情境

调查表明，目前智慧园区安防体系建设模式已从传统的单一视频监控、入侵报警、广播、出入门禁管理、停车场等子系统建设，发展到注重顶层设计、统筹规划、科学布局，追求系统融会贯通的智慧园区综合控制与管理模式。这样不仅减少了管理人员和管理成本，而且有效提升了园区的管理效益，为园区持续健康、绿色运营提供了支撑保障。大华智慧园区智能安防平台依托智能物联网络，融合新一代信息与通信技术和人工智能技术，打造可实时监测园区内的各种设备安全情况，实现园区全方位可视化，提供消防联动、人脸追踪、视频巡逻、主动防御警告功能集成，节约人力和物力的同时，全面保障园区安防问题。

为深入理解智慧园区安防系统控制与管理的设计内容，本次学习任务围绕大华智慧园区智能安防方案展开，要求完成智慧园区管控方案的调研及对比分析。

 学习目标

(1) 了解城市智慧园区的人工智能监控的工作内容。
(2) 理解城市智慧园区入侵报警联动管理的工作内容。
(3) 知晓城市智慧园区门禁智能控制与管理的工作内容。
(4) 了解城市智慧园区车辆控制与管理的工作内容。
(5) 能够正确开展智慧园区管控方案的调研。

 知识储备

一、智能安防方案总体设计

1. 需求分析

随着社会信息化的快速发展，信息安防技术的应用已逐渐渗透到人类生存、活动的各个领域。在竞争已达白热化的某些领域，园区管理的安全性直接影响到园区生产效益和成本控制；园区也必须适应这一变化趋势的要求，园区建设、管理应该向着信息化、智能化、产业化的方向发展，建立智慧园区势在必行。

在智慧园的规划、设计与建设中，基于智能物联网络构建现代安全防范体系是其中的重要内容之一。其中主要涉及视频监控、入侵报警、门禁控制、可视对讲和停车管理系统，这些应用系统是智慧园区实现安全、可靠、稳定和高效运行的基本保障。根据相关调研分析，构建智慧园区现代安全防范体系需要重点考虑以下几点需求：

(1) 视频监控是安全防范和生产监控体系的核心，可有效对各区域实行实时监控；整个安防监控系统的重点在于对人员、车辆、物品、生产线、实验室等的实时监控，防患于未然。

(2) 在安防系统设计、设备选型、调试、安装等环节都应严格执行国家、行业的有关标准及公安部门有关安全技术防范的要求，贯彻质量条例，保证系统的可靠性。

(3) 系统设计方案应在充分调研、分析和总结的基础上进行撰写，在此过程中需要密切结合智慧园的上层规划，特别是在场地、设施、网络和系统软硬件配置等的设计方面，要进行翔实的分析、论证与比选。

(4) 开放性的硬件平台，具有多种通信方式，为实现各种设备之间的互联、集成奠定了良好的基础。

(5) 选择标准化和模块化的部件，具有很大的灵活性和容量扩展性。

(6) 在满足安全防范级别要求的前提下，在确保系统稳定可靠、性能良好的基础上，在考虑系统的先进性的同时，按需选择系统和设备，做到合理、实用，降低成本，从而达到极高的性能价格比，降低安全管理的运营成本。

(7) 系统可通过一套统一的智能物联综合管理平台(ICC)，将不同功能的安防子系统进行系统融合，可实现对各类系统监控信息资源的共享和优化管理，具有对各子系统进行数据通信、信息采集和综合处理的能力，可生成优化管理所需的相关信息分析和统计报表。

2. 设计原则

智能安防方案的设计原则具体包括以下几点：

(1) 开放性。

智能物联综合管理平台提供符合 RESTful 规范的 API，方便与第三方厂家集成。

(2) 高可靠。

智能物联综合管理平台核心模块支持双机热备策略，业务服务模块支持集群技术，同时还提供守护进程，主动发现负载将满的服务并采取保护措施。

在数据方面，智能物联综合管理平台提供手动备份还原入口，同时系统每天定时备份重要数据，保障系统数据库故障后数据可以自动恢复。

(3) 易扩展。

智能物联综合管理平台各个业务子系统的接入服务均具备分布式部署能力，业务服务具备集群部署能力，可根据项目规模和应用场景进行灵活伸缩和扩容部署，并且随着业务的扩展而扩充其支撑能力。

(4) 易兼容。

智能物联综合管理平台各子系统均采用业内标准，能接入主流产品设备以及进行平台之间的对接，如视频子系统支持国标 GB 28181，支持接入主流厂商监控设备(大华、海康、宇视等)。

(5) 易开发。

智能物联综合管理平台提供 Framework、SDK、Studio 等工具生态，方便模块开发和系统能力的扩充。

(6) 操作便捷性。

智能物联综合管理平台界面设计人性化，采用"B/S + C/S"操作模式。管理员在 Web 端一个入口实现统一管理，操作员登录桌面应用客户端进行业务操作处理。此外，智能物联综合管理平台还提供浏览器视频插件，操作员可在 B/S 操作模式下使用相关功能。

(7) 高性能。

智能物联综合管理平台中的单模块具备大量设备接入的能力。例如，视频子系统单模块支持 4000 个 IP、10 000 个通道、800 Mb/s 码流转发能力，并发访问能力根据码流大小计算。在大规模化用户和设备场景下，还可以使用分布式技术、集群技术进行组网，满足更高的性能要求。

(8) 安全性。

用户的信息在网络传输过程极易被不法分子截获，若没有加密或加密方式过弱，用户信息极易被破解。智能物联综合管理平台使用标准的 OAuth2.0 规范，采用鉴权中心统一鉴权，用户密码加密保存，用户登录时使用动态加密对，用户每次使用的登录密码在加密后都是不同的，防止用户密码被截取而非法使用。

在信息传输方面，智能物联综合管理平台对外的接口均采用 TLS 协议进行加密传输，防止信息在传输过程中被非法截取利用。

除了信息加密传输和存储，为了进一步防止黑客攻击，智能物联综合管理平台还引入了安全网关，对 XSS、SQL 注入等一般常用的黑客攻击手段进行系统层面的拦截。

3. 设计思路

智能物联综合管理平台以视频业务为核心，接入园区弱电安防应用子系统，形成园区管控一体化综合解决方案(如图 1-12 所示)，同时通过业务子系统的自由灵活组合，进行数据提取分析应用，从而对园区的人员、车辆、物资实行全方位、多业务的融合智能方式综合管理、业务优化，提升了园区管理效率、优化业务流程，形成了多个细分解决方案，以满足不同的园区场景需求。

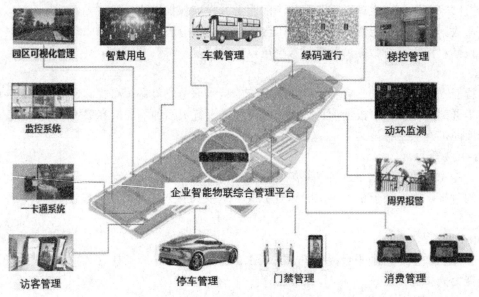

图 1-12　智能物联综合管理平台拓扑图

随着安防行业的高速发展，利用视频技术和智能化产品来提升园区业务管理能力成为主流发展趋势，主要体现在智能物联综合管理平台融合一卡通业务、一脸通业务、视频智能分析业务、集中联网化管理、应急指挥调度、视频联动及移动化视频业务应用等方面。

4. 总体架构

1) 物理部署

智能物联综合管理平台支持灵活的物理部署方式，涵盖园区视频监控、消防、一卡通(门禁、考勤、巡更、访客、消费)、一脸通(门禁、考勤、巡更、访客)、报警、可视对讲、出入口、停车场、动环等子系统。系统方案基于智能物联综合管理平台，实现对园区子系统整合、数据信息融合处理和控制，通过平台实现统一业务数据展现、统一权限管理、统一安防管理业务流程，满足安全、生产、管理等业务需求，提升并优化业务流程。

智能物联综合管理平台方案支持系统的灵活部署，根据实际项目的设备接入规模、包含子系统类型及各模块业务功能需求，按照具体需求配置多种模块化应用服务，按需部署相应的服务器；在统一平台管理的基础上，系统提供精细化的分级权限管理以及总部到分支的远程联网管理。

2）逻辑架构

智能物联综合管理平台逻辑架构如图 1-13 所示。

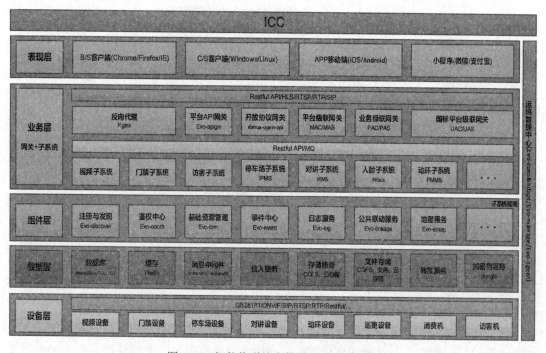

图 1-13　智能物联综合管理平台逻辑架构

智能物联综合管理平台整体采用分层设计，分为设备层、数据层、组件层、业务层和表现层。

(1) 设备层：包含各类设备资源，如视频设备、门禁设备、停车场设备、对讲设备、动环设备、巡更设备、消费机、访客机等基础设施，按类别由各个子系统的接入服务管理。

(2) 数据层：主要包含关系型数据库、分布式缓存系统、消息中间件、接入服务、存储服务、文件存储、转发服务、加密狗服务等服务。

(3) 组件层：独立于具体的业务子系统，提供基础的组件服务供各子系统使用。

(4) 业务层：负责平台的业务逻辑实现，内部划分为网关层及子系统层。子系统层提炼功能共性划分为不同的子系统，网关层实现各类对接协议为单独网关。子系统间采用 RESTful 接口及 MQ 通信，网关对表现层及第三方平台采用 RESTful 接口及流媒体协议交互。具体到各子系统又是一个相对独立完整的系统子模块，子系统包含业务功能及设备接入，为一个纵向的概念，类似面向切面编程(AOP)。子系统的这种相对独立性才可满足行业平台的随意组合需求，达到子系统层面的复用。

(5) 表现层：表现层包含 B/S 客户端、C/S 客户端、APP 移动端、小程序等各类程序软件，丰富的业务表现层程序可以满足用户的不同应用场景需求。

　　智能物联综合管理平台是一个模块化系统，设计包括综合安防，便捷通行，协同办公以及运营管理在内的四大方向，涵盖了园区管理中的绝大多数应用场景(如图 1-14 所示)。其中，综合安防针对园区安防类业务，对园区内监控录像，支持 AI 布控、AR 云景监控，结合智能化技术，对录像分析存储。

图 1-14　智能物联综合管理平台典型应用

　　便捷通行是为了方便管理园区通行，针对不同对象设立了不同的解决方案系统。人脸通行系统，可以依靠人脸抓拍识别设备，对通行人员鉴权授权，无感通行。办公场景管理更加人性化，针对考勤和消费建立了不同的协同办公系统。为了方便考勤，考勤管理系统设立人脸打卡、刷卡打卡、指纹打卡等模式，所有的考勤数据互通，采用中心化管理，提高考勤工作效率。在日常园区运维管理的管理工作中，针对不同的业务场景提出了不同的解决方案。对于园区内的网络传输，要根据园区内网络的实际情况进行设计，确保系统网络传输可靠、高效运行。

二、综合安防方案

　　综合安防以维护企业公共安全为目的，在企业周界、出入口、建筑物内、特定场所/区域，通过采用人力防范、技术防范和物理防范等方式综合实现对人员、财产、信息、生产、设备、建筑或区域的安全防范。通常所说的安全防范主要是指技术防范，是指运用安全防范产品和其他相关产品所构成的智能视频监控系统、出入门禁控制系统、入侵紧急报警系统等实现企业安全防范。

1. 智能视频监控系统

智能视频监控是园区对重要场所进行实时监控的基础设施，安保部门可通过它获得有效图像和声音信息，对突发性异常事件的过程进行及时的监视和记忆，用以提供高效、及时的指挥和调度并处理案件等。

2. 出入门禁控制系统

出入门禁控制主要是指通过门禁读卡器或门禁生物识别仪辨识，利用门禁控制器采集的数据实现数字化管理，其目的是有效控制人员的出入，提高重要部门、场所的安全防范能力，并且记录所有出入的详细情况，实现出入门禁安全管理，包含出入授权、实时监控、出入记录查询及打印报表等，从而有效解决传统人工查验证件放行、无法记录信息等不足。

3. 入侵紧急报警系统

入侵紧急报警系统的核心作用是保障安全，在即将发生危险前提前告知，或发生危险后及时处理，将损失降到最低。使用各种科技手段弥补人类各种行为和感官的极限，在整体的安防体系中起到至关重要的作用。该系统涵盖企业 AI 视频监控(AI 布控、AR 云景)、智能巡更、事件工单、安消联动、报警防范、视频存储、动环监测、监控中心等子系统，如图 1-15 所示。系统方案基于 ICC 智能物联综合管理平台，实现对企业子系统整合、数据信息融合处理和控制，通过平台实现统一业务数据展现、统一权限管理、统一安防管理业务流程，满足安全管理业务需求，提升并优化业务流程。

图 1-15　入侵紧急报警系统构成图

入侵紧急报警系统方案支持系统的灵活部署，根据实际项目的设备接入规模、包含子系统类型及各模块业务功能需求，按照具体需求配置多种模块化应用服务，按需部署相应的服务器；在统一平台管理的基础上，系统提供精细化的分级权限管理以及总部到分支的远程联网管理。

基于企业综合管控平台，前端接入子系统包括(不限于)以上系统，且还支持通过 SDK 方式以及标准接口等接入第三方设备进行接入数据联动，可提供平台 SDK 或接口供第三方软件整合。

三、便捷通行方案

便捷通行方案重点解决各类企业园区的通行问题,涵盖园区内的人员通行管理和园区内的车辆通行管理。人员通行管理主要管控内部员工、外部访客等人员的通行,涵盖的场景有出入门禁的人员通行管理、访客的人员通行管理和人员电梯控制管理。

便捷通行方案主要涵盖五个子系统:人脸通行系统、访客管理系统、绿码联动系统、梯控管理系统和车辆通行系统。该方案对人员在园区中的通行场景进行了全覆盖,其架构如图 1-16 所示。

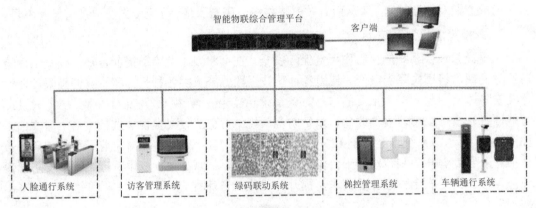

图 1-16　便捷通行方案构成模块

1. 人脸通行系统

智能门禁系统是基于现代电子与信息技术,在建筑物内外的出入门禁安装自动识别系统,通过对人或物的进出实施放行、拒绝、记录等操作的智能化管理系统。

大华门禁管理子系统通过利用门禁控制器采集的数据实现数字化管理,目的是有效控制人员的出入,规范内部人力资源管理,提高重要部门、场所的安全防范能力,并且记录所有人员出入的详细情况,实现出入口的便捷与安全管理,包含发卡、出入授权、实时监控、出入查询及打印报表等,从而有效解决传统人工查验证件放行、门锁使用频繁、无法记录信息等不足。

为了进一步加强园区的门禁出入管理控制,大华门禁管理子系统还采用人脸通行解决方案。该方案相比于传统的门禁系统增加了新的人脸智能识别算法,即通过对人脸的鉴权来代替或加强原有的门禁卡、二维码、密码等鉴权方式,系统通过 IP 网络接入园区管理平台,方案构架简单、部署方便,做到更加精准、安全、快捷地进行特征识别和人员进出,从而进一步提升园区的智能化水平。

2. 访客管理系统

访客管理系统主要用于访客的信息登记、操作记录与权限管理。访客来访,需要对访客信息做登记处理,为访客指定接待人员、授予访客门禁点/电梯/出入口的通行权限,对访客在来访期间所做的操作进行记录,并提供访客预约、访客自助服务等功能。访客管理系统架构如图 1-17 所示,该系统主要是为了对访客信息做统一的管理,以便后期做统计或查询操作。

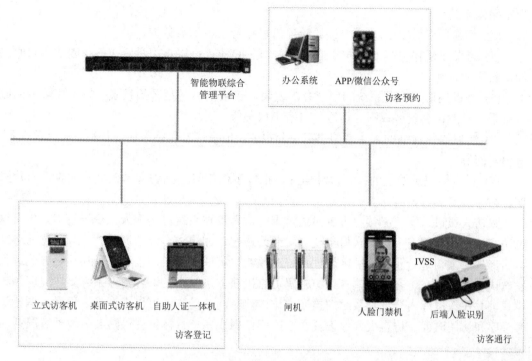

图 1-17　访客管理系统架构

　　通过访客管理系统架构以及智能设备的引入，智能物联综合管理平台访客管理系统将一般访客管理系统的被动事后查询转为主动检测、防御，做到了真正的智能化、人性化，并能根据具体项目情况进行旧系统的兼容、扩容，为各企事业单位、各建筑管理人员提供了满足自身情况的访客管理系统的整体解决方案。

　　访客管理系统主要包括访客预约、访客登记和访客通行，通过智能物联综合管理平台对访客进行管理。出入门禁访客系统的主要服务对象为外来到访人员，通过系统实现对其来访及出入进行管制，主要有以下三种管制方式：

　　(1) 访客通过电话直接与被访人预约，被访人通过该预约登录企业园区信息平台，填写访客信息(手机号码必填)并确认；访客到达园区门口保安室提交身份证件，系统读取身份证信息并与预约信息核对，核对成功后系统打印具有条码的访客会客单，保安人员分配"权限组"授予卡片交予来访人。

　　(2) 没有提前预约的访客需先到园区门口保安室进行信息登记。由保安人员联系被访人，经被访人确认，保安人员通过扫描终端对到访人员所持身份证件进行登记，信息合法，将分配好的"权限组"授予卡片交予来访人。

　　(3) 访客会客单也可与门禁系统联动，访客直接在二维码闸机上扫描会客单条码，实现开启闸机功能。本方式优势在于不需要下发卡片，省去了保安收取证件、收取押金的工作。

　　访客管理系统主要实现以下功能：

　　(1) 当访客提前预约来访时，系统可替代保安人员完成入门登记工作，高效准确地记录、存储来访人的相关信息，做到人员、证件二者统一，便于异常情况发生后查询。

　　(2) 通过证件扫描仪扫描来访者身份证、护照、驾驶证等证件，实现证件自动识别，自动录入来访者资料。

(3) 可选择增加二/三代身份证的验证机进行身份证信息读取。

(4) 可发放授权访客卡，访客卡采用统一的 IC 卡，可以自由设定访问权限的有效时间和最长实效时间。

(5) 可以为访客管理系统的用户分配权限，权限信息包括预约权限、发卡权限、回收卡权限、修改访客资料权限、访客信息查询权限等。

(6) 可以提供详细的来访者信息记录和报表，记录信息包括来访者资料、被访者姓名、进出时间等。

(7) 系统能记录发生的报警事件信息，报警事件信息包括访客卡到期未回收、卡片过期、访客黑名单等。

来访人员进入园区必须办理临时访客卡，访客管理系统可实现人工登记发卡，也可通过访客机进行自动发卡，访客机主要针对预约访客，加快访客办卡流程。访客通过网络或电话形式对来访进行预约，访客管理系统对预约访客通过手机短信、电子邮件等方式远程发送访客密码，在访客机上输入来访密码可直接获取访问卡。访客管理系统支持提前预约模式，并在数据库内登记，按时间排序安排访问时间；受访者可以查询受访记录，调整访客顺序和访问时间。访客机一般设置在园区门口保安室，具体位置可随实际管理情况灵活调整。

3. 绿码联动系统

随着疫情防控进入常态化，工作、生活节奏越来越快，"健康码"也愈发成为大家日常出行的标配。在疫情防控和复产复工中，"健康码"可以实现高效率的人员流动管理，在办公楼、商场、地铁、火车站等人流密集的地点提高过检效率，避免过多的人员接触和聚集。

在此背景下，大华及时推出绿码联动系统。该系统通过安装人脸测温门禁一体机、人行通道闸机(可选)、人证核验一体机、综合管理平台等设备，当人员出入时，人脸测温门禁一体机实时抓拍人脸建模比对、上报人员信息到综合管理平台，综合管理平台调用健康码数据接口实时获取健康码状态，下发人脸测温门禁一体机显示健康码信息，实现绿码通行，红/黄码禁行功能。

绿码联动系统可以协助监管部门通过局级疫情预警平台远程了解辖区所有人员出入测温、健康码实时情况。其中，综合管理平台对测温、抓拍图片和健康码状态进行实时存储，支持通过时间、温度范围、通道等检索录像资料，对异常事件及时查证，能够有效提升管理效率。

4. 梯控管理系统

电梯作为企业园区内最常用的通行工具，也是安全管理的重要场所之一，管理人员通过电梯管控方式，可有效防止陌生人、未登记授权人员进入业主所在楼层。

企业园区人脸电梯控制管理系统由安装在外墙的门口机、电梯轿厢的人脸识别一体机和控制器组成。电梯的使用人员通过人脸识别确定身份后，电梯可以开放授权楼层按键权限，使用者选择自己所要到达的楼层按键，点亮按键并启动电梯到相应楼层；没有登记授权的人员，则不能使用。大华梯控管理解决方案架构如图 1-18 所示。

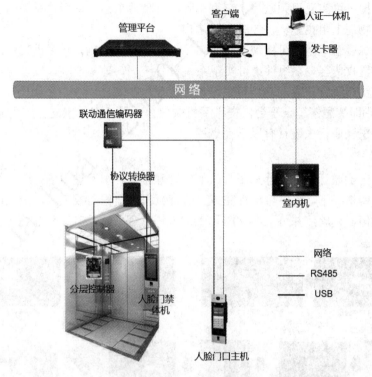

图 1-18　大华梯控管理解决方案架构

大华梯控管理解决方案的主要功能包括：

(1) 批量授权：支持对指定人员、卡片进行普通授权，可批量授权。

(2) 设备鉴权：支持在线梯控设备接入，支持对设备进行卡片、人脸和楼层授权。

(3) 离线写卡：支持离线梯控写卡授权。

(4) 授权人脸：支持在线梯控按人和部门授权人脸梯控设备。

(5) 授权任务：支持展示在线梯控的卡片授权任务和人脸授权任务。

(6) 高峰平峰配置：支持在线配置高峰期、平峰期梯控计划。

(7) 记录展示：支持展示在线梯控的刷卡、刷脸记录。

大华梯控管理解决方案基于自研先进人脸识别算法，结合门禁子系统能力，帮助管理者对园区实现人脸识别控制电梯进出、高/平峰电梯控制等业务，提升园区安全，帮助使用者打造高效率、安全可靠的园区环境。

5. 车辆通行系统

企业园区停车场服务是园区服务的重要组成部分，是企业园区综合管理运营的难点。目前，驾驶人员具备停车难、体验差的痛点，运营企业成本高、效益低，需要通过无人值守、智慧运营的方式，提高整个停车场的管理效率。

大华园区车辆通行系统具备对临时车辆进行权限放行和对固定用户进行认证管理的功能。该系统采用视频识别进出场管理方式，由出入口对讲机、抓拍机、道闸、入口余位屏、场内屏、出口车道检测、反向寻车查询机、室内定位、室内泊位、智能物联综合管理平台与监控中心等组件构成，下面对部分组件进行简要介绍。

其中，抓拍机可实现视频监控、车辆车牌、车型、车系、车标等相关信息采集识别功能。道闸可从物理上阻拦车辆，控制车辆进出。

智能物联综合管理平台可实现对出入口系统的管理与控制，并提供相关出入口管理应用服务，且内置收费客户端组件；可实现系统设备统一管理与控制，以及提供业务应用服务；用于管理员登录管理客户端，对系统进行管理与控制。

云睿(选配)即智慧停车云平台，提供手机微信公众号、支付宝支付应用服务。

大华园区车辆通行系统具有以下亮点：

1) 无人值守

大华园区车辆通行系统设计采用无人值守管理方案，车辆进出场、缴费等流程在场区内无管理人员的情况下，车主可自行完成。所有流程可全程高效完成，极大地提升了车主进出场效率及停车体验，并可节约90%以上的人工管理成本。其工作流程如图1-19所示。

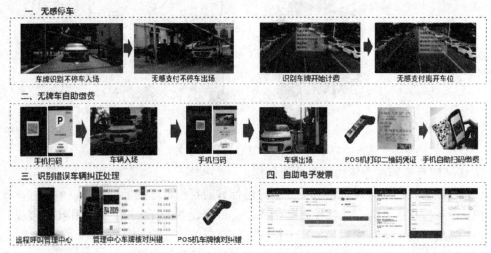

图1-19　无人值守管理方案工作流程

2) 高识别率

(1) 电子车牌识别：采用电子车牌识别可实现100%识读车牌、车身颜色、车辆类型等车辆信息，车辆进出通畅无忧。汽车电子车牌，即嵌有超高频无线射频识别芯片并存储汽车电子身份数据的信息识别载体，其原理是利用无线射频电波实现对车辆自动、非接触、不停车地识别和监控，具有受环境影响小、识别速度快、识别精度高、识别准确等特点。

(2) 双相机识别：采用双相机识别，能够提高车牌识别率(识别率达到近100%)。

(3) 星光级识别：车位检测器支持星光级识别，适应地下车库较暗环境。

3) 高适应性

(1) 适应车辆异常进出场：本系统设计支持无车牌、车牌识别错误、忘记缴费等异常情况车辆正常进出场，可极大地提升车主停车体验，节约人工管理成本。

(2) 超宽距识别：超宽距识别适应2.5～6 m的超宽距离抓拍识别，可适应多种出入口场景抓拍识别。

(3) 非标场景模式：此模式适应非标车辆出入口场景，包括单通道混进混出、转弯车道、非标超宽车道。非标场景模式如图1-20所示。

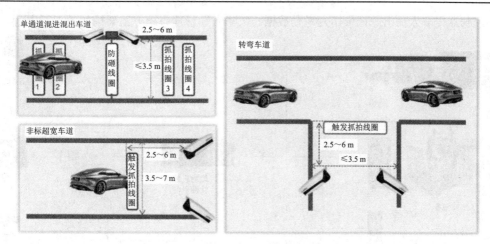

图1-20　非标场景模式

4) 高稳定性

无论平台服务器发生故障或网络中断，车位诱导屏均可以脱机统计余位，车位引导功能不受影响。大华园区车辆通行系统的高稳定性结构如图1-21所示。

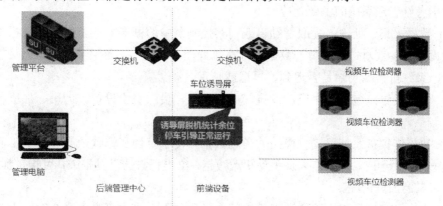

图1-21　大华园区车辆通行系统的高稳定性结构

四、协同办公方案

办公系统是企业园区最基础的业务系统，员工考勤管理系统又是员工管理中重要的一个环节；结合当前智能技术，让考勤快捷方便，考勤记录可查询等是考勤管理中重要的要求。同样，园区消费在企业园区中也是重要的环节，简单便捷的消费模式可以提高员工的满意度，进而影响员工工作效率。协同办公方案主要针对考勤和消费提出协同办公解决方案规划，让考勤和消费更便捷。

1. 考勤管理系统

考勤管理系统提供考勤和时间管理功能，为考勤管理、加班请假等提供现代化的手段，为工资核算提供财务接口，提高了管理工作的效率，从而实现考勤的现代化管理，使管理者及时、迅速、准确地了解相关人员出勤及出入情况，改善人事管理模式。

大华考勤管理系统支持人脸考勤机，也可用门禁读卡器来兼作考勤设备；其原理为通过门禁控制器提取人员出入记录作为考勤数据。大华考勤管理系统方案架构如图 1-22 所示。

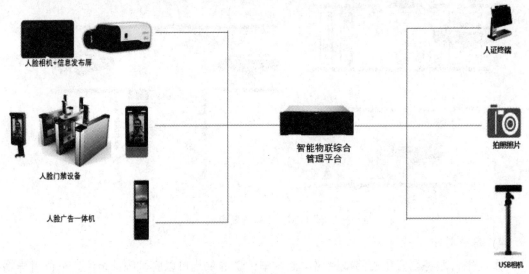

图 1-22　大华考勤管理系统方案架构

大华考勤管理系统的主要功能如下：

(1) 数据采集、处理：提取考勤机或门禁控制器中的刷卡原始数据存入数据库中，根据班次设置等参数对每位人员的数据进行系统处理，给出上下班记录，根据此员工的上下班类型，系统可自动判断是否迟到、早退或旷工。

(2) 参数设置：包括工作班次设置、假日设置、员工班次设置、调班、加班和假类维护等。

(3) 数据维护：系统可提供原始的考勤数据，便于查询和修改，当考勤员工需要补办事假、病假等手续时，由操作人员手动更改数据，给出正常的考勤报表；可指定加班计划，并记录员工的加班情况。

(4) 班次：定义员工一天的上下班时间及考勤规则，班次可以由多个时段组成。考勤模块中的一个班次最多可以设置 4 个时段，班次采用 48 小时制，可以跨天处理员工的出勤，时段与时段之间不允许时间有重叠交叉，时段的签入时间要大于前一个时段的签出时间，班次中只允许最后一个时段有跨天情况的出现，如时段 22:00—05:00 中，05:00 指的是第二天的 5:00。

(5) 排班：指定员工当天上哪个班次。考勤模块灵活定义上下班时间与考勤规则，提供自动和手动方式进行排班；排班又分为群组排班及个人排班；个人排班的优先级高于群组排班，如果当天有个人排班，则以个人排班为准，否则以群组排班作为当天班次。目前，大华考勤管理系统只能实现群组排班，后续版本中会增加个人排班功能。

(6) 考勤调整：人员考勤出现旷工、迟到等情况时可视实际情况进行考勤调整。管理员添加调整单后系统自动进行考勤调整。调整原因可根据实际情况自定义选择。

(7) 考勤日志：用户可在考勤日志中查看考勤记录和刷卡记录。考勤记录可根据开始时间、结束时间、部门、学工号和考勤结果等过滤条件查看考勤记录。用户只能看用户所在部门的用户考勤信息。刷卡记录管理员可根据开始时间、结束时间、部门、人员、卡号、考勤点、工号等过滤条件查看刷卡记录。连接读卡器后可直接读取员工卡获取此卡的刷卡信息。

(8) 报表统计：可根据开始时间、结束时间、人员姓名、部门、考勤结果等过滤条件查看考勤统计报表。报表可分月报和年报。大华考勤管理系统可以采用人脸识别考勤、刷卡考勤、指纹考勤等多种考勤方式，可以让员工无感考勤，将漏打卡、错打卡的可能性降到最低，同时可以连接第三方平台，将考勤数据协同第三方软件完成指定功能。

2. 刷卡消费系统

刷卡消费系统是针对食堂、餐厅、超市、小卖部等消费场所设计的，淘汰以往采用的现金、饭票、接触式智能卡等消费结账方式。消费者只需持一张经过授权的 IC 卡，感应读卡，即可完成各种消费的支付过程。系统在后台强大的软环境和完善的硬件基础上完成信息加工处理工作，统一进行 IC 卡的发行、授权、撤销、挂失、充值等工作，并可查询、统计、清算、报表打印各类消费信息及其他相关业务信息。大华刷卡消费系统架构如图 1-23 所示。

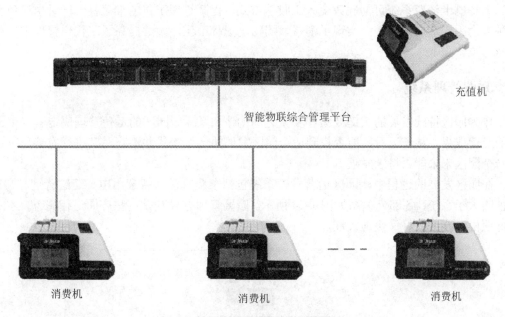

图 1-23　大华刷卡消费系统架构

大华刷卡消费系统的主要功能如下：

(1) 参数设置：可设置消费机时间、消费模式等参数，可根据卡的类型设置转账限制和钱包经费的转入、转出等。

(2) 消费模式设置：可设置零售模式、定额模式、编号模式、限额限次模式、限时模式等多种消费模式。

(3) 信息查询功能：可分别进行资金收支、消费数据、个人对账的查询。

(4) 数据采集：可使用 U 盘采集消费机的消费记录。

(5) 餐类设置：可自由设置早、中、晚、夜餐用餐时间，便于管理人员统计各餐消费情况。

(6) 身份餐次限次设置：可设置不同身份的持卡人、在各个餐次中的最大消费次数。

(7) 菜品管理：可通过平台软件管理所有的菜品(增加、修改、删除菜品)，可自由选择菜品下载到终端消费机。

(8) 报警：可自动识别"伪卡"功能，持伪卡、假卡、挂失卡消费并自动报警。

(9) 统计打印功能：可实现日、月、年、某一时段的报表处理，可查询各食堂当餐、当天的收入情况，消费者当天、每月、每年的消费情况，就餐人数、就餐时间分布情况。

(10) 补助发放：在管理平台上可按身份设置每月的补贴金额，补贴金额每个月定点打入用户账号。

(11) 消费设置：可根据不同消费机设置卡片的日消费限额、日消费限次、卡最小金额。

(12) 充值设置：支持终端充值机自动充值功能、支持平台充值功能。

大华刷卡消费系统符合数字化企业园区的整体设计思想，不仅具有消费、身份认证、金融服务功能，还具备相应的管理功能，保证整个系统的先进性、实用性、安全性和扩展性。

大华刷卡消费系统可彻底改变人工收费方式，提高管理工作的准确性，同时也避免了各种人为因素造成的误差，实现了消费、购物电子货币化，大大提高了现代化管理水平和自身形象。

五、运营管理系统

作为园区持续发展的关键要素和要素之间的逻辑关系，园区的运营管理决定着一个园区的经营成果。从长远看，能否找到适合园区发展的运作模式并不断对其进行完善，决定着一个园区未来能否持续发展。

在园区发展的过程中，园区运营管理系统包括车载管理、智慧用电、运维管理和 3D 可视四大子系统，各部分关系如图 1-24 所示。园区管理方只有在这些方面进行完善，才能更好地协助园区又好又快地发展。

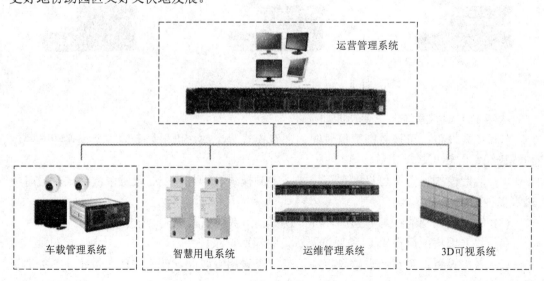

图 1-24　园区运营管理构成

1. 车载管理系统

车载管理系统通过监控主机连接摄像头、拾音器、报警器、GPS、对讲设备、读卡器、车辆信号线、3G/WIFI 模块等设备，采集车内外视频图像、音频信息、报警信息、车辆实时 GPS 信息、人员信息、车辆行驶状况等信息，实现各种信息数据本地存储、语音实时对讲、自动监控报警等功能，并通过无线网络将数据上传到监管指挥中心平台进行处理，实现对车辆的全方位监控，并协助司机完成报警、告警提示、语音通话等业务。车载管理系统架构如图 1-25 所示。

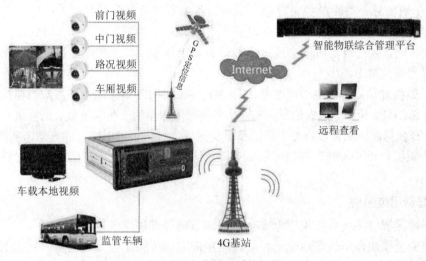

图 1-25　车载管理系统架构

车载管理系统的主要功能如下：

(1) 视频采集：通过车载摄像机可对前方路况、车内前排乘客、车内后排乘客、后备箱的场景进行实时录制，同时，可在录制的视频上叠加车辆信息，如车牌号码、GPS 信息、速度信息等。

(2) 图片采集：支持前端车载设备触发不同状态抓拍图片功能，可将图片保存在本地存储介质中，并通过无线方式上传到监控中心。

(3) 车辆位置采集：支持 GPS 功能，将车辆位置、经纬度、行驶速度、精确时间、方向等实时上报到管理中心；监控中心可根据 GPS 信息跟踪指定车辆，在电子地图上显示行车轨迹；在车辆被盗抢报警后，监控中心能自动跟踪。

(4) 车辆状态采集：采集车辆前后车门开启、左右转向、刹车、停车、开动等车辆状态，并上传到管理平台处理。

(5) 行驶记录：车载设备支持记录仪数据的实时上传、条件检索上传和数据接口导出，其中条件检索上传的信息包括实时时钟、驾驶员代码以及对应机动车驾驶证号、最近 360h 内的累计行驶里程、车速传递系数、最近 360h 内的行驶速度、车辆 VIN 号、车牌号码、车牌分类、事故疑点数据、最近 2 个日历天内的累计行驶里程、最近 2 个日历天内的行驶速度、疲劳驾驶记录、超速驾驶记录等信息。

(6) 信息显示打印：车载设备可接收监控中心传输的文字信息，显示在车载显示屏或者走字屏上，在停车状态能即时打印车牌号码、车辆分类、驾驶员代码、驾驶证号、打印时间、停车前 15 min 每分钟的平均速度、疲劳驾驶记录以及驾驶员签名。

(7) 语音调度：在有险情时，司机能通过调度平台集成语音对讲装置与管理人员取得联系，实现远程指挥。车载显示屏可播放监控中心下发的文字信息，并可通过功放播报语音指令或提示信息。

(8) 报警信息采集：车载设备能够对车速、车内人数信息、驾驶信息、车内设备状态信息等进行采集，为管理平台超速告警、超载告警、车载设备告警功能提供相关数据，还可联动在车载走字屏上显示求救信息。

(9) 车辆信息、驾驶员档案管理：车载设备具有记录驾驶员身份的功能，驾驶员需要在每次驾车前，插 IC 身份卡确认自己的身份，并与车辆信息相关联；可记录同一驾驶员连续驾驶时间，超过规定时间会通过车载设备发出告警，并上传到监控中心，能够有效遏止司机疲劳驾驶隐患。

(10) 数据通信：车载主机可通过 2G、3G、4G、WIFI 等无线通信方式与监控中心进行音视频信息、GPS 信息、报警信息、车辆状态信息等数据的上传和下载。远程进行视频下载时，可选择任意时间录像段进行下载，不再受录像文件大小的限制，能有效节省流量。

(11) 集群对讲：系统支持集群对讲功能，通过管理平台设置群组分配，支持组内人员对讲。

2. 智慧用电系统

大华园区智慧用电系统由用电安全、空调节能等模块组成。

用电安全模块在不改变原配电系统线路走向和保留原配电系统功能的基础上，采用智慧空开对电压、电流、温度、功率、电量等状态进行实时监测并进行数据分析；对被保护线路的过压、过载、过流、过温、欠压、打火、缺相、设备离线等情况进行预警。

空调节能模块通过对空调的策略管理、远程集中控制，达到节能的目的。空调节能模块可按月、日设置不同的控制方案，每日设置多个时段控制空调的状态，如春秋季节的工作时间段，全局控制空调模式和温度，冬夏季节定时调节空调温度。大华园区智慧用电系统的主要功能及特点如下：

(1) 用电回路监测和预警：通过智能空开，空调节能模块能够对用电线路进行电流、温度、功率、漏电等状态进行检测，实现对线路短路、漏电、过流、过载、过温、过压、欠压以及雷击浪涌保护和三项不平衡治理；可针对这些异常情况进行智能预警，及时将异常情况上报智能物联综合管理平台，并通知相关单位处理，做到故障隐患准确掌握，防微杜渐。

(2) 用电设备监测和控制：空调节能模块可以对园区的照明回路、空调回路、各类插座回路、室外灯箱、LED 屏幕等进行控制。当出现异常情况时，可选择远程切断电源，将隐患从源头切断。

(3) 漏电自检：电气线路由于使用年限较长，存在绝缘老化、绝缘子损坏、绝缘层受潮或磨损等问题，在线路上可能产生漏电现象。空调节能模块通过设置定时任务或手动控制，可对空开做系统进行漏电检测，保护用电回路安全。

(4) 定时控制：空调节能模块可实现用电回路定时开关和手动控制，可区分 24 小时工作电源、8 小时工作电源、自定义定时工作电源，对不同的工作电源实现定时控制，同时针对不同用电回路，通过分时段、分时长实现定时控制。

(5) APP 设备巡检：空调节能模块通过 APP 设备巡检模式可掌握设备的运行状况及设备周围环境的变化，及时发现设备缺陷和危及安全的隐患，通过采取现场拍照上传、巡检情况文字说明、巡检情况语音录音等方式将现场情况上传至平台并通知人员维修，减少突发故障的产生，使设备处于良好的运行状态，保证设备的安全和系统稳定，解决了只"巡"不"检"现象，防止因巡检不到位导致的安全事故。

(6) 多途径报警推送：报警信息可通过监控中心平台软件报警弹窗和声光报警、手机微信和短信等方式推送，确保责任部门及时响应处理。

(7) 远程可视化管控：远程客户端采用可视化界面，通过图表、曲线、电子地图等方式，直观展现各大楼、各楼层或用电回路事实情况，可实现对故障电气线路的交互式控制、复位，接收线路隐患报警、消除报警、自检、在线切断故障线路电源等操作。

(8) 定时任务：空调节能模块通过按天、周的循环类型配置定时控制任务，对单个或多个空调内机进行开关、模式、温度的控制，也支持节假日日期的特殊任务配置。工作日上班时间，定时控制对空调温度的设置，防止空调温度的不合理配置，避免用电浪费；非上班时间，定时控制空调的开关，防止无人时空调常开。

(9) 地图展示：空调节能模块支持直接拖拉空调内机设备至地图中展示，可查看该空调的名称、逻辑组织链路、室内温度、设定温度、模式、风速；点击可弹窗进入空调设置界面，远程设置空调内机的温度、模式、风速、开关状态。

3. 运维管理系统

随着园区智能设备的广泛部署，运行业务量急剧上升。为了更好地匹配企业业务需要，各个子系统的功能需要不断迭代更新，传统的管理方法存在监管不到位、设备升级不及时、升级遗漏、管理不统一等问题，园区运维管理系统可以有效解决这类问题，做到及时、准确、全面地维护园区设备，减少人力运营成本，为企业节省大量人力时间和成本。大华园区运维管理系统的主要功能和特点如下：

(1) 园区资源监控：园区资源监控模块提供对前端设备通道、动环设备、服务器和服务的运维指标监控及统计，同时支持创建故障设备的报修工单、报备设备等。

(2) 服务器资源监控：服务器资源监控模块支持对服务器的运维指标、统计服务器数量和在线率等数据的统计；支持监控已纳入服务器的所有服务资源的使用情况，包括服务总数、在线数、心跳丢失数等。

(3) 报警管理：报警管理模块涉及对前端设备、服务器和服务情况的报警，支持配置报警策略、处理报警消息和配置设备的报警规则等工作。当绑定的设备触发报警规则时，系统上报报警信息，并将报警信息通过邮件或手机通知绑定的用户。

(4) 自动化巡检：自动化巡检模块可完成自动化巡检工作，并根据自动化巡检配置项和巡检任务，自动检测指定设备是否存在异常，并将巡检结果记录到巡检记录中。

(5) 可视化报表：可视化报表模块支持对报警信息和故障工单信息进行多维统计，绘制可视化的图表，同时支持下载对应的图表统计图片。

(6) 运维工具箱：运维工具箱模块可上传自定义的巡检工具，创建工具巡检任务，在设定的巡检周期内自动执行工具巡检任务，并将巡检结果记录到巡检记录中。

(7) 消息中心：消息中心模块用于查看系统推送的巡检任务、报警、工单消息。

4. 3D 可视系统

"3D 可视化"是园区运营管理系统的重要功能之一，也是大华智慧园区智能安防管控平台进行信息发布与展示的基本手段。3D 可视系统以 BIM 技术为基础，以可视化、智能化、网络化、集成化理念为目标，实现园区建筑及其他各类地物的逐级可视化展示。大华智慧园区智能安防管控平台 3D 可视化部分的主要功能如下：

(1) 综合态势可视化：智慧园区综合态势可视化通过信息交换和共享，将园区内各类具有完整功能的独立子系统组合成一个有机的整体，实现从园区、楼宇、建筑、室内、设备的逐级可视化展示，同时通过整合园区内的车辆、人员、设备、访客、安防、消防等各类系统数据进行综合管理与展示。

(2) 园区点位可视化：支持在三维场景中以 3D 地图的形式展示各园区的空间分布，以信息牌展示相关信息，点击具体图标可进入具体园区的三维场景；支持以顶信息牌、信息面板的方式展示各园区的地理名称、实际位置描述、物理属性及管理属性等相关信息；同时支持线流动、线增长效果，包括粒子射线、3D 飞线、聚合线等图层样式设置；支持色彩增强、线发光等特效。

(3) 园区管理可视化：园区管理可视化可以对园区楼宇及其周围的建筑、道路、桥梁等分布信息进行 3D 展示，并且能够在三维场景中对目标进行旋转、平移、缩放，以不同的视角查看楼宇及其周围环境；可以以虚拟仿真的形式完整呈现建筑物整体轮廓及在三维地图中的位置，并在系统中直观展示建筑物的占地面积、楼层及高度等信息；可以完整地呈现建筑物内部每层的结构，包括内部不同结构的空间布局、整体楼层中的位置、功能说明等信息。

(4) 安防管理可视化：在智慧园区 3D 可视化模块中，集成了智能视频监控、报警联动、智能门禁、智能停车、智能告警、消防管理和事件联动处置等功能，可直观地展示园区内的视频监控点位及实时监控画面，实现多个报警设备的空间联动。通过与门禁系统集成，3D 可视化模块可以展示所有门禁在园区楼宇分布的情况及工况信息，并且在门禁系统发起告警联动时进行可视化告警；可以将停车场中的每个停车位进行可视化，并与停车位上的车进行关联，方便引导用户快速找寻车位。3D 可视化模块还集成了智能告警系统，能够直观呈现告警信息，包括报警位置与相关的设备信息。通过与消防管理系统集成，3D 可视化模块可以用多种颜色展示消防设备的空间分布情况，便于管理人员快速了解告警信息并采取措施。另外，通过事件联动处置中心，智慧园区管理人员可以看到当前园区的告警总数、已处理和未处理的告警数量，从而大大提升信息的交互效率，降低时间损耗，有效增强管理人员的信息掌控能力。

六、网络传输方案

视频监控子系统网络建设应遵循实用、安全、先进、适用、可靠等原则。

网络设计不仅要求能够满足目前用户使用的要求，而且还应适应若干年以后的网络发展需要；网络平台应具备多网络协议的支持能力，以避免原有网络设备投资的浪费。

网络系统应是一个安全系统，并具备各种安全保卫手段和措施，如通过 VLAN 的划分、报文过滤技术来保证网络安全性。

为保证网络能够适应未来若干年的网络发展需要，网络中的硬件与网络协议都应采用国际标准协议或者国际标准协议兼容的开放协议。

由于新技术的不断产生与迅速发展，同时为保证对新技术的支持，设备的投资和资源在不断地增加，网络传输方案要求网络硬件具有较高的性能价格比及最佳的适用性。

网络要求具有较高的容错性能，网络设备要求具有高性能的容错技术，以确保网络系统不间断运行。

1. 网络传输设计要求

网络传输设计应遵循以下要求：

1) 协议要求

系统网络层应支持 IP 协议，传输层应支持 TCP 和 UDP 协议。视音频流在基于 IP 协议的网络上传输时应支持 RTP/RTCP 协议。

2) 传输带宽

视频联网系统网络带宽设计应满足前端设备接入数据中心、中控中心、园区互联以及用户终端接入监控中心的带宽要求。

视频联网系统网络带宽设计应根据前端视频设备数量设计网络带宽需求。

3) 传输质量

视频监控专网对网络带宽有着明确的要求。其中，网络部署需要尽量采用前端百兆带宽接入，上行汇聚千兆传输，对于汇聚节点及核心网络都有明确的要求，具体有：

(1) 时延抖动频率<50 ms；

(2) 最大延迟不超过 400 ms。

2. 网络规划设计

1) 三层网络架构设计

园区监控专网采用三层网络架构，楼宇厂房之间采用光纤链路进行全互联，实现园区视频及弱电安防系统数据的实时传输。三层网络架构如图 1-26 所示。

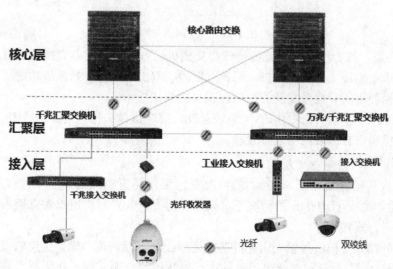

图 1-26　三层网络架构

三层网络架构分别为核心层、汇聚层和插入层。

(1) 核心层。核心层的主要设备是核心交换机,可采用双核心交换机备份部署方式,核心交换机采用模块化框式交换机,配备双电源、双引擎及支持热插拔功能,配置上选择适合项目规模使用的背板带宽及处理能力较高的模块板卡。

(2) 汇聚层。汇聚层设置有千兆光交换机,进行高密度接入和高性能汇聚,采用双汇聚备份设计,汇聚层交换机与核心层交换机链路之间采用双链路。

(3) 接入层。前端网络采用 IPV4 地址互联,前端摄像头视频资源通过 IP 网络接入楼宇弱电机房进行汇聚。

2) 二层网络架构设计

二层网络架构分别为核心层和接入层,如图 1-27 所示。

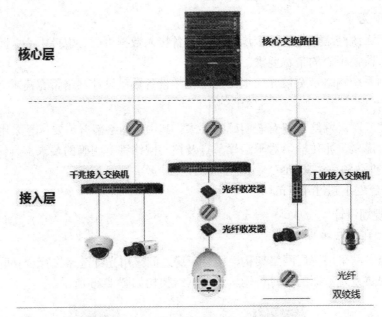

图 1-27　二层网络架构

(1) 核心层。核心层的主要设备是核心交换机,可采用双核心交换机备份部署方式,核心交换机采用模块化框式交换机,配备双电源、双引擎及支持热插拔功能,配置上选择适合项目规模使用的背板带宽及处理能力较高的模块板卡。

(2) 接入层。前端网络采用 IPV4 地址互联,前端摄像头视频资源通过 IP 网络接入中控中心弱电机房进行核心网络设备互联。

3) 视频源及用户接入

园区室内传输距离小于 100 m 的情况下,采用超五类或者六类双绞线接入交换机(POE);传输距离大于 100 m 的情况下,采用一对光纤收发器实现点对点接入或者采用接入交换机级联方式接入。

园区室外接入交换机传输采用光纤链路进行上联影像码流传输,交换机设备采用安防工业级交换机(宽温)进行前端摄像头设备进行视频码流传输,保证视频不卡顿,提升园区监控专网的整体稳定性。

对于用户端接入交换机部分，监控部署千兆接入交换机提供用户查看视频业务。

车间环境的前端视频资源及用户，采用视频码流直接上传至产线监控中心进行视频显示及控制。

4）网络带宽设计

前端摄像头至接入交换机带宽达到百兆接入，接入交换机至汇聚核心设备千兆带宽接入，光纤收发器间至少百兆互联。

考虑网络传输开销，网络互联链路的可用带宽最好不要超过网络链路带宽的80%，为保障视频影像的高质量传输，带宽使用时建议采用轻载设计，即适当增加带宽，影像数据流量上限控制在网络链路带宽的50%以内。

5）IP 地址规划及 VLAN 规划设计

IP 地址规划及 VLAN 规划设计根据项目具体情况进行，遵循管理网络与业务网段分开规划原则，VLAN 规划表如表 1-7 所示。

表 1-7　VLAN 规划表

模块	前缀	VLAN 范围	管理 VLAN	ID
园区核心	x.x.x.x/16	11-14	XX	x.x.x.x/X
数据中心	x.x.x.x/16	XX-XX	XX	x.x.x.x/X
楼宇汇聚	x.x.x.x/16	XX-XX	XX	x.x.x.x/X
接入汇聚	x.x.x.x/16	XX-XX	XX	x.x.x.x/X

网络设备互联 IP 规划表如表 1-8 所示。

表 1-8　网络设备互联 IP 规划表

设备	IP 地址	端口	对端设备	对端端口
核心-DH1	x.x.x.x/29	XX	DH2	F0/1
机房-DH2	x.x.x.x/29	XX	DH1	F0/1
汇聚-DH3	x.x.x.x/29	XX	DH1	F0/2
接入-DH4	x.x.x.x/29	XX	DH3	F0/1

 任务实施

实训 1-3　智慧园区管控方案调研及对比分析

1. 实训目的

（1）进一步理解大华智慧园区管控方案的设计思路。

（2）进一步熟悉大华智慧园区管控方案的主要内容。

（3）通过文献调研对典型智慧园区管控方案进行对比分析。

2. 实训器材

用于文献调研与资料分析的支撑条件。

3. 实训步骤

(1) 通过梳理大华智慧园区管控方案，设定文献调研的关键词。

(2) 利用图书馆、网络平台进行文献检索，收集相关资料。

(3) 利用计算机软件，对收集的资料进行全面、深入的对比分析。

4. 实训成果

完成智慧园区管控方案对比分析报告。

 评价与考核

一、任务评价

任务评价见表1-9。

表1-9　实训1-3任务评价

考核项目	评价要点	学生自评	小组互评	教师评价	小计
智慧园区管控方案调研及对比	智慧园区安防系统需求分析				
	智慧园区安防系统功能设计				
	智慧园区安防系统的网络架构				
	智慧园区安防系统的关键技术				

二、任务考核

1. 大华智慧园区智能安防方案总体设计的要点有哪些？

2. 大华智慧园区综合安防方案涉及哪些关键内容？

3. 大华智慧园区便捷通行方案涉及哪些重要内容？

4. 大华智慧园区协同办公方案涉及哪些主要内容？

5. 大华智慧园区运营管理系统涉及哪些主要内容？

6. 大华智慧园区网络传输设计遵循的基本要求有哪些？

 拓展与提升

通过学习大华智慧园区综合管控方案，以及对国内外智慧园区管控方案的调研、对比和分析，思考在新一代信息技术支持下，如何进一步提升现有智慧园区的安全防范工作。

智慧园区视频监控设备操作与系统调试

　　视频监控是指利用视频探测技术监视设防区域，并实时显示、记录现场图像的电子系统或网络，主要由视频监控摄像机、视频传输设备、视频存储设备、视频显示与控制、视频平台管理系统等软硬件组成。随着我国平安城市等大型项目的推广实施，视频监控技术在我国得到了广泛应用，城市及乡村视频监控系统不断扩充完善。一方面，视频监控点不断增加，从初期只对一些关键目标进行监控到后来网格化管理下不断加密监控；另一方面，视频监控设备不断更新换代，从早期的标清摄像机、到后来的高清摄像机，再到如今的 4K、8K 摄像设备的应用，监控数据不断呈指数级攀升。

　　本项目以智慧园区视频监控设备操作与系统调试为载体，通过设置四个典型工作任务，即知晓视频监控的基本内容、熟悉监控摄像机及配套设备、理解视频监控系统传输技术和熟悉视频存储与显示技术，要求完成各任务相应的设备操作与系统调试实训工作。通过本项目任务的实践，使学习者能够在理解视频监控知识的基础上，较好地胜任视频监控设备操作和系统调试工作。项目二的任务点思维导图如图 2-1 所示。

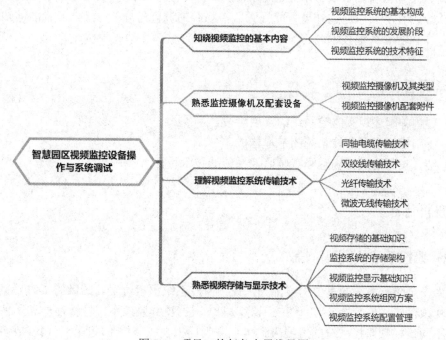

图 2-1　项目二的任务点思维导图

任务 2-1　知晓视频监控的基本内容

任务情境

党的十九大报告提出，要建设科技强国、网络强国、交通强国、数字中国和智慧社会。近年来，我国公安机关技防管理部门立足国家信息化发展、深化平安中国建设，统筹做好技防工作的整体规划和基础支撑保障，依托公共安全视频监控建设联网应用，进一步推动安全防范技术与人工智能、大数据、云计算、5G、BIM(建筑信息模型)、CIM(城市信息模型)、数字孪生等技术在安全技术防范领域的融合和落地应用。一是落实行政审批制度改革要求，自上而下规范参与联合审图工作，推动《安全防范工程技术标准》(GB 50348—2018)等重点标准在建设工程中的贯彻落实；二是进一步完善和修订现行行业标准中的技术参数和要求，持续推动现行标准的宣贯、执行；三是通过织密视频监控网、推动联网共享、推进专网扩容等具体措施，大力提升视频智能化服务支撑水平。

安防行业是电子信息技术重要的应用领域。近年来，安防行业与人工智能、大数据、云计算、5G 等技术深度融合，传统安防的边界不断拓展，智能化安防设备正加速融入智慧城市，落地智慧社区，走进智能家居，安防的应用边界不再局限在安全等概念上，更成为城市高效管理、社区生活服务的重要工具。随着我国安防行业的不断壮大以及"一带一路"国际合作的深入推进，越来越多的安防企业将目光瞄准了海外市场。近几年间，我国安防产品出口贸易一直保持稳中有升的态势，产品覆盖全球近 200 个国家和地区，特别是一些新兴市场国家如中东、南亚、东亚、东北非、拉美等地区贸易增速较快。

本次学习任务要求通过开展智能视频监控系统的调查与分析，使学习者能够知晓视频监控的基本内容和关键技术。

学习目标

(1) 理解并阐述视频监控系统的发展阶段。

(2) 正确描述视频监控系统的基本构成。

(3) 结合实际情况正确解释视频监控系统的技术特征。

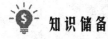

知识储备

一、视频监控系统的发展阶段

作为安全防范系统的重要构成部分，视频监控系统承担着现场图像的实时采集、视频传输、视频存储、图像显示与系统控制等功能。根据视频监控系统传输信号和所使用的元器件的不同，视频监控系统的发展大致可划分为模拟视频监控阶段(第一代)、数字视频监控阶段(第二代)和智能高清网络视频监控阶段(第三代)三个发展阶段。

> **第一阶段：模拟视频监控**

模拟视频监控出现在 20 世纪 90 年代之前，以盒式录像机(Video Cassette Recorder, VCR)为核心的闭路电视(Closed-Circuit TeleVision, CCTV)视频监控系统是这一阶段的重要代表。该系统采用全模拟视频监控技术，图像信息采用视频电缆以模拟方式进行传输，一般传输距离不能太远，主要应用于小范围内的监控，监控图像只能在控制中心查看。

模拟视频监控系统主要由模拟摄像机、专用同轴电缆、视频切换矩阵、视频分割器、模拟监视器、模拟录像设备和盒式录像带等构成。它使用视频线将模拟摄像机的视频信号传输到监视器上，利用视频矩阵主机，使用键盘进行视频切换和控制，使用磁带进行长时间录像。进行远距离图像传输主要采用的是模拟光纤。模拟视频监控系统存在信号传输距离有限，系统无法联网，只能以点对点方式监视现场，布线工程量极大等局限性。另外，由于模拟信号数据的存储会耗费大量的存储介质，因此需要经常地更换磁带以实现长期存储，自动化程度很低，磁带录像机的视频检索效率也十分低下。

> **第二阶段：数字视频监控**

数字视频监控产生于 20 世纪 90 年代，随着计算机处理能力的提高和数字视频技术、嵌入式技术的发展，人们开始利用计算机以及专用大规模集成电路的高速数据处理能力进行视频的采集和处理，从而大大提高了图像质量，增强了视频监控的功能。

数字视频监控阶段的标志性产品是硬盘录像机，简称 DVR(Digital Video Recorder)，模拟的视频信号由 DVR 实现数字化编码压缩进行存储。硬盘录像机的实质是集音视频编码压缩、网络传输、视频存储、远程控制、解码显示等各种功能于一体的计算机系统，其主要组成是视频采集卡、编码压缩程序、存储设备、网络接口及软件体系等。

与传统的模拟录像机相比，硬盘录像机的优越性表现在很多方面，比如录像时间长，最大录像时间取决于连接的存储设备的容量；支持的视音频通道数量多，可进行几路、十几路、甚至几十路通道的视频同时录像；录像质量不会随时间的推移而变差；功能更为丰富，拥有强大的应用软件支持等。

> **第三阶段：智能高清网络视频监控**

智能高清网络视频监控开始于 21 世纪初，随着网络带宽、计算机处理能力和存储容量的迅速提高，以及各种实用视频信息处理技术的出现，视频监控进入了全新的网络时代。智能高清网络视频监控系统以网络为依托，以数字视频的压缩、传输、存储和播放为核心，以智能实用的图像分析为特色，引发了视频监控行业的技术革命。

智能高清网络视频监控系统的主要构成是 IPC、网络视频录像机(Network Video Recorder, NVR)及网络存储设备、中央管理平台(Center Management System, CMS)、网络视频解码器(Network Video Decoder, NVD)等。智能高清网络视频监控系统在网络上不受地域空间的限制，利用智能管理软件可以实现视频资源的管理、整合、配置、传输、调用、存储、报警、集成等。

IPC 的主要功能是完成视频采集、视频编码。部分智能 IPC 内置了智能视频监控(Intelligent Video Surveillance, IVS)，可以实现视频分析，并将处理后的视频信号和分析结果通过网络传输给后端。NVR 的主要功能是完成视频的存储、转发与回放，与 DVR 的显著区别是：NVR 无法直接通过同轴线与模拟视频信号连接，必须通过网络连接网络摄像机或视频编码器，存储与转发编码后的视频流。NVD 的主要功能是将网络传输过来的数字视频信号解码成原始的视频信号，输出到显示器上。

随着视频监控技术(传感器、编解码技术等)的高速发展和人工智能、移动网络(5G)、互联网、物联网、云计算、大数据等各类新技术的涌现，视频监控行业已步入视频物联时代。近年来，随着人工智能配套子系统的快速发展，如人工智能芯片、人工智能算法及基于大数据的深度学习技术的发展，视频监控系统开始在网络化、数字化、高清化的基础上向智能化快速迈进。目前，安防领域已经成为全球人工智能技术最大、最成熟的落地应用领域。2017 年是人工智能在安防领域应用的元年，安防领域的巨头如浙江大华、海康威视、宇视科技、天地伟业，以及新兴的人工智能创新型企业，如旷世科技、商汤科技、云从科技、依图科技等，都已开始主推基于人工智能技术的安防视频监控系统，人工智能视频监控系统已经成为当前社会不可阻挡的发展趋势。

二、视频监控系统的基本构成

视频监控系统无论规模大小，从系统构成的角度，总体上可划分为前端设备、传输信道、存储设备、控制设备和显示设备五个部分及平台部分，通常又将这五部分简称为"采、传、存、控、显"。视频监控系统的构成如图 2-2 所示。从系统结构的角度，视频监控系统又被划分监控前端、传输部分和监控中心三大部分。其中，存储设备、显示设备、控制设备以及平台一般位于监控中心。

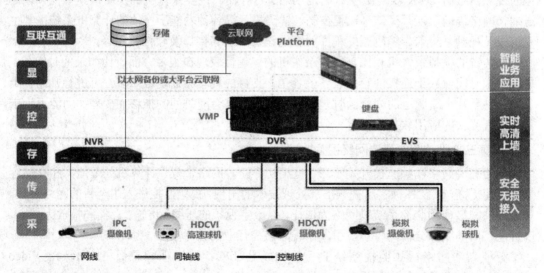

图 2-2　视频监控系统的构成

1. 前端设备

前端设备是视频监控系统数据的总源头，其作用是获取视频与音频信息。通常一个视频监控系统的前端设备主要指的是智能摄像机及一些传感器如监听器等。摄像机由摄像机镜头、云台及其附属设备如支架、防护罩、补充光等组成。视频监控系统的前端设备的构成如图 2-3 所示。

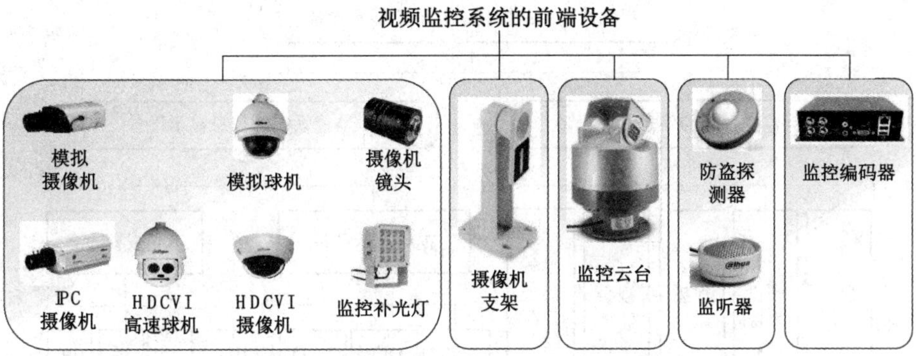

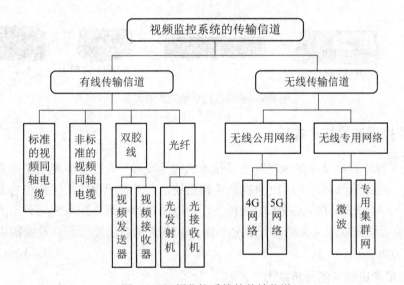

图 2-3　视频监控系统的前端设备的构成

2. 传输信道

传输信道(含传输设备)是将前端设备产生的视频/音频信息传输到后端设备,将控制信息从控制设备传送到前端设备的信息载体,如图 2-4 所示。传输方式总体上可分为有线传输和无线传输两种,其中有线传输又分为同轴电缆传输、双绞线传输和光纤传输,无线传输又分为无线公用网络(如 4G、5G)传输和无线专用网络(如微波、专用集群网)传输两大类。

图 2-4　视频监控系统的传输信道

3. 存储/显示设备

存储/显示设备是视频监控系统的信息存储、显示设备,如图 2-5 所示。视频监控存储设备经历了从视频解码器、硬盘录像机(小容量存储设备)、大容量存储设备到超大容量存储设备的发展历程,大容量存储设备一般指存储区域网络(Storage Area Network,SAN)设备和网络附加存储(Network Attached Storage,NAS)设备,超大容量存储设备则是指云存储服务器。视频监控显示设备经历了从 CRT 显示器、LCD 显示器、DLP 显示器到 LED 显示器的发展历程。声光报警设备主要包括扬声器、报警灯和报警号,是监控领域常用的基于声光信号的配件。

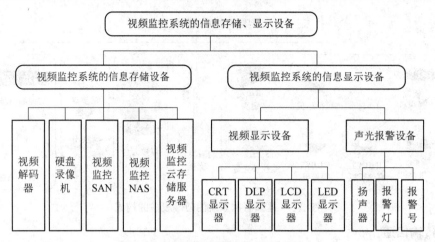

图 2-5　视频监控系统的存储/显示设备

4. 智能控制设备

智能控制设备主要用来控制视频画面在大屏的上墙和分割,主要由键盘(NKB5000)、解码器(NVD)、视频综合平台(VMP)、拼接控制器(DSCON3000)等设备组成,如图 2-6 所示。

图 2-6　视频监控系统的控制设备

三、视频监控系统的技术特征

随着人工智能芯片及深度学习算法等技术的快速发展,人工智能视频监控系统得以快速落地应用。相比于前面几个阶段的视频监控系统,人工智能视频监控系统的突出特点是融入了先进的 AI 技术。在 AI 技术的加持下,使得原有的视频监控系统拥有了一些新的技术特征,主要表现在前端摄像机的智能分析能力、NVR 的智能化应用以及监控中心的智能化水平三个方面。

1. 前端摄像机的智能分析能力

相比于普通的摄像机,在视频监控领域,目前那些加持了 AI 技术的前端摄像机(简称 AI 摄像机),除了能够抓拍更高质量的图像外,还能够自动进行图像信息的智能分析与提取,其中人脸自动识别就是 AI 摄像机的一项重要功能。如今,具备人脸识别的 AI 摄像机已经在许多领域得到了广泛应用,比如城市街区、广场、车站等关键地点,为保障城市安全发挥了重要作用。

为了确保 AI 摄像机能够准确、可靠、稳定地进行人脸识别,首先需要 AI 摄像机能够抓拍高质量的人脸图像,这是确保人脸识别的基础一环,普通的摄像机很难提供满足需要的人脸图片。AI 摄像机通过内置人脸深度学习算法,在完成图像抓拍后,可以对图像中的人脸进行快速的定位检测,即使周围环境光线不佳,人员戴帽子或有一定角度的低头、侧脸等仍然可以做到准确识别，从而有效地解决漏抓误报等问题。此外，智能的人脸评分机制可以在人员进入识别区域后抓拍多张图片，自动判断图片效果，为后端分析服务器提供更清晰、更高质量的人脸图片。有了前端 AI 摄像机提供的高质量的人脸图片，后端再做进一步分析应用，人脸识别的准确率和识别效率会有大幅度的提升。

2. NVR 的智能化应用

智能 NVR 基于深度学习算法，用于视频智能存储与分析，不仅具有传统 NVR 的音视频储存、传感器报警、联动输出、SMART 侦测等功能，还能实现人体属性结构化、人脸黑名单报警等功能。

虽然传统的 NVR 通过软件实现了移动侦测等智能分析功能，但是这种智能化是一种浅层次的智能化，应用场景有限，并不是真正的智能化。基于深度学习算法的 NVR 的智能分析功能则非常强大，可以实现包括行为分析、客流量统计、人脸识别、车牌号码识别及浓缩回放等诸多功能。

1) 行为分析功能

智能 NVR 可对公共场所高密度人群的异常聚集、滞留、逆行、斗殴及混乱等多种异常现象进行分析；可对多种交通违法行为进行取证，包括机动车闯红灯、违法停车、压线、变道、逆行、超速、人行横道不避让行人、违反规定使用专用车道以及行人闯红灯等多种交通违法行为进行取证。

2) 客流量统计功能

智能 NVR 应用于人像布控业务时，可以通过摄像画面分析每一帧视频图像，并进行人脸的抓拍、识别与属性分析，完成结构化解析以及人流量统计，从而得出人群密度和人流走向等数据。

3) 人脸识别功能

人脸识别功能包括人脸检测、人脸检索、人脸对比识别三个部分。

(1) 人脸检测。智能 NVR 能够对经过设定区域的行人进行人脸检测和人脸跟踪，并根据策略抓拍出最为清晰的人脸图像。

(2) 人脸检索。智能 NVR 可对照片中的人脸进行检测，并利用人脸的面部特征对人脸照片进行建模，生成人脸建模数据库，可根据人脸照片的建模特征在人脸数据库中进行快速检索，检索出其中相似的人脸，从而协助用户对照片中人员进行身份认定，包括可用于对海量人脸数据的检索；可输出与输入人脸图像最为接近的一系列人脸图像，并按照人脸相似度排序；可用于对海量人脸数据库中重复人员照片的搜索。

(3) 人脸比对识别。智能 NVR 可以配置黑名单数据库。人脸比对识别主要是对抓拍到的人脸与黑名单数据库中的人脸照片进行实时比对，如果人脸的相似度达到阈值(可人工设置)，系统可自动通过声音等方式进行预警，提醒监控管理人员。监控管理人员可以根据双击报警信息查看抓拍原图和录像进行核实。

此外，人脸识别系统与门禁系统结合还可以设置白名单，即在白名单内的用户可开启闸门，白名单之外的用户则被拒绝。

4) 车牌号码识别功能

智能 NVR 通过实时检测图像中的车牌位置，然后进行车牌号码的抽取和识别，再通过对拍摄车辆的视频流进行分析，确保对同一车牌的多次识别，最后输出最优的识别结果，一般无需外界触发信号，具有较强的适应能力，并对车辆遮挡情况有一定的抵抗能力。主要用于园区车辆的登记查询以及收费、高速公路违法车辆的抓拍等环境。

5) 浓缩播放功能

浓缩播放功能即快速浏览录像信息的功能，包括对非关键区域视频的快速播放功能和动态调整视频的播放速度，如视频中无关注目标存在时自动加快播放速率，当目标出现时再恢复正常的播放速度，以快速查找和定位目标，从而减少查找的时间。

3. 监控中心的智能化水平

监控中心的智能化水平主要体现在基于人工智能的视频分析方面。其中，视频人脸分析是当前 AI 视频监控的核心功能之一，可采用专用服务器完成，集成了深度学习人脸智能算法，每秒可实现数百张人脸图片的分析、建模，性能表现出色。此外，有些单机系统可支持 30 万人脸黑名单布控、人脸 1：1 比对、以脸搜脸等多项实用功能，可满足各行业的人脸智能分析需求。

基于深度学习的中心智能系统可实现人脸精准识别与特征提取，支持对海量人脸数据的高效检索、动态布控、深度分析等，系统提供人像实时采集、人脸去重、实时动态布控、以脸搜脸、特征检索、人证核验、同行人分析、异常人员徘徊分析、人流统计等功能，提供面向公安、社区等社会公共安全细分行业的深度应用。

 任务实施

实训 2-1　智能视频监控系统调查与分析

1. 实训目的

(1) 了解智能视频监控系统的发展背景。

(2) 掌握智能视频监控系统的关键技术。

(3) 分析智能视频监控系统的应用前景。

(4) 分析我国智能视频监控系统面临的挑战。

2. 实训器材

(1) 设备：计算机(可上网)。

(2) 工具：计算机制图软件、常用办公软件等。

3. 实训步骤

(1) 基于文献检索法，调查国内外智能视频监控系统的发展状况。

(2) 在文献检索及数据统计分析的基础上，制作 PPT 并进行讲解汇报。

4. 实训成果

(1) 完成文献检索报告。

(2) 完成 PPT 的制作。

评价与考核

一、任务评价

任务评价见表 2-1。

表 2-1　实训 2-1 任务评价

考核项目	评价要点	学生自评	小组互评	教师评价	小计
文献检索	文献检索方法的运用				
	文献资料整理的条理性				
PPT 汇报	内容设计是否合理				
	汇报条理是否清晰				
	团队配合是否默契				

二、任务考核

1. 视频监控系统的基本构成是什么？
2. 视频监控系统大致分为哪几个发展阶段？
3. 视频监控系统有哪些技术特征？

拓展与提升

1. 结合视频监控系统的发展历程，分析推动视频监控技术不断进步的源动力。
2. 在调查分析的基础上探讨视频物联技术的未来发展方向及其应用领域。
3. 简要阐述视频监控对于智慧园区安全管理的必要性和其他重要意义。
4. 探讨人工智能技术对促进视频监控发展的巨大作用。

任务 2-2　熟悉视频监控摄像机及配套设备

任务情境

　　视频监控摄像机的发明给人类生活翻开了新的篇章。据称摄像机的发明源于 1872 年两人对"马儿奔跑时蹄子是否都着地？"的争论，由此促成了连续摄像技术的诞生。1874年法国的朱尔·让桑发明了一种摄像机，能以每秒 1 张的速度拍下行星运动的一组照片。1882 年，法国的朱尔·马雷发明了一种可以用 1/100 s 的曝光速度以每秒 12 张的频率拍摄的摄像机；在经过不断改进后，1888 年马雷又发明了一种新的可以在 9 cm 宽的胶片上以每秒 60 张的频率拍摄的人类第一架电影摄像机(如图 2-7 所示)。真正现代意义上的既能连续摄像又能同时录制声音的摄像机据称是由美国的爱迪生发明的，1891 年爱迪生申请到这种摄像机的专利权。

图 2-7　马雷制造的人类第一架电影摄影机

　　从第一代摄像机诞生后发展到现在，摄像机的发展取得了巨大的进步，从黑白到彩色，从普通摄像机到一体机，其宽动态、低照度、分辨率、信噪比等技术指标均得到大幅提升，然而摄像机最基本的工作原理基本上没有改变。

　　本次学习任务以视频监控摄像机及配套设备为载体，通过对典型监控摄像机的安装与调试训练，使学习者具备操作典型监控摄像机设备及完成配套调试工作的基本技能。

 学习目标

　　(1) 掌握视频监控摄像机(的)结构和基本性能。
　　(2) 知晓视频监控摄像机的参数调整方法。
　　(3) 熟悉视频监控摄像机的镜头及基本的技术参数。
　　(4) 知晓视频监控摄像机的支架、云台和防护罩。
　　(5) 具备典型监控摄像机的安装与调试技能。

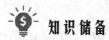 **知识储备**

一、视频监控摄像机及其类型

　　视频监控摄像机(以下简称摄像机)，是指以安全防范视频监控为目的，将图像传感器靶面上从可见光到近红外光谱范围内的光图像转换为视频图像信号的采集装置。

1. 摄像机的结构

　　目前，摄像机多是以图像传感器为核心部件，外加同步信号产生电路、数字信号处理(Digital Signal Processing, DSP)芯片、图像编码压缩芯片以及内含图像识别算法的人工智能芯片等为代表的视频信号处理电路构成，摄像机的结构如图 2-8 所示。图像传感器是一个感光器件，它的主要功能是将光信号转变成电信号，然后经过视频信号处理电路放大处理，并在同步控制信号的作用下复合输出一个标准的视频信号。图像传感器和 DSP 芯片在很大程度上决定了摄像机的图像质量。

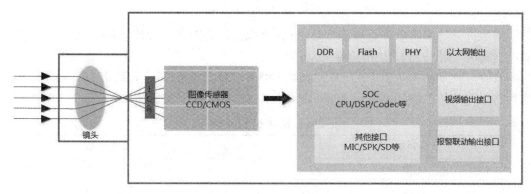

图 2-8　摄像机的结构

图像传感器目前主要有电荷耦合器件(Charge-coupled Device，CCD)图像传感器与互补金属氧化物半导体(Complementary Metal Oxide Semiconductor，CMOS)图像传感器两种类型。CCD 是一种半导体器件，能够把光学影像转化为电信号，把 CCD 上微小的光敏物质称作像素(Pixel)，一块 CCD 上包含的像素数越多，其提供的画面分辨率也就越高。CMOS 是一种用传统的芯片工艺方法将光敏元件、放大器、A/D(Analog to Digital)转换器、存储器、数字信号处理器和计算机接口电路等集成在一块硅片上的图像传感器件，其中每个像素都会连接一个放大器及 A/D 转换器，用类似内存电路的方式将数据输出。CCD 图像传感器是模拟摄像机普遍采用的传感器元件，CMOS 图像传感器是数字时代数码产品普遍采用的图像传感器。与 CCD 图像传感器相比(如表 2-2 所示)，CMOS 图像传感器具有更快的响应速度。

表 2-2　CCD 与 CMOS 图像传感器性能比较

传感器类型	功耗	光照效果	动态范围	价格
CCD	大	较好	差	高
CMOS	小	正常	较好	经济

2. 摄像机的基本性能

衡量摄像机性能高低的参数主要有图像传感器尺寸、分辨率、视频制式与视频帧率、信噪比以及灵敏度等，除此之外其他参数还包括视频输出信号、镜头安装方式以及工作温度等。

(1) 图像传感器尺寸。

图像传感器芯片已经开发出多种尺寸，主要包括 3/4 英寸、2/3 英寸以及 1/2 英寸，如表 2-3 所示。其中，1/2 英寸与 2/3 英寸是普遍采用的尺寸。1/2 英寸的靶面宽 6.4 mm、高 4.8 mm，对角线长度为 6 mm；2/3 英寸的靶面宽 8.8 mm、高 6.6 mm，对角线长度为 8 mm；3/4 英寸的靶面宽 18 mm、高 13.5 mm，对角线长度为 22.5 mm。图像传感器尺寸越小，感光性能越差，但成本相对也越低。

表 2-3　摄像机图像传感器的尺寸

传感器尺寸/英寸	靶面宽/mm	靶面高/mm	对角线长度/mm
3/4	18	13.5	22.5
2/3	8.8	6.6	8
1/2	6.4	4.8	6

(2) 分辨率。

摄像机分辨率的单位是像素点数(Pixel Points)，分辨率一般用"水平像素 × 垂直像素"来表达，如 1920 × 1080(简称 1080P)。

一般标清摄像机的分辨率有 VGA(640 × 480)，D1(704 × 576)，而通常 16：9 的高清摄像机的分辨率有 720P(100 万)、1080P(200 万)、4K(800 万)，如表 2-4 所示。

表 2-4　摄像机的分辨率

分辨率	通称	像素点数
CIF	10 万	352 × 288
960H	50 万	960 × 576
1MP(720P)	100 万	1280 × 720
2MP(1080P)	200 万	1920 × 1080
4MP	400 万	2688 × 1520
4K	800 万	3840 × 2160

(3) 视频制式与视频帧率。

视频是由一幅幅连续的照片所组成的图像流，常见的视频制式一般为 PAL(Phase Alternating Line)和 NTSC(National Television System Committee)，通常称为 P 制和 N 制。中国地区电源频率是 50 Hz，一般使用 P 制；部分国家电源频率是 60 Hz，一般使用 N 制。

视频中的每一张照片就是其中一帧。一帧就是一幅静止的画面，快速连续地显示多帧便形成了运动的"假象"。帧率，是指 1 秒钟的视频包含的图片张数，单位为 fps(Frame Per Second)，如图 2-9 所示。在 P 制模式下，视频帧率达到 25 fps 可以呈现出实时效果；在 N 制模式下，视频帧率达到 30 fps 可以呈现出实时效果。每秒钟帧数越多，fps 值越高，所显示的视频动作就会越流畅，码流需求就越大。

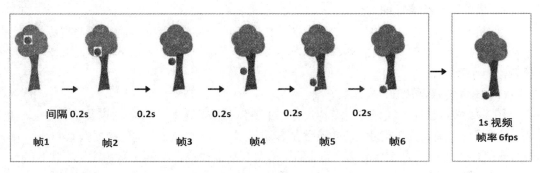

图 2-9　视频帧率的变化

(4) 感光度。

感光度(俗称灵敏度)一般以勒克斯(lux，通常写为 lx)为单位，表示摄像机看到可用图像所需照明度。勒克斯指标越低，摄像机感光度越好。一般情况下，物体光线越亮，图像越清楚；光线越差，图像越黑越模糊。许多厂家提供了摄像机支持的最低照明度数值，但由于各厂家评判标准可能会有不同，不同厂家产品比较时最低照度值只能作为参考，实际效果需要通过应用来确定。

(5) 信噪比。

任何电路只要通电后都会产生电子噪声信号,包括元器件及线路本身所产生的噪声。噪声信号越小,画面看起来就会越干净,有用信号与噪声信号的比值即为信噪比,单位为分贝(dB)。在视频监控系统中,当环境照度不足时,信噪比越高的摄像机,呈现的图像越清晰。

(6) 性能对比。

如表 2-5 所示,模拟摄像机采用 CCD 传感器,标清网络摄像机采用 CCD + DSP 组合传感器,而高清网络摄像机采用 CMOS + DSP 组合传感器。高清网络摄像机成本最高,标清网络摄像机次之,模拟摄像机最低。模拟摄像机网络功能较弱,无法远程控制管理,标清网络摄像机与高清网络摄像机均可以实现远程控制管理。模拟摄像机无智能化技术,标清与高清网络摄像机均具备软件处理数字信号的能力。在安装方面,模拟摄像机需安装视频、音频和电源线,标清网络摄像机需安装网线和电源线,高清网络摄像机无需安装电源线,采用网线传输和 PoE(Power over Ethernet)供电。模拟摄像机不进行视频压缩,标清和高清摄像机一般采用 MPEG-4/ H.266/SVAC 视频压缩格式。在视频分辨率方面,模拟和标清摄像机的水平分辨率最高为 600 线,而高清摄像机的水平分辨率可达到 1920×1080 或 1280×720。模拟和标清摄像机的彩色最低照度为 0.01~0.7 lx,高清网络摄像机的彩色最低照度为 1.01 lx。由此可见,高清网络摄像机的综合性能最佳,代表了摄像机的未来发展方向。

表 2-5 模拟摄像机与网络摄像机的比较

	模拟摄像机	网络摄像机	
		标清网络摄像机	高清网络摄像机
图像传感器	CCD	CCD + DSP	CMOS + DSP
成本	低	中	高
网络功能	无法远程控制管理	可以实现远程控制管理	可以实现远程控制管理
智能	无	软件处理数字信号实现不同应用	软件处理数字信号实现不同应用
安装	视频、音频、电源线	网线传输,电源线	网线传输,支持 PoE 供电
视频压缩格式	无	MPEG-4/H.266/SVAC	MPEG-4/H.266/SVAC
视频分辨率	水平最高 600 线(一般 420~550 线)	水平最高 600 线(一般 420~550 线)	1920×1080(1080 高清)或 1280×720 (高清)
最低照度	彩色 0.01~0.7 lx	彩色 0.01~0.7 lx	彩色 1.01 lx

3. 摄像机的参数调整

在实际使用过程中,摄像机需要根据具体应用场景对某些参数进行调整,主要包括自动增益控制、电子快门设置、背光补偿、自动白平衡和自动亮度控制/电子亮度控制。

1) 自动增益控制

为了能在不同的景物照度条件下都能输出一定亮度的图像,必须使内部电子放大器的增益能够在较大的范围内进行调节。这种增益调节通常都是通过检测视频信号的平均电平而自动完成的，实现此功能的电路称为自动增益控制(Automatic Generation Control)电路，简称 AGC 电路。具有 AGC 功能的摄像机，在低照度时的灵敏度会有所提高，但此时图像的噪点也会比较明显。这是由于信号和噪声被同时放大的缘故。当 AGC 电路打开时，在低亮度条件下可以获得较亮的图像；当开关拨到关闭时，在低亮度下可获得自然而低噪点的图像。

2) 电子快门设置

电子快门(Electronic Shutter)是参照照相机的机械快门功能提出的一个术语，相当于控制图像传感器的感光时间。由于图像传感器感光的实质是信号电荷的积累，感光时间越长，信号电荷的积累时间就越长，输出信号电流的幅值也就越大。摄像机的电子快门一般设置为自动电子快门方式，可以根据环境的明亮程度自动调节快门时间，使视频图像更清晰。有些摄像机允许用户自行手动调节快门时间，以适应某些特殊应用场合。

3) 背光补偿

背光补偿(Blacklight Compensation，BLC)也称作逆光补偿，它能提供明暗对比强烈环境中目标的理想曝光，例如，在窗外光线明亮，而室内光线较暗时，拍摄背靠窗户人的脸的情况下。通常，摄像机的 AGC 电路的工作点是根据整个视场的平均信号电平来确定的，所以人脸通常较不清晰。当引入背光补偿功能时，摄像机仅对视场中的一个子区域进行检测，通过此区域的平均信号电平来确定 AGC 电路的工作点。由于子区域的平均电平很低，AGC 放大器会有较高的增益，使输出视频信号的幅值提高，从而使监视器上的主体画面明朗。此时的背景画面也会更加明亮，但与主体画面的主观亮度差会大大降低。

4) 自动白平衡

所谓白平衡(Automatic White Balance，AWB)就是彩色摄像机在任何光源下对白色物体的精确还原，有手动白平衡和自动白平衡两种方式。自动白平衡使得摄像机能够在一定色温范围内自动地进行白平衡校正。若打开手动白平衡，则将关闭自动白平衡。

5) 自动亮度控制/电子亮度控制

当选择 ELC(电子亮度控制)时，电子快门根据射入的光线亮度而连续自动改变图像传感器的曝光时间，一般从 $1/25 \sim 1/1000$ s 连续调节。选择这种方式时可以用固定或手动光圈镜头替代 ALC(自动亮度控制)电动光圈镜头。需要注意的是，在室外或明亮的环境下，由于 ELC 的控制范围有限，应该选择电动光圈镜头。

4. 摄像机的分类

针对不同的应用环境，摄像机发展出了多种类型。按照成像色彩不同分为彩色摄像机和黑白摄像机；按照图像传感器不同可分为 CCD 摄像机、CMOS 摄像机及其他摄像机；按照图像尺寸不同分为 A 类标准清晰度摄像机(如 VGA，D1 分辨率)、B 类准高清晰度摄像机(如 720P 分辨率)、C 类高清晰度摄像机(如 1080P、4K 分辨率)和 D 类超高清晰度摄像机(如 16K 分辨率)；按结构形态可分为普通枪机、红外/白光防水枪机、半球、鱼眼、车载、多目相机、守望者等，如图 2-10 所示；按安装方式可分为壁装、顶装、吊装、立杆装、横杆装、直角装等，如图 2-11 所示；按照扫描制式可分为 PAL 制式和 NTSC 制式两种；按视频信号主输出接口不同可分为网络接口摄像机、非网络接口模拟摄像机和非网络接口数字摄像机。

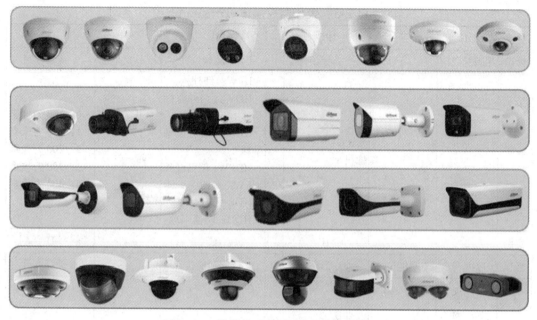

图 2-10　按结构形态划分的摄像机类型

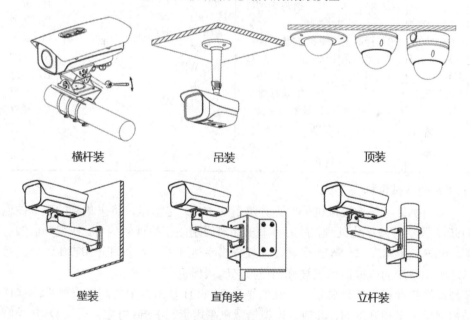

横杆装　　　　　　　　　吊装　　　　　　　　　顶装

壁装　　　　　　　　　直角装　　　　　　　　立杆装

图 2-11　按安装方式划分的摄像机类型

　　摄像机的产品标识是摄像机分类管理的重要数据，一般由产品名称、视频信号主输出接口、图像尺寸和企业标识组成。随着摄像机类别、性能的不断扩展，为便于产品管理，企业对摄像机的分类标识也越来越复杂。下面以浙江大华技术股份有限公司的某款产品为例，其摄像机标识内容包括品牌标识位、产品标识位、产品族位、产品定位位、像素位、类型位、功能位、外观形态位、特殊功能位、红外灯数量。如某产品标识为 DH-IPC-A1234B-C-I1，其各字段的含义如表 2-6 所示。

表 2-6　大华监控摄像机产品标识

实例	DH	-	IPC	-	A	1	2
标识	品牌标识位	-	产品标识位	-	产品族位	产品定位位	像素位
说明	大华		IPC：网络摄像机		HFW：红外枪 HDW：红外海螺半球 HDBW：红外防爆半球 HDPW：塑料红外 EW：鱼眼 HDP：塑料半球 HDB：防爆半球	1/2/4：经济型产品 7：专业型产品 3/5/8：行业型产品	0：100 万像素 1：130 万像素 2：200 万像素 3：300 万像素 4：400 万像素
实例	3	4	B	-	C	-	I1
标识	类型位	功能位	外观形态位	-	特殊功能位	-	红外灯数量
说明	2：二代产品(H.264) 3：H.265产品 4：智能	0：标准型 1：宽动态 3：星光	C：普通海螺 M：筒型中型红外枪 K：筒形大型红外枪 R：防爆半球/枪机 T：全彩海螺 H：警戒海螺 带D表示不支持POE 不带D表示支持POE		AS：音频、报警、SD卡 VF：手动变焦 Z：电动变焦 W：WIFI S：SD卡 A：内置MIC PT：云台		I1：单灯 I2：双灯 I4：四灯 I6：六灯 B：单灯 D：双灯 C：单灯海螺

1) 模拟高清摄像机

模拟高清摄像机是指摄像机采用高分辨率的 CCD 传感器，将采集到的现场图像经过内部 DSP 芯片进行数字化处理，最后再输出高清级别的模拟视频信号。在视频监控行业有效像素达到 976 × 582，即 56 万像素，常规分辨率达到 650 线，即 650TVL，经过数字强化可以达到 700 线的模拟摄像机被称为模拟高清摄像机。

模拟高清摄像机中最具典型代表性的是采用 960H 技术方案的高清摄像机，960H 技术方案是由索尼定义和开发的，其前端模拟摄像机采用索尼 Effio 方案，后端 DVR 控制存储设备则需采用模拟高清 A/D 解决方案的产品。960H 摄像机的关键技术在于 CCD 传感器与 DSP 处理器的品质，索尼 Effio 方案由 960H CCD 传感器和 Effio DSP 芯片组成。虽然 960H 摄像机相比原有的模拟摄像机在性能上有较大的提高，但 960H 只能达到 60 万像素级别，与 200 万以上像素的数字高清视频相比还是有很大的不足，基本到了淘汰的边缘，主要应用于原来已建有模拟监控系统而又不方便重新布线的环境。

2) 数字高清摄像机

数字高清摄像机前端多采用百万像素 CMOS 图像传感器，由 CMOS 图像传感器将光信号转换成数字信号，然后由 DSP 处理器进行图像处理与压缩，最后将压缩视频通过网络输出。目前在监控行业，数字高清摄像机采用 SDI 数字接口标准，由美国电影电视工程师协会(SMPTE)定义，一般以 HD-SDI 与 3G-SDI 这两种传输速率最高的标准为主，HD-SDI 是高清串行数字接口的简写，3G-SDI 是一种申请信号的标准协议。基于这两种标准的数字高清摄像机分别被称为 HD-SDI 摄像机(数据传输速率为 1.485 Gb/s)和 3G-SDI 摄像机(数据传输速率达 2.97 Gb/s)。

　　HD-SDI 摄像机视频采集系统的数据流不是通常的视频压缩编码信号，而是将并行的视频分量信号转换为串行顺序的数字流，因此传送的是非压缩的高清数字视频信号，这种无压缩视频信号虽然具有实时、高保真的优点，但是视频流量巨大。HD-SDI 标准规定视频传输介质采用 SYV 同轴电缆，以 BNC 接头作为接口标准，这为数据的传输及存储带来了非常大的压力。HD-SDI 的视频同轴电缆理论上有效传输距离为 100 m，但在实际应用中，由于大多数接口和线缆的质量无法达到 HD-SDI 标准的要求，传输距离最多只能达到 60～70 m。有些厂家通过将 HD-SDI 设备的速率降到 300 Mb/s 左右，从而可将视频信号传输到 300 m 远的距离，在很大程度上解决了 HD-SDI 工程实际传输的问题。

　　HD-SDI 摄像机庞大的非压缩视频数据，使之不适合于网络传输，因而远程视频监控与网络集成能力低下，这同时也影响着 HD-SDI 设备智能化水平的提升。在视频监控系统的网络化成为主流模式的情况下，基于网络的 IP 视频监控系统能更方便地集成到大物联网、智慧城市等智慧大系统中。视频监控系统的高清化、网络化和智能化是当前和今后主流的发展方向，模拟高清与 HD-SDI 摄像机走向淘汰是时代发展的必然趋势。

　　3) 网络高清摄像机

　　网络高清摄像机是网络摄像机的较新产品。早期的网络摄像机是将传统摄像机与网络视频技术相结合的新一代产品，也被称为 IP 摄像机。IPC 在传统摄像机的基础上增加了嵌入式的网络模块，使摄像机成为一台视频信号处理的特殊计算机终端。图 2-12 为 IPC 的硬件构成示意图。从图 2-12 可以看出，在独立芯片 + CPU(主控芯片系统)的架构中，编码压缩工作与系统主控工作分别在两个独立芯片上完成，而在 SOC 的架构中，系统的 SOC 除了要做视频的编码压缩工作外，还需要处理系统数据及网络传输。

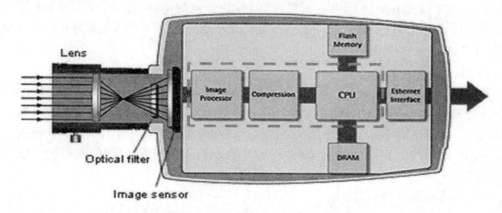

图 2-12　IPC 的硬件构成示意图

　　(1) IPC 的信号处理过程。IPC 的信号处理过程为：光电传感器将光信号转变为电信号后,再经过 DSP 芯片将模拟的图像和声音信号转换成数字信号,数字信号经过嵌入式网络芯片的编码压缩,使之成为适合网络传输的低码流视频信号,最后再将压缩后的数字视频信号进行网络数据封装,最终成为标准的 OSI 二层数据帧,通过摄像机的网络 RJ45 接口输出。在输出的网络信号中,不仅包括视频信号,还可以包括音频信号以及云台镜头的控制信号。

(2) 视频信号编码压缩标准。网络高清摄像机的核心技术是对图像的高效编码压缩。由于数字化后的原始高清视频码流的数据量巨大,所以必须经过压缩,使视频图像在不同的等级之下尽量减少数据流,以降低对网络带宽的占用。例如,一路原始高清视频图像数据率在 6 MB/s 左右,而在保持高清视频图像规格不变的前提下,经过高效压缩可以达到每路 2 MB/s 左右。网络视频编码压缩标准主要有 MPEG-4、H.264、H.265 以及 H.266、SVAC等几种。

① MPEG-4 编码压缩标准。

MPEG-4 是国际标准化组织——动态图像专家组(MPEG)于 1998 年制定的基于互联网视频传输的高效图像编码压缩标准。相比于原始视频数据,MPEG4 视频数据的压缩率可以达到 450 倍,即 480P 标清视频图像等级,而每秒的数据码流则仅为 64 K 左右。

② H.264 编码压缩标准。

H.264 是由国际电信联盟(ITU)与 MPEG 组成的联合专家行动组所共同制定的优秀视频编解码标准,于 2003 年 5 月发布。在 ITU-T 体系内被称为 H.264,在 ISO/IEC 体系内则被称为 MPEG4part10-AVC,所以通常被称为 H.264/AVC 或者简称 H.264,它是前一个版本 H.263 标准的继续发展。H.264 相对于 MPEG4 编码压缩标准在节约 30%码率的前提下提供质量相当的图像,同时具有更强的抗误码特性,可以适应丢包率高、干扰严重的无线信道中的视频传输。因此,在安防领域 MPEG4 编码压缩标准被逐渐淘汰,H.264 编码压缩标准成为网络摄像机的首选视频编码压缩标准。

③ H.265 编码压缩标准。

2013 年 4 月,国际电信联盟批准了第三代视频编码压缩标准 H.265 又称 HEVC,它比10 年前发布的 H.264 在同样的图像质量下,视频编码效率提高了 67%,而带宽要求则缩减到 1/3,因此可以利用 3~4 Mb/s 的速率实现 1080P 全高清视频图像的传送,H.265 目前已经成为视频编码压缩的事实标准,并被各安防厂家广泛采用。声音的压缩编码标准有 AAC、MP3、G.723 及 WAV 等多种格式。

④ H.266 编码压缩标准。

随着 5G 技术的普及,视频将更多以虚拟现实(VR)、增强现实(AR)的形式出现。视频的体积越来越大,给视频的存储和传输带来了更大的压力,这就需要压缩性能更高的视频编码技术。国际电信联盟和国际标准化组织已于 2018 年 4 月,正式开始下一代视频编码标准 H.266 的标准化工作,计划于 2020—2023 年发布,H.266 将比 H.265 在性能上进一步提升 40%以上。

⑤ SVAC 编码压缩标准。

2011 年 1 月,正式发布了由国内著名的多媒体芯片供应商中星微电子与公安部共同制定的国家视频安防监控标准——《安全防范监控数字视音频编解码技术标准》(简称 SVAC),于 2011 年 5 月 1 日起正式实施,并于 2017 年 6 月发布与实施了最新的 SVAC 2.0 版本。

SVAC 已经在山西、河北等多个地区的公共安全、城市管理等行业展开了大规模应用。在国家加强自主创新政策的引导下，SVAC 将会获得更多的应用。

(3) IPC 的网络服务功能。IPC 内置的网络芯片一般采用嵌入式的 Linux 操作系统，它除了对数据进行网络封装外，同时还内建多种网络服务功能，如 DHCP 服务功能、WEB 服务功能、UPnP 功能、MAC 地址绑定功能以及数据的加密与授权服务功能等。

① DHCP 服务功能。DHCP 是一个局域网的网络协议，主要作用是集中分配 IP 地址与管理 IP 地址，使网络环境中的主机可以动态地获得 IP 地址、网管地址、DNS 服务器地址等信息，并能够提升地址的使用率。

② WEB 服务功能。WEB 服务功能即 IP 网络摄像机内置 B/S 访问功能，用户可以通过浏览器方便地访问 IP 摄像机，并进行各种功能及参数的设置与配置。

③ UPnP 功能。UPnP 功能即通用即插即用功能，缩写为 UPnP。UPnP 规范基于 TCP/IP 协议和针对设备彼此间通信而制定的新的 Internet 协议。

④ MAC 地址绑定功能。MAC 地址指网络设备网卡的物理地址或者硬件地址，具有唯一性。网卡的物理地址通常是由网卡生产厂家固定在网卡的 EPROM 芯片中，它存储的是局域网内传输数据时发出数据的网络设备和接收数据网络设备的物理地址。每个网络适配卡具有唯一的 MAC 地址，为了防止非法用户的仿冒，可以将 MAC 地址与 IP 地址绑定，从而可以有效地规避非法用户的接入，以进行网络物理层面的安全保护。

以上功能是 IP 摄像机常见的功能，在许多环境中都有应用。此外，IP 摄像机还具有单独的安全机制，可以对操作摄像机的用户进行分级的权限验证。视频监控信号通过局域网、Internet 或无线网络传送至终端用户，授权用户能够通过浏览器在本地或者远程观看、存储和管理视频数据；还可以通过网络来控制摄像机云台和镜头的动作。由于 IP 摄像机是一台标准的网络功能设备，所以一般都支持 RTSP、RTP、RTCP、HTTP、UDP 以及 TCP 等标准的网络传输控制协议。

(4) IPC 的无线传输功能。在无线传输技术高速发展的今天，无线传输已成为当前视频监控数据传输的重要方式。在无线 IPC 应用中，目前主要包括 WiFi 无线与 4G/5G 移动无线两种。

WiFi 是一种短距离无线网络连接的国际标准，理论传输距离可达 100 m，实际环境中由于建筑物、墙壁的阻挡，传输距离一般为 10～200 m。WiFi 无线技术在历史的发展中共推出了 6 代标准，它们分别是 802.11a(WiFi 1)、802.11b(WiFi 2)、802.11g(WiFi 3)、802.11n (WiFi 4)、802.11ac(WiFi 5)以及 802.11ax(WiFi 6)。

802.11a(WiFi 1)、802.11b(WiFi 2)是一种出现于 1997 年的早期标准，传输速率在 10Mb/s 以内，在我国未获普及之前已经被淘汰。2000 年之后逐步兴起了 802.11g(WiFi 3)标准，传输速率为 54 Mb/s，这是我国普及应用的第一个 WiFi 标准。2010 年之后，802.11g 逐步被传输速率更高的 802.11n(WiFi 4)取代。802.11n 采用 MIMO 多天线智能传输技术，速率可达 300 Mb/s。自 2016 年 7 月推出 802.11ac(WiFi 5)标准后，被称为第五代 WiFi 技术的 802.11ac 成为市场主流。802.11ax(WiFi 6)则是 802.11ac 的升级版，它通过 5G 频段进行传输，可以带来 10.53 Gb/s 的传输速率。

无线宽度连接的另一种方式是 4G/5G 移动通信网络。与 WiFi 技术不同的是，4G/5G 无线网络可以在高速移动状态，如飞驰的汽车、火车上实现无线上网。目前国内的 4G 网络已经普及，4G 技术也被称为 LTE 技术，传输速率可以达到 100 Mb/s。为应对物联网时代万物互联，5G 移动通信也已经在我国大部分城市展开试点，其理论下行速度为 10 Gb/s，新一代的 6G 移动通信标准工信部也在规划制定中。

(5) IPC 的 PoE 供电原理。PoE 技术指的是通过以太网为网络设备提供电力的技术。PoE 技术遵循 IEEE 802.3af、802.3at 等标准，在不降低网络数据通信性能的基础上对网络设备进行供电，是 IT 行业的一个成熟标准。将 PoE 技术引入到 IPC 系统应用中，可以解决 IPC 单独供电的施工及线缆敷设成本，并便于管理。此外，还可以与 UPS 系统配合使用，提高系统电源的稳定性和可靠性。IEEE 802.3af 标准规定的受电设备的功率在 12.95 W 以下，基本可以满足各普通固定 IPC 的供电需求，而对于 PTZ 式 IPC 或快球式 IPC，由于功率稍高，因此可能仍然需要另外单独供电。现在，大多数厂商提供的网络交换机都支持 PoE 功能。如果已经安装相应的普通交换机设备，需通过给交换机增加中跨(Midspan)以实现 PoE 的功能支持，其中，中跨的主要作用是给网线加载电源。IPC 的 PoE 供电原理如图 2-13 所示。

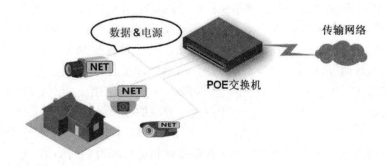

图 2-13　IPC 的 PoE 供电原理

目前，市场上的无线 IPC 主要包括 WiFi 无线摄像机与 4G/5G 无线摄像机两种类型。WiFi 无线摄像机主要通过无线路由器连接，作为有线网络摄像机的一种补充，主要应用在不方便布线的室内环境，例如，已经完成装修但没有布设网线的家庭与办公空间等。4G/5G 无线摄像机的应用连接所受限制相对较小，但受制于较高的流量费用，因此只能在某些特殊行业应用。4G/5G 无线宽带技术可以应用在森林、油田、海岸线以及边防等人口稀少、空间范围大、布线不太容易的边远环境。

二、视频监控摄像机的配套附件

监控摄像机的配套附件主要包括镜头、支架、云台与防护罩等。

1. 镜头

摄像机的镜头是一套复杂精密的光学设备，一般由多个或十多个不同类型的镜片所构成，镜片的类型包括凸透镜、凹透镜以及非规则曲面镜片等，配合精密的机械组件可以进行焦距、光圈以及聚焦的调节，其作用是把被拍摄物的光像呈现在摄像机的传感器上，也称光学成像设备。有些镜头还带有精密的电动机，可以根据外界光照环境的变化自动调节，以获得最佳的成像效果。镜头的基本参数有焦距(定焦、变焦)、视场角、光圈(手动、自动)、景深等，摄像机的镜头如图 2-14 所示。

图 2-14　摄像机的镜头

1) 镜头焦距与视场角

当一束平行光沿着镜头的主轴方向穿过时，在镜头的另一侧主轴上会被汇聚成一点，这一点就叫作焦点，焦点到镜头光心的距离被称为该镜头的焦距。焦距与镜头的视场角成反比关系，通常镜头的焦距越短，视场角就越大，但视场距离也越近；镜头的焦距越长，视场角就越小，但视场距离也随之变远。图 2-15 为镜头的不同焦距对应的不同视场角。

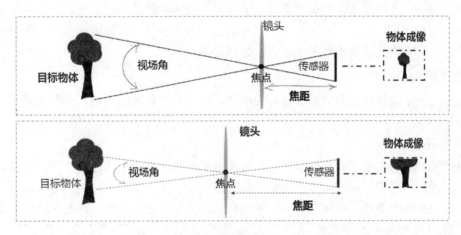

图 2-15　镜头的不同焦距对应的不同视场角

通常所说多少毫米的镜头就是指镜头的焦距长度。如果镜头焦距固定，则称该镜头为定焦镜头，比如某镜头上标注 6 mm，即表示该镜头的焦距为固定长度 6 mm。如果某镜头的焦距可以调节，则这种镜头被称为变焦镜头，比如某镜头的焦距标示为 "f = 4.5-13.2 mm"，则表示该镜头的焦距可变范围为 4.5～13.2 mm，通过改变焦距的长度可以改变视场角的大小。变焦倍数越大，能拍摄场景的调节范围就越大。

2) 光圈与景深

光圈是指镜头中控制透光量的装置。光圈开得大，透光量就大；光圈开得小，透光量就小，镜头光圈结构如图 2-16 所示。镜头焦距 f 与光圈直径 D 的比值被称为光圈系数 F（F = f/D；f = 焦距，D = 镜头的有效孔径）。光圈越大或者 F 值越小，到达传感器靶面的光通量就越大，视频图像就会越清晰。直径不同的镜头只要光圈系数相同，到达 CCD 靶面上的光强度就会一样。镜头的光圈系数已经标准化，包括 F1.4、F2、F2.8、F4、F5.6、F8、F11、F16、F22、F32 等不同的规格。

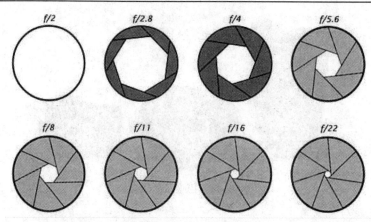

图 2-16　镜头光圈结构

镜头光圈用于控制通光量与调节景深。如果镜头的光圈为可调节型光圈，F 值就会有一个调节范围。在最小 F 值情况下，即使是较暗的景物，镜头也可以通过较多的光量；而在非常明亮的环境下则需要调高 F 值，减小达到图像传感器靶面的光通量。此外，F 值也会影响到拍摄环境的景深。景深是指焦点前后可以清晰对焦的区域。景深较深是指从景物到镜头之间在一个较大的范围内均可以清晰对焦，景深较浅可以清晰对焦的范围就较小。一般来说，同一镜头光圈系数 F 值越大，景深越深。

2. 支架

支架是固定摄像机、防护罩、云台的部件。根据应用环境的不同，支架的形状、尺寸大小各异。

1) 普通支架

摄像机的普通支架一般是小型支架，有注塑和金属两类，它可以直接固定摄像机，也可以通过防护罩固定摄像机。普通支架形状有短的、长的、直的、弯的，可以根据不同的需要，选择不同的型号。室外支架主要考虑负载能力是否符合要求。常见的摄像机支架的外形结构如图 2-17 所示。

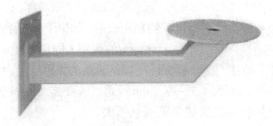

图 2-17　常见的摄像机支架的外形结构

2) 云台支架

云台支架是安装、固定摄像机的支撑设备，分为固定云台和电动云台两种。固定云台适用于监视范围不大的现场，在固定云台上安装好摄像机后可调整摄像机的水平和俯仰的角度，当摄像机达到最佳工作姿态后，只需锁定调整支架即可。电动云台适用于对大范围区域进行扫描监视，它可以扩大摄像机的监视范围。根据回转的特点，云台又可分为只能左右旋转的水平旋转云台和既能左右旋转又能上下旋转的全方位云台。

　　云台支架一般是金属结构，因为要固定云台、防护罩及摄像机，所以对云台支架有承重要求。显然，云台支架的尺寸比单纯的摄像机或防护罩的支架大，如图 2-18 所示。考虑到云台自身已经具有方向调节功能，因此，云台支架一般不再有方向调节功能。

图 2-18　云台支架

3. 云台

　　云台是由两个交流电动机组成的安装平台，可以实现水平和垂直运动，将摄像机安装在云台上，则摄像机可以完成大范围、多角度的监控。为适应安装不同摄像机的需要，云台需要有必要的承重能力。云台的转动控制一般采用有线控制模式，控制线的输入端有 5 个，其中 1 个为电源公共端，另外 4 个分别为上、下、左、右控制端。在云台供电方面，目前常见的有交流 24 V 和 220 V 两种，另外还有直流 6 V 的室内小型云台。

　　根据云台的承载能力，可划分为：轻载云台——最大负重 20 磅(1 磅 = 0.4536 kg)、中载云台——最大负重 50 磅、重载云台——最大负重 100 磅、防爆云台——用于危险环境下能够防爆和防粉尘的云台，带高转矩交流电机和可调螺杆驱动，可负重 100 磅。

　　根据云台的使用环境，可划分为：室内型云台和室外型云台。两者的主要区别是室外型云台密封性好，防水、防尘、负载大。

　　根据云台的回转范围，可划分为：水平旋转云台、垂直俯仰旋转云台。

　　根据云台的旋转速度，可划分为：恒速云台、变速云台。

4. 防护罩

　　防护罩是使摄像机在有灰尘、雨水、高低温等情况下正常使用的防护装置，可分为一般防护罩和特殊防护罩两种类型。

　　1) 一般防护罩

　　一般防护罩又分为室内和室外两种。室内防护罩一般结构简单，价格便宜，采用铝合金或塑料制造，具有美观、轻便等特点。室外防护罩由于 24 小时处于室外，因此需要具备防水、防尘、降温、防冻等功能，即无论刮风、下雨、下雪、低温、高温等情况，都能保证摄像机正常工作。

　　2) 特殊防护罩

　　根据摄像机监控场所或完成任务的特殊性，特殊防护罩相应地划分为以下几种类型：

　　(1) 防爆型防护罩。防爆型防护罩又称高度安全防护罩，如图 2-19 所示。它适于安装在监狱囚室或拘留室内，可以最大限度地防止人为破坏。该种防护罩没有暴露在外面的硬件部分，机壳以大号机械锁封闭，在机壳锁好之前钥匙无法正常取下。防爆型防护罩机壳可以耐受铁锤、石块或某些枪弹的撞击。

(2) 高压防护罩。高压防护罩通过在机壳内填充加压惰性气体，从而达到防高压破坏的目的。由于这种防护罩要求完全密闭，保持 15PSI 的正压差，并且还要求能够耐受爆炸环境。

(3) 耐高温防护罩。耐高温防护罩全部用不锈钢制成，圆筒形双层结构，内有纵向隔板形成曲径水冷石英玻璃，风斗保护，有效使用空间为 125 mm × 426 mm，可安装定焦及变焦镜头，视窗耐 1371℃高温，有送进退出机构和红外反射玻璃选件，如图 2-20 所示。

(4) 特级水下防护罩。特级水下防护罩采用特殊密封结构，可长期在水下 0～80 m 工作，不变形、无渗漏，保证摄像机、镜头的正常工作，如图 2-21 所示。其结构为薄壁圆筒形，前端为斜口，不必另加遮阳罩；视窗玻璃为钢化玻璃，用螺纹压环压紧在圆筒内壁上的弹簧涨圈上，再用专用密封胶密封；后盖通过螺纹旋紧到圆筒后部，也用专用密封胶密封。电缆引入装置采用气密典型结构，专用密封胶密封；圆筒与支座之间采用不锈钢扎带扎紧；内部抽屉板可以从后面拉出，以方便安装调试。

　　图 2-19　防暴型防护罩　　　　图 2-20　耐高温防护罩　　　　图 2-21　特级水下防护罩

 任务实施

实训 2-2　典型监控摄像机的安装与调试

1. 实训目的
(1) 掌握大华网络摄像机 K 型枪机的接线与安装方法。
(2) 掌握大华网络摄像机 E 型球机的接线与安装方法。

2. 实训器材
(1) 设备：大华网络摄像机 K 型枪机、大件网络摄像机 E 型半球机、枪机壁装支架、半球顶装集线盒(型号：DH-PFA138)。
(2) 工具：大华监视器或个人 PC、网线、SD 卡。

3. 实训步骤
1) 大华网络摄像机 K 型枪机的接线与安装
(1) 熟悉枪机的接口。
不同型号的相机接口会有区别(如图 2-22、2-23 所示)，具体以实物为准，相机接口主要参数描述如表 2-7 所示。

表 2-7　相机接口主要参数描述

序号	接口	接口名称	功 能 描 述
1-1	POWER	电源输入接口	1-1 为圆形电源接头，1-2 为 2PIN 端子。1-1 电源线可通过 2PIN 端子转接线转换为 1-2。 选择供电规格：若线缆标签为 DC 12V，则输入 DC 12 V 电源；若线缆标签为 AC 24 V，则输入 AC 24V 电源。线缆标签未标明供电规格时，请根据设备标签上的供电规格选择电源。 使用时请务必按照标签对设备供电，否则将导致设备损坏
1-2			
2-1	DC 12 V Out	电源返送输出接口	输出 DC 12 V 电源，额定功率 2W；用于给拾音器等供电
2-2			
3	I/O	I/O 端口	包括报警信号输入和输出，不同设备的 I/O 端口数不同，请根据设备标签使用
4	RS485	RS485 接口	控制外部云台等
5	LAN	网络接口	连接标准以太网线，提供 PoE 供电功能，但是部分设备不支持 PoE 供电
6	AUDIO IN	音频输入接口	RCA 接口，输入音频信号，接收拾音器等设备的模拟音频信号
7	AUDIO OUT	音频输出接口	RCA 接口，输出音频信号，提供给音箱等设备
8	VIDEO OUT	视频输出接口	BNC 接口，输出模拟视频信号，可接 TV 监视器观看图像

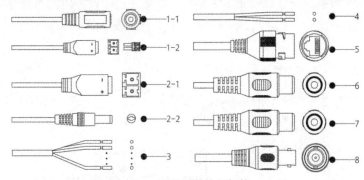

图 2-22　不同型号的相机接口

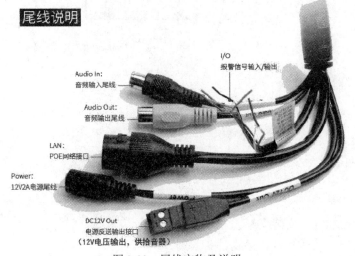

图 2-23　尾线实物及说明

(2) 确认安装方式。

大华网络摄像机 K 型枪机常见安装方式如图 2-24 所示。

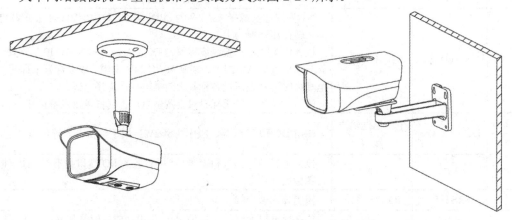

(a) 支架型号：DH-PFB110W　　　　(b) 支架型号：DH-PFB120WS

图 2-24　K 型枪机安装方式

(3) 安装 SD 卡(可选)。

当设备有 SD 卡插槽且需要使用 SD 卡时(如录像画面存储在摄像机上)，需要先安装 SD 卡，如图 2-25 所示。安装或取下 SD 卡时，需要先切断设备电源再操作。

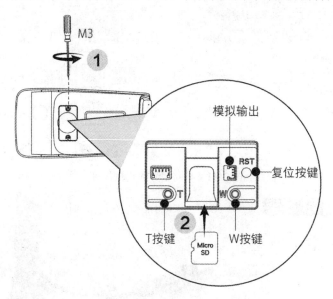

图 2-25　安装 SD 卡

(4) 固定设备。

设备安装面需要至少能够承受三倍于支架和设备的总重量。设备安装过程如下(如图 2-26 所示)。

① 打孔。

② 打入膨胀螺钉，安装支架。

③ 拧螺丝，安装摄像机，穿线。

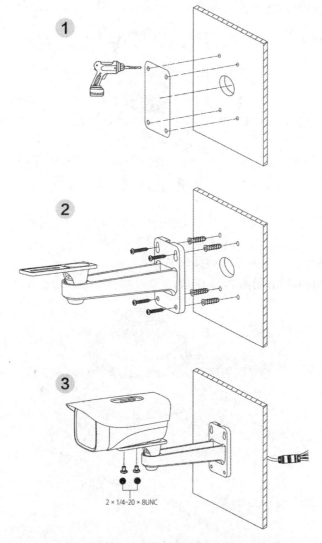

图 2-26　设备安装过程

(5) 调节遮阳盖(如图 2-27 所示)。

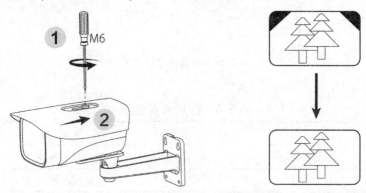

图 2-27　调节遮阳盖示意图

(6) 调节角度(如图 2-28 所示)。

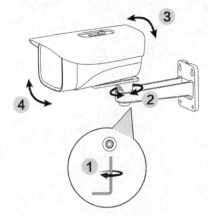

图 2-28　调节角度示意图

2) 大华网络摄像机 E 型半球机的接线与安装

(1) 熟悉半球机的接口(如图 2-29 所示)。

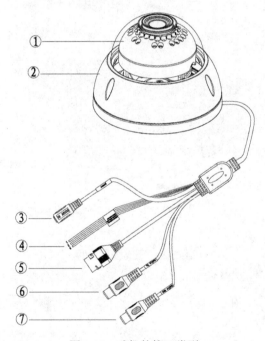

图 2-29　球机的接口类型

半球机的结构外观说明如表 2-8 所示。

表 2-8　结构外观说明

部　件	部　件　名　称
部件①	半球机芯模块
部件②	半球护罩

半球机的线缆接口说明如表 2-9 所示。

表 2-9　线缆接口说明

接口	接口名称	接 口 功 能
接口③	电源输入接口	连接 DC 12 V 电源，输入电源
接口④	I/O 端口	报警信号输入/输出(可选功能，部分型号支持)
接口⑤	网口接口	网络数据输入输出及 PoE 供电(部分设备不支持 PoE 供电)
接口⑥	音频输入接口	输入音频信号，接收拾音器等设备的模拟音频信号(可选功能，部分型号支持)
接口⑦	音频输出接口	输出音频信号给音响等设备(可选功能，部分型号支持)

(2) 大华网络摄像机 E 型半球机常见的安装方式(如图 2-30 所示)。

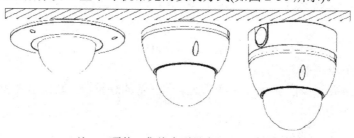

注 1：顶装，集线盒型号为 DH-PFA138

注 2：吊装，支架型号为　　　　注 3：壁装，支架型号为　　　　注 4：柱装，支架型号为
DH-PFB300C＋DH-PFA101　　　　　DH-PFB203W　　　　　DH-PFA152-E＋DH-PFB203W

图 2-30　E 型半球机常见的安装方式

(3) 大华网络摄像机 E 型半球机常见的拆装方式(如图 2-31 所示)。

螺钉拆卸　　　　　　　　　　旋转拆卸

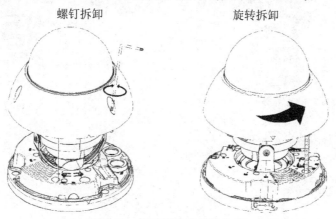

图 2-31　半球常见的拆装方式

(4) 安装 SD 卡(可选)。

当设备有 SD 卡插槽且需要使用 SD 卡时(如录像视频存储在摄像机上)，需要先安装 SD 卡，如图 2-32 所示。安装或取下 SD 卡时，需要先切断设备电源再操作。

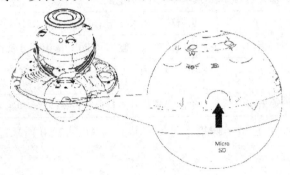

图 2-32　安装 SD 卡

(5) 固定设备(以顶装为例)。

设备安装面需要至少能够承受三倍于支架和设备的总重量。墙体出线和出线槽出线安装示意图如图 2-33 所示。

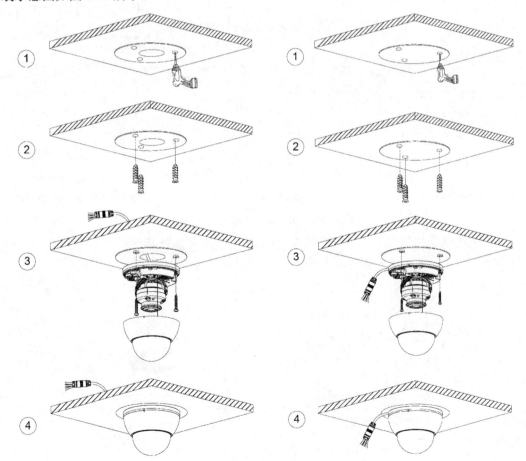

图 2-33　墙体出线与出线槽出线安装示意图

(6) 调节角度。

垂直调节时需要先微微旋松螺钉，调节结束后再将螺钉旋紧。调节角度操作如图 2-34 所示。

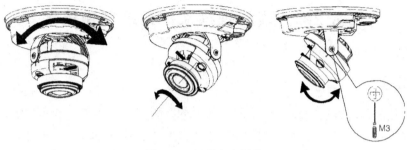

图 2-34　调节角度操作

4. 实训成果

(1) 完成大华摄像机 K 型枪机与 E 型半球机的安装。

(2) 基于 WEB 端完成大华摄像机 K 型枪机与 E 型半球机的调试与效果验证。

 评价与考核

一、任务评价

任务评价见表 2-10。

表 2-10　实训 2-2 任务评价

考核项目	评价要点	学生自评	小组互评	教师评价	小计
枪机安装	接口安装的规范性、正确性				
	位置安装的规范性、正确性				
球机安装	接口安装的规范性、正确性				
	位置安装的规范性、正确性				
网络摄像机 web 调试与验证	初始化设置的正确性				
	时间设置的正确性				
	功能设置与效果验证情况				

二、任务考核

1. 摄像机的基本构成是什么？

2. 简述摄像机的性能和分类。

3. 简述摄像机的支架、云台和防护罩。

 拓展与提升

1. 对比分析 CCD 与 CMOS 图像传感器。

2. 对比分析传统模拟摄像机与网络摄像机的特点。

3. 结合调查，分析探讨未来监控摄像机的发展趋势。

任务 2-3　理解视频监控系统传输技术

 任务情境

视频传输的核心是通信与网络技术。早在公元前 600 年左右，古希腊哲学家就发现了一种未知的神秘力量——电。但是，直到 1837 年有线电报的发明，电才被广泛用于通信领域。1896 年，伽利尔摩·马可尼利用电磁波实现了人类历史上首次无线电通信(如图 2-35 所示)，此后随着科技的革新，通信技术在此基础之上不断进步，诞生了无线电报、广播电台、移动电话等。

图 2-35　伽利尔摩·马可尼

视频传输网络是监控系统中的重要构成部分，选择什么样的传输介质、设备来传送视频和控制信号等都将直接关系到监控系统的质量和可靠性。目前，在监控系统中，用于视频的传输介质主要是同轴电缆、双绞线、光纤和无线微波，对应的传输设备分别是同轴视频放大器、网络交换机、光端机、无线网桥等设备。随着 4G/5G 移动通信技术的快速发展，基于 4G/5G 移动通信的视频无线传输技术得到广泛应用，与其他视频传输技术一起，构成了目前混合式的视频传输方式。

本次学习任务以视频监控系统传输技术为载体，通过对有线传输线缆进行制作以及对视频无线传输设备的安装，使学习者具备视频监控有线线缆的制作与无线传输设备安装的操作技能。

 学习目标

(1) 熟悉同轴电缆传输技术。

(2) 掌握双绞线传输技术。

(3) 熟悉光纤传输技术。

(4) 熟悉微波无线传输技术。

(5) 具备有线传输线缆接头制作技能。

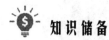

知识储备

一、同轴电缆传输技术

同轴电缆视频传输主要涉及 SYV 同轴电缆、SYV 同轴电缆接头与视频放大器等部件。

1. SYV 同轴电缆

视频监控系统使用的同轴电缆一般是 SYV 同轴电缆。SYV 是一种国际代号，表示为实心聚乙烯绝缘视频电缆。SYV 同轴电缆自内向外依次为电缆中心铜芯导体、芯线聚乙烯(PE)绝缘层、屏蔽铝箔层、铜线编织屏蔽网层和 PVC 护套，如图 2-36 所示。其规格形式例如 SYV75-5/96 支，其中 75 表示电缆视频信号的传输阻抗为 75 Ω，-5 表示电缆的粗细规格，96 支为电缆铜网纺织线数量，通常有 96 支、128 支和 144 支等多种规格，编织线越多，屏蔽效果越好。

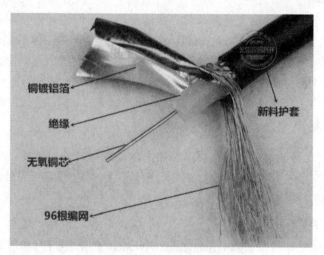

图 2-36　SYV 同轴电缆结构

2. SYV 同轴电缆接头

SYV 同轴电缆的两端需要制作视频接头才能与设备连接。常见的 SYV 同轴电缆接头类型有 BNC 与 RCA 两种类型，如图 2-37 所示。BNC 接头有别于普通 15 针 D-SUB 标准接头的特殊显示器接口，由 RGB 三原色信号及行同步、场同步五个独立信号接头组成，是摄像机的视频输出接口与监控中心控制主机的视频输入接口的常见接头。RCA 接头俗称莲花插座，采用同轴传输信号的方式，中轴用来传输信号，外沿一圈的接触层用来接地，可以用来传输数字音频信号和模拟视频信号，在家庭视听电器中使用较多，如电视机、DVD以及功放等设备的音视频插头都是 RCA 接头。

(a) BNC 接头　　　　　　　　　　　　　　　(b) RCA 接头

图 2-37　BNC 与 RCA 接头

视频接头一般采用焊接方式制作而成，即使用电烙铁将同轴电缆的芯线与屏蔽层分别与接头的芯针和屏蔽金属通过焊接的方式连接。由于焊接的方式更牢靠，后期的维护工作量更小，所以在实际的视频监控工程中基本都是采用焊接的方式。焊接时需注意焊点要圆润充实，无毛刺，避免出现虚焊，虚焊会使视频图像的传输质量降低。同时，芯线与屏蔽层不能连接到一起，否则视频图像将不能传输。

3. 视频放大器

视频放大器一般用于远距离视频传输，目的是增强图像的传输效果。视频放大器一般可将传输距离由几百米提高到 1000～3000 m，还可以增强视频图像的亮度和色度，但线路内的干扰也会被放大，所以回路中不能串接太多的视频放大器，否则图像会失真。在工程中一般尽量避免使用视频放大器。

二、双绞线传输技术

由于同轴电缆自身的特性，当视频信号在同轴电缆内传输时其受到的衰减与传输距离和信号本身的频率有关。双绞线传输技术是目前解决这一应用问题的最佳技术方案，在现在的监控系统中被大量使用。

1. 双绞线的分类与特点

双绞线可分为非屏蔽双绞线(Unshielded Twisted Pair，UTP)和屏蔽双绞线(Shielded Twisted Pair，STP)两大类。

非屏蔽双绞线无金属屏蔽材料，只有一层绝缘胶皮包裹，价格相对便宜，由 4 对不同颜色的传输线互相缠绕所组成，如图 2-38 所示。UTP 网线由 4 对(8 芯)双绞线和 RJ45 水晶头构成，其线芯顺序有 568A 和 568B 两种类型，广泛用于以太网(局域网)和电话线中。

屏蔽双绞线是一个宽泛的概念。根据屏蔽方式的不同，STP 又分为 FTP(Foil Twisted-Pair)和 SFTP(Shielded Foil Twisted-Pair)两种类型。其中，SFTP 是在 FTP 的铝箔基础上，再加上一层镀锡铜编织网而构成的屏蔽双绞线，这两种双绞线如图 2-39、图 2-40 所示。

图 2-38 非屏蔽双绞线　　　图 2-39 FTP 屏蔽双绞线　　　图 2-40 SFTP 屏蔽双绞线

由于双绞线与传输设备的价格相对便宜，在距离增加时其造价比同轴电缆下降了许多。所以对于 500 m 以上、1500 m 以内的中等视频传输距离，使用双绞线传输更具优势。

2. 双绞线视频传输设备

双绞线视频传输设备分为无源设备与有源设备两种类型。所谓无源是指不需要电源供电，而有源则指需要电源供电。有源设备的视频信号衰减指标以及抗干扰能力都要比无源设备强，无源设备的有效传输距离一般在 250～300 m 以内。

双绞线传输利用差分传输原理，在发射端将视频信号变换成幅度相等、极性相反的视频信号，通过双绞线传输后，在接收端将两个极性相反的视频信号相减变成通常的视频信号，故能有效抑制共模干扰，即使在强干扰环境下，其抗干扰能力远比同轴电缆好，而且通过对视频信号的处理，其传输的图像信号也比同轴电缆清晰，且同一根网线相互之间不会发生干扰。另外，无源双绞线传输要尽量避免电磁辐射环境，否则视频图像质量也会受到影响，所以无源双绞线传输设备在工程中应用得并不多。

三、光纤传输技术

光纤视频传输是一种大容量、长距离的视频传输方式。目前，单根光纤传输速率已经可以达到 1.6 Tb/s，无中继传输距离为 240 km 左右。随着技术的发展，光纤的传输速率与传输距离还在增加。

1. 光纤的类型

根据传输模式的不同，光纤分为单模和多模两种类型。多模光纤的纤芯较粗，直径为 50 μm 或 62.5 μm，可传输多种模式的光。由于模间色散较大，数据传输带宽随距离的增加会严重下降，故多模光纤一般用于 5 km 以内的视频传输。单模光纤的纤芯较细，直径一般为 9 μm 或 10 μm，只能传输一种模式的光。由于模间色散很小，传输距离最远可达 240 km，其材质为玻璃纤维，是长途干线信号的主要传输介质。光纤实物及剖面图如图 2-41 所示。

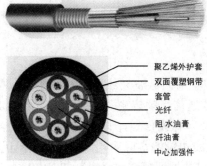

图 2-41 光纤实物及剖面图

光纤传输介质主要有两种产品类型：光缆与尾纤。由多束光纤包覆后的产品称为光缆，根据内含纤芯数量的不同，分为2芯、4芯、6芯、8芯、12芯及288芯光缆。其中，4～48芯光缆应用最为普遍，主要用在监控、运营商及系统集成等领域。尾纤是指内含1根或2根细纤丝，外面包覆柔软的保护层的产品。保护层颜色为黄色的一般表示为单模光纤，保护层颜色为橙色的则表示为多模光纤。光缆进入机柜后需要在光缆终端盒内与尾纤熔接，然后通过法兰盘(光纤适配器)将其固定在光缆终端盒的前面板接口，外部光通信设备再通过光纤跳线连接到光缆终端盒的接口。

2. 光纤传输设备

当前，光纤传输已经成为信息化系统高速、大容量传输的主要方式。光纤传输设备的类型主要有企业光传输设备与运营商光传输设备两种。企业光传输设备包括配置光模块的网络交换机与路由器等传输设备；运营商光传输设备有波分密集复用光端机(DWDM)、局端光传输设备(OLT)以及终端光接入设备(ONU)等。

在模数混合视频监控条件下，为了模拟视频信号的远距离传输，通常会使用视频光端机在监控系统中作为视频、数据、音频等信息的光纤传输设备，如图2-42所示。其作用是将模拟视频信号转化为光信号，从而确保使用光纤进行视频传输。

图 2-42　视频光端机

视频光端机有两种类型：一是图像非压缩型光端机，可传输原始的数字视频信号，比如HD-SDI视频，具有视频流量大、清晰度高与时延小的特点，主要应用在对视频实时性要求非常高的特殊环境；二是图像压缩型光端机，一般采用H.264、MPEG4等图像压缩技术，将视频图像压缩成数字流或者在压缩的基础上打包封装成网络数据流，这样可以通过标准的电信端口或者直接通过光纤来传输。

由于目前视频监控系统市场主流的前端摄像机输出已经是压缩过的标准的TCP/IP网络视频信号，光传输系统也统一到了高速的DWDM数据传输平台，因此视频光端机设备正逐步退出历史舞台。

四、微波无线传输技术

目前，在视频监控领域采用的微波无线传输技术主要包括微波扩频无线视频传输、WiFi无线视频传输和4G/5G通信视频传输。本节重点介绍微波扩频无线传输技术。

微波扩频无线传输技术为有线传输难以实施的视频监控系统提供了一个较好的解决方案。目前在微波扩频无线传输的实际应用中，大多采用民用微波扩频频段900 MHz、2.4 GHz或5.8 GHz，通过先进的扩展频谱方式发射TCP/IP网络信号，并采用WPA2、WPA3

等 802.11i 无线加密技术，可以实现点到点、点到多点的组网无线传输。

1. 微波频段划分及其传播特性

所谓微波，是指波长从 1 mm～1 m 波段的无线电波，频率范围为 300 MHz～300 GHz，包含分米波、厘米波和毫米波波段，如表 2-11 所示。其中，分米波的波长范围为 10～1 dm，频率范围为 300～3000 MHz，被称为特高频 UHF；厘米波的波长范围为 1～10 cm，频率范围为 3～30 GHz，被称为超高频 SHF；毫米波的波长范围为 1 mm～1 cm，频率范围为 30～300GHz，被称为极高频 EHF。

表 2-11 微波波段划分

波 段		波 长	频 率	传播方式	主要用途
长波		30000～3000 m	10～100 kHz	地波	超远程无线电通信和导航
中波		3000～200m	100～1500 kHz	地波和天波	调幅 (AM) 无线电广播、电报
中短波		200～50 m	1500～6000 kHz		
短波		50～10 m	6～30 MHz	天波	调频(FM)无线电广播、电视、导航
微波	米波(VHF)	10～1 m	30～300 MHz	近似直线传播	
	分米波(UHF)	10～1 dm	300～3000 MHz	直线传播	移动通信、电视、雷达、导航
	厘米波(SHF)	10～1 cm	3000～30000 MHz		
	毫米波(EHF)	10～1 mm	30000～300000 MHz		

由于微波的频率很高，波长很短，它在地表面的衰减很快，因此传播方式主要是空间的直线传播，而且能够穿过电离层不被反射，但是容易被空气中的雨滴所吸收。微波的直线传输距离一般在 50 km 以内，因此需要经过中继站或通信卫星将它反射后传播到预定的远方。

微波的电磁谱具有一些不同于其他波段的特点，因为微波的波长远小于地球上的飞机、船只以及建筑物等物体的尺寸，所以其特点和几何光学相似，通常呈现为穿透、反射、吸收三个特性。

2. 微波无线传输系统的构成及特点

微波无线传输系统主要由无线信号发射机与无线信号接收机组成。无线信号发射机将文字、语音或视频等原始的低频基带信号调制到高频载波信号上，然后通过天线发送出去；无线信号接收机接收信号以后，再将高频载波中的基带信号解调出来，恢复成原始的文字、语音或视频信号。高频载波即高频微波，由于微波的频带很宽，所以某一频率的高频载波往往能够承载多路基带信号，如同将货物通过卡车、火车或飞机托运一样，所以通常所说的某某频率的微波指的就是高频载波的频率。

传统的微波信号调制方法有调幅、调频及调相三种方式。调幅是指载波的幅度随调制信号幅度的叠加而变化的调制方式，载波的频率则保持不变。调频是指载波的频率随调制信号频率的叠加而变化的调制方式，载波的幅度则保持不变。由于干扰信号一般总是叠加在载波信号上改变其幅值，调频波虽然受到干扰后幅度上也会有变化，但在接收端可以用限幅器将信号幅度上的变化削去，所以调频波的抗干扰性比调幅波好，调频波因此得到了广泛的应用。调相则是指载波的相位随调制信号相位叠加变化的调制方式，调相的方法又叫相移键控(PSK)，其特点是抗干扰能力强，但信号实现的技术比较复杂。调相在数字微波无线通信技术中获得广泛应用，如 4G/5G 等数字蜂窝无线通信以及卫星通信等。

 任务实施

实训 2-3　有线传输线缆接头的制作与无线传输设备安装

1. 实训目的

(1) 掌握同轴电缆接头的制作方法。

(2) 掌握双绞线接头的制作方法。

(3) 掌握光纤接头制作方法。

(4) 掌握大华无线网桥安装与接线。

2. 实训器材

(1) 设备：导轨定长器、烙铁架。

(2) 工具：电烙铁、剥线钳、十字螺丝刀、焊锡、BNC 头、同轴线、光纤、网线钳、T568B 网线、水晶头、皮线开剥刀、米勒钳、光纤切割刀、无线网桥、抱箍及相应消耗件等。

3. 实训步骤

1) 制作 BNC 接头

BNC 视频线主要用于模拟监控子系统的搭建，要求所制作的视频线在能传输视频信号的同时，工艺上也要保证制作的 BNC 视频线不可超过实际连接设备直线距离的三倍或以上，两端 BNC 接头均需要带上护盖，信号线与屏蔽线需用焊锡焊接，牙口金属圈要压紧外皮绝缘层(只要保证不松动)。

(1) 拧开 BNC 接头。BNC 接头分为两种：焊接型和免焊型，如图 2-43 所示。焊接免焊型 BNC 接头时须将螺丝拧出来弃置，直接将焊锡焊入螺丝孔即可。

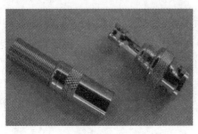

(a) 焊接型　　　　　　　　　　　　　　(b) 免焊型

图 2-43　BNC 接头的类型

(2) 拔出 BNC 接头连接线的黑色外皮。推荐使用剥线钳，采用 2.5 口径，掌控好力度从不同方向剪三下，用力拔出黑色外皮，并且将屏蔽网在线缆一侧理顺，若屏蔽线太多也可去除一部分。

(3) 拔出内导体外的绝缘层。推荐使用剥线钳，采用 1.3 口径，掌控力度(不能完全剪下去)，两个方向各剪一下，用剥线钳夹住拔出绝缘层。

(4) 将同轴线插入 BNC 接头，焊接信号线和屏蔽网，如图 2-44 所示。

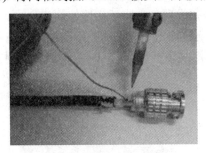

(a) 焊信号线　　　　　　　　　　　　　(b) 焊屏蔽网

图 2-44　焊接信号线和屏蔽网

(5) 套上 BNC 套筒，用万用表检查焊接质量。将万用表调至蜂鸣挡，用两支探针接触缆线两头的铜芯，有蜂鸣声，则代表通路正常。若测量时无动静，可能原因是两端的 BNC 接头中有不良品；此时拆开套筒检查两端的信号线是否虚焊，如有则将虚焊的 BNC 接头剪掉后重新制作。

2) 制作 RJ45 水晶头

RJ45 水晶头连接有两种方式：TIA/EAI 568A 和 TIA/EAI 568B。TIA/EAI 568A 的线序是白绿、绿、白橙、蓝、白蓝、橙、白棕、棕。TIA/EAI 568B 的线序是白橙、橙、白绿、蓝、白蓝、绿、白棕、棕。本次实训采用 TIA/EAI 568B 连接方式，所制作出的网线需保证不超过实际连接设备直线距离的三倍或以上，剥皮时没有损伤线芯，外皮绝缘层与水晶头压紧，插入水晶头的导线不因过长而裸露在外。

(1) 剥线并排列线序。用网线钳剥开灰色外皮(大概半个大拇指的长度)，将线芯按照 TIA/EAI 568B 连接方式的线序排列(白橙、橙、白绿、蓝、白蓝、绿、白棕、棕)，并将线头剪平(推荐使用剥线钳剪)，操作如图 2-45 所示。

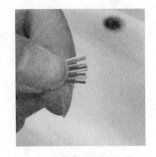

(a) 网线钳　　　　　　　　(b) 剥线　　　　　　　　(c) 排列线序

图 2-45　RJ45 水晶头制作

(2) 将双胶线插入水晶头。水晶头的方向是金属引脚朝上、弹片朝下，用力缓缓将双绞线 8 条导线依序插入水晶头，并一直插到 8 个凹槽顶端，插入后检查线序是否正确以及 8 根线芯是否都顶到顶部，如有错及时拔出重新梳理后再插入水晶头。

(3) 压紧针脚。确认无误后，将水晶头推入网线钳夹槽后，用力握紧网线钳，将突出在外面的针脚全部压入水晶头内(若操作成功，会有一声脆响)，成功后确认是否每个针脚都被压入水晶头内，如有未压成功的针脚需再压一遍。

(4) 检查连通性。压紧针脚后，网线的一端就完成了，按同样的线序及步骤完成另一端即可做成一条完整的 T568B 网线。T568B 网线完成后，一定要用网络测线仪进行测量，以此确保网线的正确性，避免后期因网线的制作问题而浪费时间。当网络测线仪左右两边的指示灯能同步且不漏地从 1 闪到 8，则代表该网线没问题。T56B 网线的制作测试如图 2-46 所示。

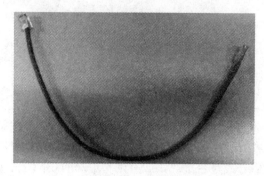 

(a) 制作好的 T56B 网线　　　　　　(b) 网络测线仪测试

图 2-46　T56B 网线的制作测试

3) 制作 SC 光纤接头

SC 光纤接头的制作又被称为光纤冷接制作，其连接完毕的尾纤如图 2-47 所示。

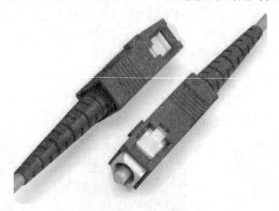

图 2-47　SC 光纤接头连接完毕尾纤

以 SC 光纤接头制作为例，光纤冷接的流程如下：

(1) 把防尘帽取下来连接在尾纤上，然后用皮线开剥刀(如图 2-48 所示)剥除尾纤的外护层，选择合适的长度(50 mm)，漏出包含涂覆层的光纤。

(2) 用米勒钳(如图 2-49 所示)剥去定长器(如图 2-50 所示)外的光纤涂覆层，剥除涂覆层时注意应使用米勒钳最小的剥线口，该直径和光纤包层的直径相比，不会伤到光纤，同时注意动作要平、稳、快。

(3) 用光纤切割刀(如图 2-51 所示)切割光纤端面，预留 10 mm 的长度。

图 2-48　皮线开剥刀　　　　图 2-49　米勒钳　　　图 2-50　定长器　　图 2-51　光纤切割刀

(4) 完成切割后，接着把光纤从接头尾部穿入，触到接头稍微弯曲，用光纤上的尾帽夹紧光纤，拧上尾帽，再用手往上推动开关套至顶端，闭锁夹紧裸光纤。SC 光纤接头制作过程如图 2-52 所示。

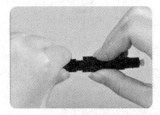

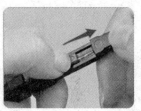

(a) 穿入　　　　　　　　　(b) 拧上　　　　　　　　　(c) 上推

图 2-52　SC 光纤接头制作过程

(5) 最后套上蓝色保护套，完成上述步骤后，即可进行冷接头的安装，图 2-53 为正在进行测试的 SC 光纤接头。

图 2-53　正在进行测试的 SC 光纤接头

4) 大华无线网桥安装与接线

安装网桥的步骤如下：

(1) 用螺丝刀打开抱箍，如图 2-54 所示。

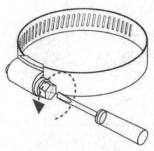

图 2-54　打开抱箍

(2) 将抱箍穿过网桥背面的抱箍孔，将抱箍的首尾相接，再用螺丝刀调节抱箍的大小，固定网桥，如图 2-55 所示。

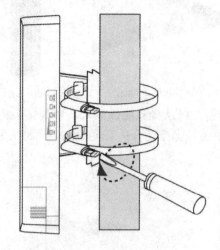

图 2-55　抱箍固定网桥

连接网桥(以 PoE 供电为例)的步骤如下：

(1) 将录像机端的 PoE 接口与 PoE 注入器对应的端口进行连线(如图 2-56 所示)。

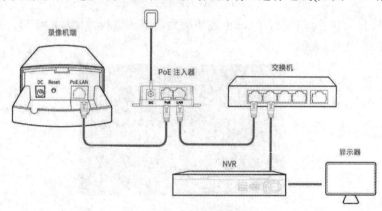

图 2-56　录像机端连线

(2) 将摄像机端的 PoE 接口与 PoE 注入器对应的端口进行连线(如图 2-57 所示)。

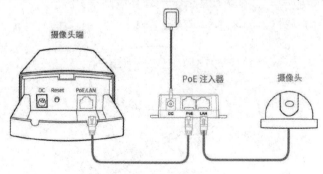

图 2-57　摄像机端连线

4. 实训成果

(1) 完成同轴电缆接头的制作。

(2) 完成双绞线接头的制作。

(3) 完成光纤接头的制作。

 评价与考核

一、任务评价

任务评价见表 2-12。

表 2-12　实训 2-3 任务评价

考核项目	评价要点	学生自评	小组互评	教师评价	小计
BNC 接头制作与测试	万用表使用方法				
	BNC 接头焊接连通情况				
	BNC 接头焊接质量				
双绞线制作与测试	双绞线剥线方法				
	双绞线线序排列方法				
	双绞线制作测试结果				

二、任务考核

1. 简述视频监控系统的传输技术类型及其特点。

2. 分析同轴电缆传输的优缺点及适用性。

3. 分析双绞线传输的优缺点及适用性。

4. 分析光纤传输的优缺点及适用性。

5. 分析微波传输的优缺点及适用性。

 拓展与提升

在文献检索、资料分析与相互交流的基础上，探讨未来视频监控传输技术的发展趋势。

任务 2-4　熟悉视频存储与显示技术

 任务情境

　　信息存储与显示是视频监控系统中的重要组成部分。远古时代人们采用石头、绳子为记录媒介，随着语言和文字的出现，信息存储技术迎来了质的飞跃。造纸术、印刷术的发明使信息可以大量记录并长期存储。由于纸质存储体积大，不利于查看和维护，使用纸质存储信息的局限性逐渐暴露出来，计算机技术的出现和发展很好地解决了这些问题。

在信息显示方面，早期的计算机显示器都是阴极射线管(CRT)显示器。由于 CRT 的断面基本上都是球面的，因此 CRT 又被称为球面显像管，这导致 CRT 显示器的屏幕在水平和垂直方向上都是弯曲的，而弯曲的屏幕造成了图像显示失真及反光现象。直到 1998 年底，一种崭新的完全平面显示器出现了，它使 CRT 显示器达到了一个新的高度。这种显示器的屏幕在水平和垂直方向上都是笔直的，图像的失真和屏幕的反光都被降低到最小的限度。例如，LG 公司推出的采用 Flatron 显像管的"未来窗"显示器。尽管 CRT 显示器的质量越来越好，但是显像管要求电子枪发出的电子束从一侧偏向另一侧的角度不能大于 90度，这使得显示器的厚度要与屏幕的对角线一样长，对于具有更大可视面积的显示器来说，这意味着更厚的机身和更大的体积。

由于 CRT 显示器物理结构的限制和电磁辐射的弱点，人们开始寻找更新的显示媒体——液晶显示器。它具有无辐射、全平面、无闪烁、无失真、可视面积大、体积重量小、抗干扰能力强等优点。但是液晶显示器也有不足，其图像色彩和饱和度不够完善，而且其响应时间太长，一旦出现画面的剧烈更新，它的弱点就表露无遗。为此，人们不断探索研发出了新的显示技术，如等离子显示器、场致显示器、发光聚合体显示器、LED 和 OLED 显示器等。

本次学习任务要求熟悉视频存储与显示技术，通过完成视频监控系统前端摄像机 web端的配置，使学习者系统掌握视频监控系统的存储与显示方案、组网方案等内容，具备视频监控系统平台操作的基本技能。

 学习目标

(1) 了解视频存储所用硬盘种类及其接口类型。
(2) 了解视频监控系统中常用的监控显示设备。
(3) 能理解和对比分析不同 RAID 级别的优缺点。
(4) 能对 NAS 和 SAN 存储架构的性能进行对比分析。
(5) 会简要描述智能视频监控系统云存储架构的特点。
(6) 会简要描述几种典型的中小型视频监控系统的组网方案。
(7) 具备视频监控系统前端摄像机 Web 端配置的操作技能。

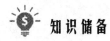 **知识储备**

一、视频存储的基础知识

在视频监控系统中，高性价比、安全可靠、运行高效的视频存储技术是确保整个监控系统正常运行的根本保障。

1. 硬盘种类及其接口类型

硬盘主要分为机械硬盘和固态硬盘两种类型。机械硬盘因其技术成熟、容量大及性价比高，仍是当前主流存储介质。固态硬盘具有数据读写速率高、抗震动性能强等优势，具有良好的发展前景。硬盘接口有多种类型，不同的接口决定了数据传输速率。目前，视频监控常见的硬盘接口有 SATA 接口、SAS 接口及 FC 接口三种类型。

1) SATA 接口

SATA(Serial ATA)接口采用串行 ATA 连接方式。ATA(AT Attachment)是 IDE(Integrated Drive Electromics)硬盘的特定接口标准，SATA 总线使用嵌入式时钟信号，具备了更强的纠错能力，能对传输指令(不仅仅是数据)进行检查，如果发现错误会自动矫正，极大地提高了数据传输的可靠性。SATA 实际上仅有四针工作，分别用于连接电缆、连接地线、发送数据和接收数据，从而降低系统能耗和减小系统复杂性。串行接口具有结构简单、支持热插拔的优点。

2) SAS 接口

SAS(Serial Attached SCSI)接口即串行连接 SCSI(Small Computer System Interface)接口，是一种点对点、全双工、双端口的接口类型。SAS 接口采用串行技术，以获得更高的传输速度，通过缩短连线改善内部空间，一般都由希捷(Seagate)公司生产。SAS 接口可连接更多的设备，可在 3.5 英寸或 2.5 英寸的硬盘驱动器上实现全双端口，应用于高密度服务器(如刀片服务器)等冗余驱动器。SAS 接口使用的扩展器可以让一个或多个 SAS 接口主控制器连接较多的驱动器，实现企业级的视频监控海量存储需求和支持多点集群，用于自动故障恢复功能或负载平衡等。

3) 光纤接口

光纤接口又称 FC(Fiber Channel)接口，是一种双端口的串行存储接口。通过光学连接设备最大传输距离可以达到 10 km，基于 FC 接口的存储设备可连接几百颗甚至上千颗硬盘，以提供大容量的存储空间。FC 接口硬盘具有优越的性能、稳定的传输和高带宽等特点。

2. 磁盘阵列的类型及存储技术

1) 磁盘阵列的类型

磁盘阵列主要包括两种类型：

(1) 控制器机头 + 磁盘阵列柜式。控制器机头是整个磁盘阵列系统的大脑，主要部件为处理器和缓存，最先主要实现简单 I/O 操作、RAID 管理功能。随着技术发展，能够提供各种各样的数据管理功能，如快照、镜像、复制等。控制器机头不负责数据的存储，数据都存储在磁盘阵列柜中(包含多块磁盘的柜子，本身既没有处理器，也没有缓存)，RAID 及数据管理功能通过控制器机头实现。这种磁盘阵列系统均以中高端形式出现。

(2) 控制器与阵列柜一体式。大多数中低端磁盘阵列都是采用这种模式。这种磁盘阵列的控制器机头不仅是整个系统的大脑，也有数据存储的功能，一般可含 8、12、16、24、32、…盘位，当然，再扩展就只需购买纯粹的不含控制器的扩展柜即可。两种典型磁盘阵列的外形如图 2-58 所示。

(a) 控制器机头 + 磁盘阵列柜式　　　　　　　　(b) 控制器与阵列柜一体式

图 2-58　两种典型磁盘阵列的外形

2) 典型磁盘阵列的存储技术

(1) JBOD(Just a Bunch Of Disks)存储技术。

JBOD 指在一个底板上安装带有多个磁盘驱动器的存储设备，通常又叫 Span。JBOD 不提供镜像、数据条带集存储和奇偶校验等功能，这些功能通常由主机上的软件来实现。JBOD 是一种最简单、廉价的"裸存储"设备，独立的磁盘保存在一个机箱之中，允许不同的服务器分组访问。JBOD 一般不提供"缓冲"(高速缓存)和具备先进功能的控制器，对于任意磁盘的损坏没有保护。

JBOD 是在逻辑上把几个物理磁盘一个接一个串联到一起，从而提供一个大的逻辑磁盘。JBOD 上的数据是从第一个磁盘开始存储，当第一个磁盘的存储空间用完后，再依次从后面的磁盘开始存储数据。Span 存取性能完全等同于对单一磁盘的存取操作。Span 也不提供数据安全保障。它只是简单地提供一种利用磁盘空间的方法，JBOD 的存储容量等于组成 JBOD 的所有磁盘的容量的总和。

(2) RAID(Redundant Array of Independent Disks)存储技术。

RAID 是一种把多个硬盘组合成一个整体，由阵列控制器管理，以实现不同等级冗余、错误恢复和高速数据读写的磁盘阵列应用方式。根据不同的组合方式，RAID 可以分为 RAID0、RAID1、RAID2、RAID3、RAID4、RAID5、RAID6、RAID7、RAID0+1、RAID5+0 等多个级别。RAID 级别并不代表技术的高低。例如，RAID5 并不高于 RAID3，RAID1 也不低于 RAID3 等。选择哪一种 RAID 级别，视用户的操作环境及应用需要决定，与 RAID 级别的高低没有必然的联系。

① RAID0 级别：RAID0 至少需要两个硬盘。它将两个或多个相同型号及容量的硬盘组合起来，数据同时从两个或多个硬盘读出或写入，速度会比一个硬盘快得多。但没有任何保护措施，只要其中一只硬盘出现故障，所有数据便会被破坏。RAID0 通常应用在一些非重要资料上，如影像资料。磁盘阵列的总容量为各个硬盘容量之和。

② RAID1 级别：RAID1 由一个主硬盘和至少一个作为实时备份的副硬盘组成。在向主硬盘写入数据时，系统同时将数据完整地保存到副硬盘上，始终保持副盘是主盘的完全镜像。一旦某个磁盘失效，另一块磁盘将立即接手工作。RAID1 磁盘阵列可靠性很高，但其有效容量减小到总容量一半以下，同时资料写入的时间会长一些，但可以从两个硬盘同时读取资料。

③ RAID2 级别：RAID2 是将数据条块化地分布于不同的硬盘上，条块单位为位或字节，并使用加重平均纠错码的编码技术提供错误检查及恢复。这种编码技术需要多个磁盘存放检查与恢复信息，冗余信息开销太大，这使得 RAID2 技术实施较为复杂，因此在商业环境中很少使用。

④ RAID3 级别：RAID3 需要至少 3 个硬盘，数据会被分割成相同大小的基带条并存放在不同的硬盘上，其中一个硬盘被指定用来储存校验值。当其中一个硬盘出现问题时，用户可以更换硬盘，RAID 卡便会根据其他数据重构并存放在新硬盘里。RAID3 可以提供高速数据读取，但只针对单用户模式；如果多人同时读取资料，RAID3 不是理想的选择方式，因为提供奇偶校验的磁盘常会成为瓶颈。

⑤ RAID4 级别：RAID4 同样也将数据条块化并分布于不同的硬盘上，但条块单位为数据块。RAID4 使用一块硬盘作为奇偶校验盘，每次写操作都需要访问奇偶校验盘，这时奇偶校验盘会成为写操作的瓶颈，因此 RAID4 在商业环境中也很少使用。

⑥ RAID5 级别：RAID5 需要至少 3 个硬盘，数据分割与 RAID3 一样。RAID3 中所有的奇偶校验块都集中在一块硬盘上，而 RAID5 则将所有数据及校验值分布在全部硬盘上。因此 RAID5 消除了 RAID3 在写数据上的瓶颈，可以提供高速数据读取并针对多用户模式。RAID5 磁盘阵列的总容量为各个硬盘容量之和减去一块硬盘的容量，RAID5 以合理的成本提供最均衡的性能和数据安全性，因此在企业获得了广泛应用。

⑦ RAID6 级别：RAID6 是在 RAID5 基础上增加了第二个独立的奇偶校验信息块。两个奇偶系统使用不同的算法，数据的可靠性得到了更进一步提高，即使两块磁盘同时失效也不会影响数据的使用。但 RAID6 需要分配给奇偶校验信息更大的磁盘空间，写性能稍差。

⑧ RAID7 级别：RAID7 是在 RAID6 的基础上采用了高速缓存技术，使得传输速率和响应速度都有较大的提高。数据在写入磁盘阵列前，先写入高速缓存中然后再转到磁盘阵列；读出数据时主机也是直接从高速缓存中读出而不是从阵列盘上读取，以减少磁盘的读操作次数。RAID7 是高速缓存与磁盘阵列技术的结合，满足了当前的技术发展的需要，尤其是多媒体系统的需要。

⑨ RAID0+1 级别：RAID0+1 也被称为 RAID10 标准，实际是 RAID0 和 RAID1 结合的产物，这种配置至少需要 4 块硬盘。其工作方式是数据块 1 写到磁盘 1，数据镜像写到磁盘 2；数据块 2 写到磁盘 3，数据镜像写到磁盘 4；数据块 3 写到磁盘 1，数据镜像写到磁盘 2；……以此类推。它的优点是同时拥有 RAID0 的超凡速度和 RAID1 的高可靠性，但是 CPU 的占用率也更高，而且磁盘的利用率会比较低，只有 50%。

⑩ RAID5+0 级别：RAID5+0 是 RAID5 与 RAID0 的结合，也被称为 RAID50。此配置将 RAID5 子磁盘进行分组、每个子磁盘组要求 3 块硬盘，组中的每个磁盘进行包括奇偶信息在内的数据剥离。RAID50 具备更高的容错能力，而且因为奇偶位分布于 RAID5 子磁盘组上，故重建速度有很大提高。

以上 RAID 级别的存储技术应用较多的有 RAID0、RAID1、RAID5 以及 RAID6。大多数 NVR 与磁盘阵列设备都同时支持以上 RAID 技术中的几种，将多块硬盘或者全部硬盘根据需要设置为以上的某种 RAID 方式，因此需要了解各种 RAID 技术的差别，如表2-13 所示。

表 2-13　各种 RAID 技术的差别

RAID 级别	硬盘数(N)	容　　量	利用率/成本	性能	安全性
RAID 0	≥2	组成该磁盘组磁盘容量的总和	100%	N	★
RAID 1	通常=2	磁盘组中最小盘的容量	50%	<1	★★★★★
RAID 5	3，5，9　≥3	(N−1)×磁盘组中最小盘的容量	(N−1)/N	N−1	★★★
RAID6	≥4	(N−2)×磁盘组中最小盘的容量	(N−2)/N	N−2	★★★★

3. 视频存储的性能分析

1) 视频监控系统的存储特点

视频监控系统的存储特点主要有：

(1) 数字视频编码器或视频服务器以流媒体方式将数据写入视频监控系统应用存储设备，实时监控点回传的图像和画面以流媒体方式保存在存储设备中，回放工作站以流媒体方式读取已存储的视频文件。这种读写方式与普通数据库系统或文件服务器系统中存储采用的小数据块或文件级读写方式完全不同，因此视频监控系统存储在技术参数要求方面与其他应用系统有较大的区别。

(2) 视频采集过程中，视频文件格式一般不会发生变化且码率保持恒定，视频图像的帧率一般都在 15～25 f/s 之间(P 制式)。也就是说，在存储的读写操作中，必须保证每 1/25 s 内都能够达到 500～750 Mb/s 的带宽，否则图像采集或回放就会出现丢帧现象。除非视频监控系统应用存储设备本身配置了一个大容量的缓存。因此视频监控系统存储不仅要求带宽大，还要求带宽恒定。

(3) 数据读写操作的持续时间长。由于摄像头一般都是 7×24 h 工作，即使流媒体文件采用分段保存方式，写入操作的持续时间也有可能长达 2～6 h，后期回放时也需要相同的时间。因此要求存储设备需要具备超强的长时间工作能力，并能保持长时间的稳定性。

(4) 视频监控系统一般具有摄像头数量多，视频图像存储时间长的特点，因此存储容量需求巨大，且随着图像存储时间的增加，存储容量需求呈线性、爆炸性地增长。这需要视频监控系统的存储设备必须支持大容量，且容量具有高扩展性，并能够满足长时间大容量视频图像存储的需要。

(5) 数字视频编码器一般对外提供标准的 IP 接口或 iSCSI(Internet SCSI)，通过在 ADSL、城域网或专用网络上传输 TCP/IP 报文或 iSCSI 协议报文来向后方监控中心回传数据。如果视频监控系统应用存储设备具有与数字视频编码器相同的接口，数字视频编码器就有可能直接将数据写存储，从而会大大减少监控系统的数据传输环节，提高数据存储的效率。

2) 视频监控系统的存储容量测算

视频监控系统的存储容量的计算公式为

$$存储容量 = 码流 \times 60\ s \times 60\ min \times 24\ h \times 存储周期 \times 监控路数$$

码流随摄像机的分辨率与帧率的不同而不同，例如，200 万像素 1080P 分辨率的视频，帧率为 30 f/s，采用 H.265 压缩标准，在常见场景下，码流为 4 Mb/s，则每天所需的存储空间为 4 Mb/s×60 s×60 min×24 h≈337 GB，存储周期有 2 周、4 周、3 个月及更长时间不等，超过设定的周期，视频会进行循环覆盖存储。一般视频监控工程按 15 天(约 2 周)

的存储周期测算，则 15 天单路视频的存储容量为 337 GB × 15(天) = 5055 GB ≈ 5.0 TB；如果是 16 路视频，则需要 5.0 TB × 16 = 80 TB 的存储空间。目前，单块硬盘的存储空间为 6 TB 左右，则 16 路视频需要 80 TB/6 TB ≈ 14 块硬盘。

前端摄像机视频的码流与帧率是可调的。NVR 有 2 盘位、4 盘位、8 盘位、16 盘位及 24 盘位等多种规格的产品。如果视频容量超出了 NVR 总存储容量，可以有多种方式解决，比如增加磁盘数量，适当降低视频的码流或帧率(降低码流，视频的清晰度也会随之降低)。如果存储空间达到数百 TB 字节或者 PB 级别，则可以通过外部磁盘存储阵列来解决。表 2-14 为在不同的码流大小下，每个通道每小时产生的数据文件大小。

表 2-14　码流与存储文件大小对应表

码流大小(位率上限)Kb/s	文件大小/MB	码流大小(位率上限)Kb/s	文件大小/MB
512	225	640	281
768	337	896	393
1024	450	1280	562
1536	675	1792	787
2048	900	3072	1350
4096	1800	5120	2250
6144	2700	7168	3150
8192	3600	16384	7200

二、视频监控系统的存储架构

视频监控系统中的视频数据流具有连续性、大容量等特点，视频监控系统的存储设备与服务器连接主要采用直接附加存储(Direct Attached Storage，DAS)、网络附加存储(Network Attached Storage，NAS)、存储区域网络(Storage Area Networks，SAN)、统一存储及分布式云存储架构。

1. DAS 架构

DAS 架构以服务器为中心，是比较早的视频监控存储形式。在视频监控系统应用中，直接连接在各种服务器或客户端扩展接口下的数据存储设备，常见的存储设备有磁盘阵列柜、磁带机等。采用 DAS 存储视频流的存储模型如图 2-59 所示。

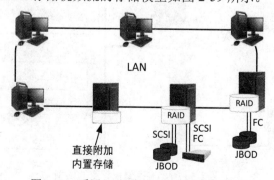

图 2-59　采用 DAS 存储视频流的存储模型

　　存储阵列柜 JBOD 或磁带机/磁带库通过电缆(SCSI/FC 接口电缆等)直接连接到服务器,因此 DAS 也称 SAS(Server-Attached Storage,服务器附加存储)。DAS 依赖于服务器,其本身是硬件的堆叠,不带有任何存储操作系统和控制器。

　　DAS 架构由于扩展简单,成本较低,适用于服务器数量较少的中小型企业,但是对于用户数据不断增长的大中型企业,其在备份、恢复、扩展及容灾等方面则变得十分困难,但服务器内置式磁盘阵列还是当今应用最普遍的存储形式,NVR 内置磁盘阵列即是 DAS。

2. NAS 架构

　　NAS 又称为网络连接存储,主要用于存储文件类型的数据。网络数据的存储方式主要有三种:数据块存储方式、文件存储方式与对象存储方式。通常情况下,各类数据库应用都需要以数据块存储方式来保证数据库的性能,而文件存储方式则适合于除数据库外的大多数应用如数字文件、数字图片、数字视频与数字音频等数据,因此基于文件存储方式的 NAS 与基于数据块存储方式的 DAS 和 SAN 是一种互补的存储方案。对象存储方式则是包含文件数据以及相关属性信息的综合体,一个对象除了 ID 和用户数据外,还包含属主、时间、大小、位置等源数据信息及权限等预定义属性,甚至很多自定义的属性信息。每个对象可能包括若干个文件,也可能是某个文件的一部分以及文件相关的属性。对象存储方式的优势是可以通过属性从系统中快速高效地获取该数据的全部信息,同时增强了整个存储系统的并行访问性能和可扩展性。对象存储方式相对于文件存储方式的优势主要体现在海量的大数据存储方面。目前,对于 PB 级的数据 NAS 可以较好地满足要求,但是到了 EB 级的数据,对象存储方式几乎是唯一的选择。

　　NAS 设备是一个瘦服务器功能的网络存储设备,具有独立的存储操作系统,不属于某个特定的服务器,而是直接连接到局域网交换机上,通过 TCP/IP 协议通信以文件的输入/输出方式进行数据传输,NAS 存储视频流的模型如图 2-60 所示。NAS 设备具有高可靠性、高可扩展性的特点,并且它便捷的管理与相对低廉的成本使得其占领了高、中、低端市场的大部分市场份额。

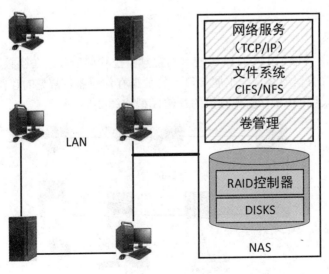

图 2-60　NAS 存储视频流的模型

3. SAN 架构

SAN 指独立于服务器网络系统之外的高速光纤存储网络，采用高速光纤通道为传输媒介，通过网络方式连接存储设备和应用服务器，是以数据为中心的基于"块"的存储方式，分为 FC-SAN 和 IP-SAN，两者的结构对比如图 2-61 所示。

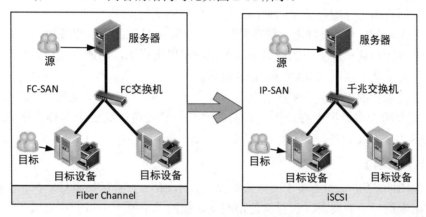

图 2-61　FC-SAN 与 IP-SAN 结构对比

4. 统一存储架构

在大多数的企业应用中，既有以数据库为主的核心应用，又有以文件为主的访问需求。传统的 IT 部门一般分别购买 SAN 和 NAS 来面对不同的业务需求，造成了成本高、存储架构多样以及管理难度大等困扰，这种情况下便催生了统一存储。统一存储既支持基于文件的 NAS，又支持基于块数据的 SAN 与 iSCSI 存储，有些还支持基于对象的数据存储，统一存储架构如图 2-62 所示。统一存储设备通过一个共享的资源池，根据应用的需求来配置块存储空间或者文件存储空间，并且可由一个统一界面进行管理，因此大大简化了企业存储管理的复杂性。

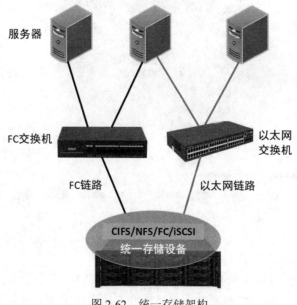

图 2-62　统一存储架构

统一存储架构具有以下优势：

(1) 具有规划整体存储容量的能力：通过部署一个统一存储系统可以省去对文件存储容量与数据块存储容量的分别规划，使容量的利用率得到提升。

(2) 存储资源池的灵活性：用户可以在无须知道应用是否需要块数据或者文件数据访问的情况下，自由地分配存储空间来满足应用环境的需要。

(3) 积极支持服务器虚拟化：很多时候用户在部署服务器虚拟化环境时，都会因为性能方面的要求而对基于数据块的裸设备映射(RDM)提出要求，而使用统一存储时，用户在部署虚拟机时无需分别购买 SAN 和 NAS 设备。

统一存储架构的以上优势使得它既适合业务快速增长的中小型企业，又适合具有海量非结构化数据的大型数据中心，因此目前各主流存储设备厂商已不再提供单独的中低端SAN、NAS 及 iSCSI 设备，而是以统一存储产品来取代。

5. 云存储架构

云存储(Cloud Storage)是基于网络集群系统技术，在云计算(Cloud Computing)概念上延伸和发展出来的一个新概念。云存储是指改变传统的"隶属于主机的存储设备"，把超储中心作为重要节点直接连到互联网，通过虚拟存储管理，实现面向互联网大众用户的存储服务而构成个性化虚拟存储系统。虚拟存储管理的重点在于海量存储资源的动态调度、存储区迁移和多用户存取控制。

云存储架构提供了一种比传统的 NAS、SAN 等更廉价、技术要求更低的一种存储架构。云存储系统面向多种类型的网络在线存储服务，其不仅要提供传统文件访问，还能够支持海量数据管理并提供公共服务支撑功能，以方便云存储系统后台数据的维护，云存储架构如图 2-63 所示。

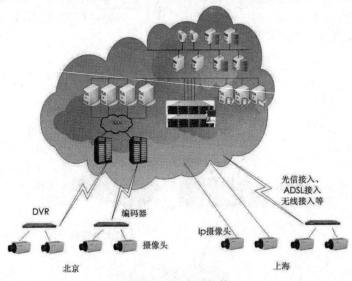

图 2-63　云存储架构

云存储架构具有如下优点：

(1) 高扩展性：云存储架构是由多台服务器所组成的，多台服务器可以在机房空间随意分布，减少对物理空间的严格要求；存储集群支持横向扩展，可以从基本的三节点，即三台服务器开始搭建，随着数据量的增加，节点数量可以无限制地横向扩展。

(2) 高安全性：云存储架构中的主机没有主从之分，既没有控制整个系统的主机，也没有被控制的从机，组成分布式系统的所有节点都是对等的。不同于集中式存储通常采用的 RAID 技术，云存储一般采用多副本的形式，使存储具有很高的安全性。当故障服务器被替换后，数据在新服务器上又会被自动重建，副本的数量可以通过软件设置调整。

(3) 高并发性能：在云存储结构中，由于数据被均衡分布到集群中的所有服务器上，数据的读写是在所有节点同步进行的，所以具有非常高的 I/O 吞吐能力，而这是存储系统非常重要的性能要求之一。

(4) 高性价比：不同于集中式的存储阵列，云存储架构随着节点数量的增加，性价比反而越来越高，并且能够对文件数据、块数据以及对象数据进行很好的支持。目前，云存储架构在大型数据中心已经成为趋势。

三、视频监控显示的基础知识

1. 基础术语

(1) 亮度：单位投影面积上的发光强度。亮度的单位是坎德拉/平方米(cd/m^2)，亮度是人对光的强度的感受。

(2) 流明：光源在单位时间内发射出的光量，即光源的发光通量，一般用 lm 表示。

(3) 分辨率：屏幕图像的精密度，是指显示器所能显示的像素有多少，显示器可显示的像素越多，画面就越精细。一般分辨率用"水平像素点×竖直像素点"来表示，比如 1080P 表示 1920×1080。目前液晶屏的主流分辨率为 1080P 和 4K。LED 可拼接成自定义的分辨率。

(4) 对比度：画面黑与白的比值，也就是从黑到白的渐变层次。画面黑与白的比值越大，从黑到白的渐变层次就越多，从而色彩表现越丰富。对比度对视觉效果的影响非常关键，一般来说对比度越大，图像越清晰、醒目，色彩也越鲜明、艳丽，若对比度较小，则会让整个画面都灰蒙蒙的。

(5) 可视角度：用户可以从不同方向清晰地观察屏幕上所有内容的角度。其中，视线与显示屏幕垂直方向所成的角度为垂直可视视角，视线与显示屏幕水平方向所成的角度为水平可视角度。

(6) 尺寸：显示屏的大小通常以对角线的长度来衡量，以英寸为单位，1 英寸 = 2.54 cm。

(7) 拼缝：多块屏拼接后，两块屏幕的边框宽度之和。拼缝越小，液晶屏拼接的效果越好。

(8) 点间距：像素点与像素点之间的距离，一般用于描述 LED 屏的分辨率。例如，P1.2 的 LED 屏即指 LED 屏的点间距为 1.2 mm。

(9) 像素点密度：单位面积内的像素点数量，一般用在 LED 屏上。点间距越小，像素点密度越高，画面呈现越细腻。1 m^2 除以点间距的平方，即单位面积内的像素点数量，比如 2.5 mm 点间距屏幕的像素点密度为 160 000。

2. 液晶显示技术

液晶是一种介于固态和液态之间的物质，是具有规则性分子排列的有机化合物，如果把它加热会呈现透明状的液体状态，把它冷却则会出现结晶颗粒的混浊固体状态。正是由于它的这种特性，因此称之为液晶(Liquid Crystal)。采用此类液晶制造的液晶显示器也就称为 LCD(Liquid Crystal Display)。液晶显示器的结构如图 2-64 所示。

液晶显示器的工作原理是在电场的作用下，利用液晶分子的排列方向发生变化，使外光源透光率改变，完成电光变换，再利用红、绿、蓝三基色信号的不同激励，通过红、绿、蓝三基色滤光膜，完成时间域和空间域的彩色重显。

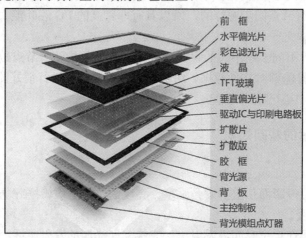

图 2-64　液晶显示器的结构

3. LED 显示技术

LED(Light Emitting Diode，发光二极管)芯片也称 LED 晶片、管芯。给 LED 芯片两端加上正向电压，半导体中的载流子发生复合，把多余的能量以光的形式释放出来，从而将电能转换为光能。

LED 显示屏是 LED 点阵组成的电子显示屏，通过控制红绿灯珠的亮灭更换屏幕显示内容形式如文字、动画、图片、视频的及时转化，通过模块化结构进行组件显示控制。LED 晶片及其工作原理如图 2-65 所示。

(a) LED 晶片

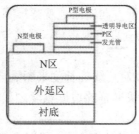

(b) LED 晶片横截面

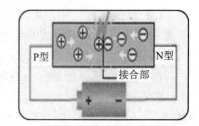

(c) LED 晶片通电

图 2-65　LED 晶片及其工作原理

4. DLP 显示技术

DLP(Digital Light Procession)即数字光处理，DLP 显示技术是基于 TI(美国德州仪器)公司开发的数字微镜元件——DMD(Digital Micromirror Device)来完成可视数字信息显示的技术。在 DLP 显示技术中，影像信号须经过数字处理后再把光投影出来，如图 2-66 所示。

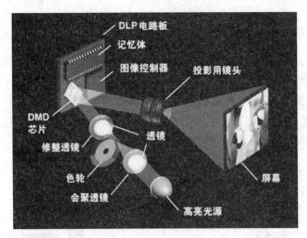

图 2-66　DLP 显示原理

DLP 显示器所用高亮光源分为 LED 光源和激光光源。

DLP 投影机具有清晰度高、画面均匀以及色彩锐利等优势。DLP 的色彩可还原 3500 万种颜色，在分辨率方面可以达到全高清以及超高清的显示效果。DLP 无缝拼接显示屏如图 2-67 所示。

图 2-67　DLP 无缝拼接显示屏

四、视频监控系统的组网方案

在模拟视频监控时代，视频监控系统的组网方案是基于模拟视频信号的采集、传输、存储、显示与控制技术；在数字视频监控时代，视频监控系统的组网方案则主要是基于数字化视频信号的采集、传输、存储、显示与控制技术。相比于模拟视频监控，数字视频监控具有更大的灵活性和可靠性。根据不同的视频监控规模，视频监控系统组网方案会有所区别。

1. 中小型规模视频监控系统的组网方案

中小型规模视频监控系统的功能相对简单，以视频图像存储、预览、回放功能为主，监控点数量在数百路左右。

网络构架采用两层架构，以 100M 端口交换机作为接入层，实现前端 IPC 的接入，通过 1000M 链路接入 1000M 端口交换机，视频综合主机作为核心层视频交换的核心。监控中心存储设备直接挂载在视频综合主机的网口上，管理服务器、管理电脑接入核心层交换机千兆网口，充分利用视频综合主机全千兆网络交换功能，有利于降低中小规模视频监控系统的建设成本。具体实施方案有以下几种：

(1) "网络摄像机 + 电源 + 网线传输"组网方案。如图 2-68 所示，该方案在进行综合布线时，同时还要考虑布设电源线和网线，电源可以就近取用 220 V 交流电，这样可保证给每个网络摄像机提供电源；再有一路网线传输网络数据到网络硬盘录像机。

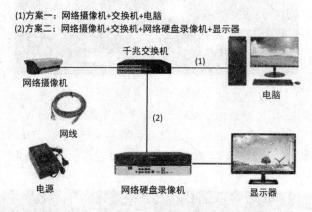

图 2-68　"网络摄像机 + 电源 + 网线传输"组网方案

(2) "PoE 供电的网络摄像机 + PoE 交换机"组网方案。如图 2-69 所示，该方案比前一种方案节省了一条电源线，其中一台网络摄像机只要一根网线作为传输信号的介质就可以满足传输要求，不再用到电源线，网线需要使用非屏蔽超五类双绞线，可满足 100 m 内的视频传输要求。

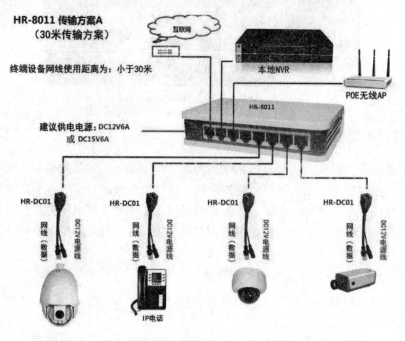

图 2-69　"PoE 供电的网络摄像机 + PoE 交换机"组网方案

（3）"网络摄像机＋光纤＋光上行交换机"组网方案。当视频传输距离超过 100 m 时，一般考虑采用光纤传输，从而确保稳定的传输效果。利用光纤传输数据时，需要把数据信号转换成光信号，再把光信号转换成数据信号，因此需要使用光上行交换机配合来完成工作。"网络摄像机＋光纤＋光上行交换机"组网方案如图 2-70 所示。

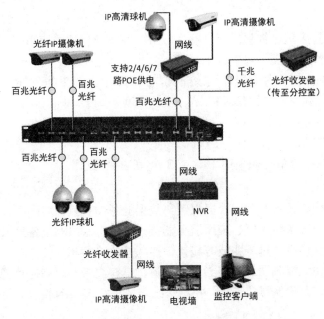

图 2-70　"网络摄像机＋光纤＋收发器"组网方案

（4）"摄像机＋无线网桥"组网方案。在具体的视频监控系统实施环境中，如果布线困难，比如在已经硬化路面的小区、已经建好的工厂、距离较远的空旷地带、难以跨越的障碍物等环境，无法采用有线传输视频信号时，可以考虑采用无线网桥的传输方式。无线网桥可以将网络信号转换成无线电波进行点对点的传输，传输距离从几百米到几十公里不等。使用无线网桥传输时，在发射端与接收端之间不能有任何物理遮挡。

（5）"4G/5G＋太阳能＋摄像机"组网方案。由于监控点自身环境特点，比如监控位置偏僻，距离中心较远，无法布设有线网络进行信号传输，同时无法取得专用电源，在此情况下，多采用"4G/5G＋太阳能＋摄像机"组网方案，如图 2-71 所示。由于 4G/5G 信号覆盖率高、太阳能部署方便等特点，该方案在许多特殊的中小型规模视频监控系统中得到了较好的应用。

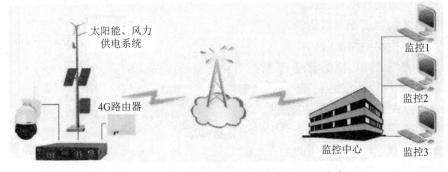

图 2-71　"4G/5G＋太阳能＋摄像机"组网方案

2. 大中型规模视频监控系统的组网方案

大中型规模视频监控系统的前端由于监控点数量多、接入模式复杂，监控网络视频流要求带宽高，一般均需要建设视频监控专网。此类系统的组网需要考虑核心部署、功能分区、网络安全与网络管理等需求。

1) 核心部署

核心设备的部署应满足视频监控专网多业务、高负载处理的应用需要，并确保网络核心的稳定性和可靠性，应满足以下技术要求：

(1) 核心设备的关键部件宜采取冗余配置，提高设备运行的可靠性。

(2) 比较细的控制粒度，比如 8 Kb/s 的控制粒度。

(3) 对核心设备进行冗余备份。

(4) 可扩展万兆接口甚至 100G 接口。

(5) 汇聚层与核心设备之间采用 10G 或 2 个 1G 捆绑互连。

2) 功能分区

视频监控系统网络设备众多，根据视频和数据业务的特点，对网络设备进行分区接入和管理，可组成存储设备接入区、应用服务器接入区、前端 IP 设备接入区和管理接入区等，各功能区域的交换机通过千兆或万兆接口接入核心交换机。

视频综合主机作为视频图像的核心处理设备，具有高带宽、高链路稳定性要求，与核心交换机之间通过多路千兆接口连接，并对网络端口进行 VLAN 配置，可避免网络环路而导致网络异常。

3) 网络安全

视频监控系统应组建视频监控专网，视频监控专网与其他业务网络和互联网之间应进行安全隔离，可采用防火墙、安全隔离网闸等网络安全设备，对来自外部网络的病毒、非法入侵行为进行防御。

视频监控专网内部部署杀毒软件、终端管理软件、802.1x 安全认证等安全措施，以确保视频专网内部的安全性。

4) 网络管理

网络管理系统采用通用标准网管协议——简单网络管理协议(SNMP)，实现对视频监控专网内所有网络设备、服务器的管理。

部署网络管理系统的意义有：

(1) 提高网络运行的可靠性。

(2) 合理规划和调配网络资源。

(3) 预测和检测网络故障。

(4) 集中管理分布广泛的前端 IP 监控节点。

(5) 统计和分析设备性能。

网络管理系统实现的主要功能有：

(1) 拓扑管理：提供网络拓扑结构自动发现功能。

(2) 配置管理：提供对设备的配置功能。

(3) 安全管理：提供用户安全级别和视图浏览权限功能。

(4) 性能管理：提供被管设备的性能参数。

(5) 告警管理：收集和分析被管设备的错误情况。

(6) 日志管理：提供网管系统自身和被管设备的日志信息。

3. 视频监控系统 IP 地址规划与分配

视频监控系统 IP 地址规划与分配要与视频监控系统的网络拓扑层次结构相适应，既要有效地利用地址空间，又要体现出网络的可扩展性和灵活性，还要能满足路由协议的要求，以便网络中的路由汇总和聚类，减少路由器中路由表的长度，减少对路由器 CPU、内存的消耗，提高路由算法的效率，加快路由变化的收敛速度，同时还要考虑到网络地址的可管理性。

1) 视频专网 IP 地址规划

园区内部 IP 地址的分配原则按地域进行，视用户的数量，有 1/4、1/2 和整个 C 类 IP 地址的划分。为防止地址被盗用，IP 地址与 MAC 地址绑定，不容许采用动态 IP 地址。

(1) 中心交换机支持静态或动态 IP 地址分配，并支持动态 IP 地址分配方式下 DHCP-Relay 功能，但不使用动态分配功能。

(2) 对于固定 IP 地址用户，需要针对标识符(MAC 地址)设定保留 IP 地址。

(3) 各单位应统一使用分配的 IP 地址，监控中心统一考虑地址转换(Network Address Translation，NAT)的问题，通过核心交换机旁挂的防火墙来完成各个网络之间的地址转换。原则上一个单位分配一个或多个 C 类地址，具体根据实际情况决定。

2) 专网内路由协议规划

在路由协议的选择上，不采用厂家私有路由协议，采用基于链路状态的内部动态路由协议，即开放式最短路径优先(Open Shortest Path First，OSPF)协议或中间系统到中间系统的路由选择协议(Intermediate System to Intermediate System Routing Protocol，IS-IS RP)。

为减少处理开销和网络开销，可将网络的路由域划分为 OSPF 广域网区域(区域号为 0)，从而分散路由处理，减少网络带宽占用。通过配置区域，使 OSPF 协议可以分层次管理大型网络，实现可扩展性。使用 OSPF 协议必须考虑到骨干区域的连通性，即使某条链路断掉后仍能保证骨干区域不会分离，另外还需要考虑网络边缘层设备的动荡对于核心网络的影响。

一级监控中心和各分控中心及各局域网直联路由采用静态路由的方式注入 OSPF 骨干区域，实现全网络的互联互通。

五、视频监控系统配置管理

视频监控系统的配置重点涉及本地端、WEB 端和平台端三个方面。本地端主要指前端摄像机，WEB 端指用户浏览器，平台端为管理中心视频监控平台软件。随着监控技术的飞速发展，传统的模拟摄像机已经被网络化、高清化和智能化摄像机取代，原有的模拟或模/数混合式平台端硬软件应用模式也相应地发生了许多变化。下面重点介绍网络智能摄像机及其配套的 WEB 端界面与平台端配置方式。

视频监控系统的配置重点涉及 web 端调试和后端调试。其中，后端调试包括存储设备调试和平台调试。

1. 网络智能摄像机配置

网络智能摄像机是传统摄像机与网络化、智能化视频技术相结合的新一代产品,其配置方式主要涉及 IP 地址、浏览器、视频及网络设置等工作。

1) IP 地址设置

IP 地址设置步骤如下:

(1) 通过查看随机说明书、光盘,得到摄像机的默认网络设置信息。

(2) 使用专用工具软件,例如,IP 搜索工具可以迅速地找到网络智能摄像机的 IP 地址及其 MAC 地址。选中所要配置的设备,单击"修改参数",进入修改网络智能摄像机参数的界面,完成网络参数修改后单击"确定"按钮保存修改结果。

(3) 连接网络智能摄像机。将网络智能摄像机通过网线连接到交换机上,确认网线连接正常(摄像机上的黄绿信号灯正常发亮),就可以在同一局域网中访问该网络智能摄像机。

(4) 查看网络参数。通过计算机(PC)查看摄像机时,PC 与摄像机网络参数应处于同一网段。例如,摄像机默认网关为 192.168.1.1,则 PC 的网关也要是 192.168.1.1 才能将它们连接起来,此时如果摄像机的默认 IP 地址为 192.168.1.19,则 PC 的 IP 地址必须为192.168.1.1~192.168.1.255 中的一个(但 192.168.1.19 除外),具体修改方式为:右键单击"网上邻居"→"属性"→"本地连接"→"属性",选择 TCP/IP 协议,单击"属性",查看或修改网络参数。

(5) 测试网络连接。确认 PC 的网络设置与摄像机的网络设置在同一网段后,单击"开始"→"运行"。在对话框中输入"ping 网络摄像机 IP -t"(未修改过网络参数的摄像机输入"ping 192.168.1.19 -t"),用 ping 命令确认网络摄像机的连接是否正常。

2) 浏览器设置

浏览器设置步骤如下:

(1) 安装插件。随机附带的光盘上有摄像机的插件安装程序。打开"安装 IE 插件"目录,单击批处理文件"安装插件.bat",开始安装,安装成功弹出注册成功对话框。

(2) 完成插件的安装后,如果出现错误或者是不能播放等问题,要将浏览器上的ActiveX 控制选项启用。如果是第一次进入客户端设置,浏览器会提示安装一个 ActiveX插件,这个插件是用来设置浏览器的客户端参数的。如果浏览器没有提示用户安装插件,应检查浏览器的安全级别设置,将它调低以安装插件。启用 ActiveX 插件的步骤是:单击 IE 浏览器工具栏的"工具"→"选项"→"安全"→"自定级别",将安全级别调到"中"。

3) 视频设置

如果网络摄像机的 IP 地址已知可以打开 IE 浏览器,在地址栏内输入 IP 地址,对网络摄像机进行连接。连接时,会弹出一个对话框,如果管理员是初次使用,需要输入默认的用户名和密码,然后单击"进入",弹出操作网络摄像机的主窗口,具体内容设置如下:

(1) 服务器设置:包括 PAL/NTSC 制式选择、时钟设定、用户管理。

(2) 音/视频设置:一般包括字符叠加、云台协议、检测及备份、码率、画面大小、色彩调整、音频参数等设置。

4) 网络设置

网络设置主要包括网络参数、无线网络、动态域名转向等设置。

5) 事件设置

事件设置主要包括移动侦测、图像屏蔽、计划任务、探头检测等功能设置。

6) 参数保存

参数保存主要包括保存当前设定、重新启动、恢复出厂设置等选项。

2. WEB 端用户界面配置

无线 IPC 有独立的 WEB 端用户界面。在进行 WEB 端设置时，首先需要在浏览器地址栏输入 IPC 的管理 IP 地址，通过用户名、密码登录到 WEB 端用户界面。无线 IPC 一般通过连接 WiFi 信号后，从前端路由器分配 IP 地址。因此，在登录无线 IPC 的管理界面前，需要确认无线 IPC 是否已连接上 WiFi 信号。

配置方法一：利用手机使用 WEB 端用户界面查看 IP 地址。打开手机 WEB 端用户界面 APP，单击进入需要查看 IP 的摄像机设置界面，在通用选项中单击进入摄像机界面，即可查看摄像机的 IP 地址，并进行摄像机参数的相关配置，如上述。

配置方法二：在 Windows 电脑上使用 WEB 端用户界面查看 IP 地址。具体步骤如下：

(1) 将电脑与无线 IPC 连接到同一局域网。

(2) 在电脑上下载并安装 WEB 客户端，然后登录客户端在"设置"→"设备列表"→"已添加设备/待添加设备"中，查看无线 IPC 的 IP 地址。

(3) 按照前述步骤完成 IPC 相关参数的设置。

3. 平台端监控软件配置

平台端监控软件配置主要涉及视频监控中心平台软件的系统配置、用户管理、设备管理、录像回放、事件配置和电视墙配置。其中，系统配置主要包括基本配置、监控配置、事件管理配置和文件路径设置等；用户管理主要包括添加角色、添加用户和权限管理等；设备管理主要包括添加设备(自动、手动)、修改设备 IP 地址和设备初始化等；录像回放包括查询设备、录像回放和窗口操作等；事件配置包括报警源设置、联动配置(报警声音，地图闪烁，发送邮件、视频)和报警输出等；电视墙配置包括添加电视墙、设置电视墙、分割电视墙、合并电视墙和绑定解码器通道等。

下面以大华智能高清视频监控平台端 SmartPSS Plus 软件为例，介绍平台端监控软件的配置方式。

1) 系统配置

SmartPSS Plus 软件界面如图 2-72 所示。该软件主要功能如表 2-15 所示。通过系统配置，可以设置软件的系统参数，在主界面右上角单击 ⚙，进入"系统配置"界面，可根据自己需求进行配置，单击"保存"完成。

注意：部分配置需要重启后才能生效，如日志保存时间等。如配置未生效，需要重启软件查看。

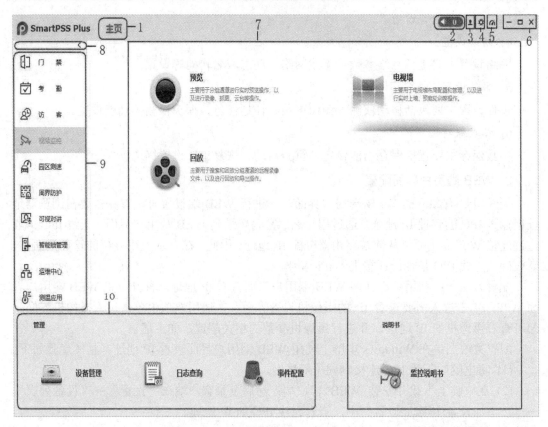

图 2-72　智能高清视频监控平台端 SmartPSS Plus 软件界面

表 2-15　智能高清视频监控平台端 SmartPSS Plus 软件功能列表

序号	名　　称	说　　明
1	功能页签	默认显示"主页"页签。打开某个功能后，此处会添加该功能页签
2	报警图标	关闭或打开报警声音。数字表示上报且当前未处理的报警事件数量，单击数字，打开事件中心查看报警事件详情
3	用户	用户管理、锁屏、切换用户、帮助手册、问题反馈、关于(查看平台版本和日期)
4	系统配置	切换方案：返回场景选择界面，选择其他方案
5	系统状态	查看平台系统占用的 CPU 和内存情况
6	窗口管理	最小化、最大化、还原、退出软件
7	业务模块	进入业务模块配置和处理业务
8	展开导航栏图标	展开或收缩导航栏
9	方案导航栏	显示所有已加载的方案
10	设备管理、日志查询、事件配置	添加设备到平台，以及远程配置设备、修改设备 IP 地址、初始化设备等；查询和导出系统、设备的相关日志信息；配置设备事件联动报警

2) 用户管理

(1) 添加角色。支持添加角色，并赋予角色菜单权限，在界面右上角选择▲→用户管理，在导航树单击🐾，在界面右侧填写角色名称，并选择需要赋予该角色权限的业务，单击"保存"，如图 2-73 所示。

图 2-73　添加角色

(2) 添加用户。支持添加用户，并赋予用户菜单权限，在界面右上角选择▲→用户管理，在界面左侧单击🐾，如图 2-74 所示。

图 2-74　添加用户

3) 设备管理

(1) 自动添加设备。单击进入"设备管理"界面，如图 2-75 所示。单击"自动搜索"后，将会自动搜索同一个局域网内的设备，也可以填写设备网段范围，单击"搜索"，搜索网段范围内的所有设备，勾选"设备"，单击"添加"并输入登录设备的"用户名"和"密码"，单击"确定"，即完成设备的自动添加。

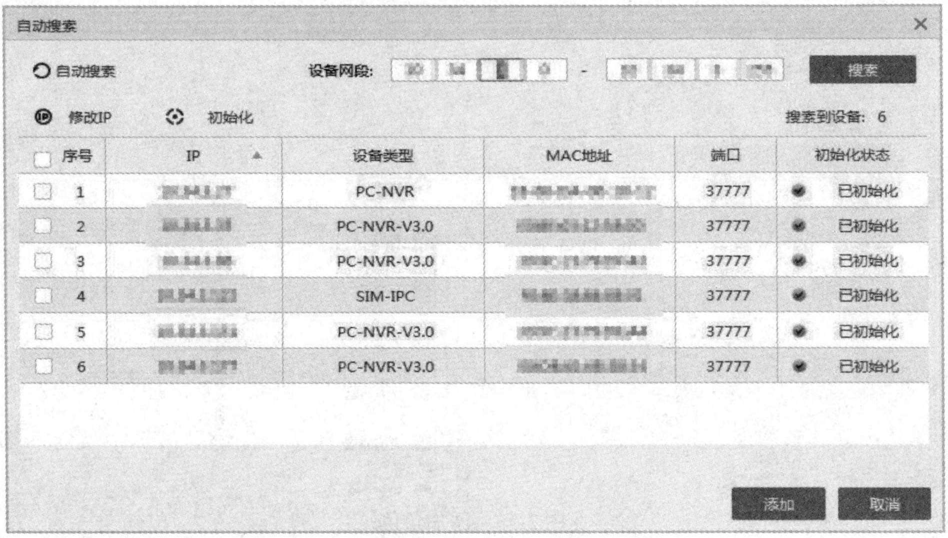

图 2-75　自动添加设备

(2) 手动添加设备。单击进入"设备管理"界面，单击"＋添加"。系统弹出"添加设备"对话框，输入设备参数。支持通过设备的 IP 地址和设备序列号添加设备，如图 2-76 所示。

图 2-76　手动添加设备

(3) 导入添加设备。支持通过导入.xml 格式的设备信息文件添加设备，前提条件是已导出.xml 格式的设备信息文件。在主页选择"设备管理"，单击"导入"，选择保存在本地的设备信息文件，单击"导入"，如图 2-77 所示。

图 2-77　通过导入添加设备配置

(4) 修改设备 IP 地址。在主页选择"设备管理",单击"自动搜索",在"自动搜索"界面,输入设备网段范围,单击"搜索",在设备列表,选择需要修改 IP 地址的设备,单击"修改 IP",如图 2-78 所示。

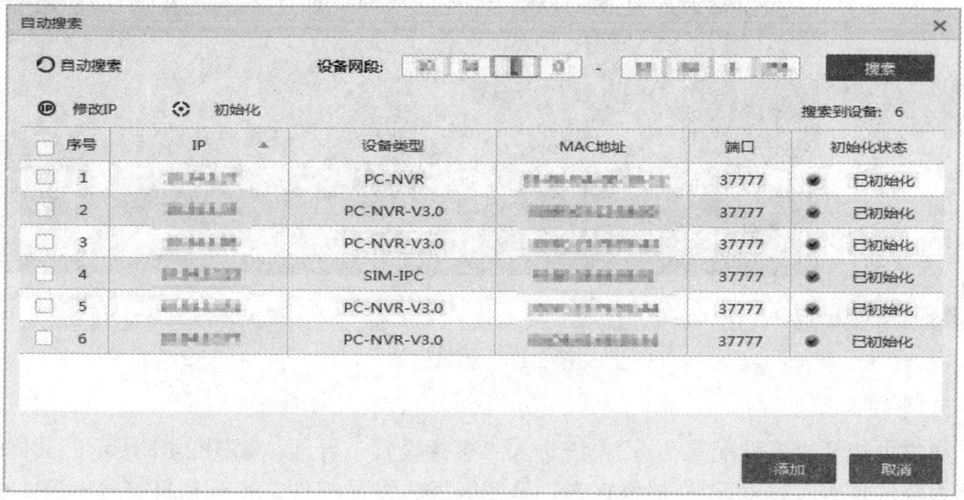

	序号	IP	设备类型	MAC地址	端口	初始化状态
☐	1		PC-NVR		37777	已初始化
☐	2		PC-NVR-V3.0		37777	已初始化
☐	3		PC-NVR-V3.0		37777	已初始化
☐	4		SIM-IPC		37777	已初始化
☐	5		PC-NVR-V3.0		37777	已初始化
☐	6		PC-NVR-V3.0		37777	已初始化

图 2-78　修改设备 IP 地址

(5) 初始化设备。仅支持对与 PC 处于同一网段的设备进行初始化,支持如下初始化操作:设置设备 admin 用户的登录密码;绑定电话号码,当忘记密码时,通过该电话号码可以重置密码;修改设备的 IP、子网掩码和网关,如图 2-79 所示。

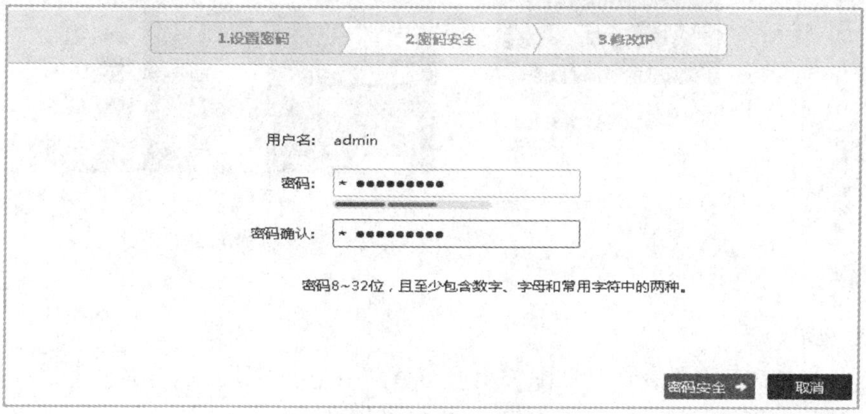

用户名:　admin

密码:　●●●●●●●●●

密码确认:　●●●●●●●●●

密码8~32位,且至少包含数字、字母和常用字符中的两种。

密码安全 →　　取消

图 2-79　初始化设备

设备添加后，在设备列表中能够显示所添加设备的基本信息。同时可以通过"导出"将添加的设备信息进行备份，通过"导入"将备份的设备信息进行还原。

4）录像回放

在"视频监控"界面选择"回放"，系统进入"回放"界面，可以分别查询设备及本地保存的录像，如图 2-80 所示。需要注意的是，选择回放设备录像还是选择回放本地录像。录像回放窗口可以实现抓图、电子放大等操作。录像下载时，可选择导出格式是 DAV 格式还是 AVI 格式的文件。

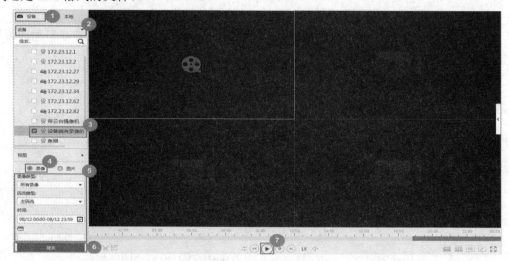

图 2-80　录像回放

5）事件配置

在主页选择"事件配置"，系统进入"事件设置"界面，如图 2-81 所示。具体配置包括报警源设置和联动配置(报警声音、地图闪烁、发送邮件、视频和报警输出等)；触发报警后，可在事件中心查看记录并进行事件处理。

(a) 报警联动

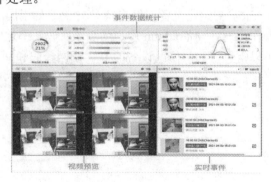

(b) 事件统计

图 2-81　事件配置

6）电视墙配置

平台添加解码设备后，电视墙配置和上墙操作均在电视墙功能界面实现。电视墙配置的流程：添加电视墙，设置电视墙布局，绑定解码器通道；上墙操作的流程：设置分割，视频上墙预览，保存预案及轮巡。

　　若电视墙需要进行拼接操作时，可以先选中需进行融合拼接的多块屏，然后单击"拼接"按钮，即实现电视墙拼接操作。解码器须具备拼接功能才能同步实现大屏拼接效果。若要绑定解码器通道，则需要选择要绑定的解码器通道，并将其拖到相应的电视墙的屏幕上，并单击"完成"。

　　电视墙画面轮巡和窗口轮巡配置方案：选择"电视墙布局"，添加多个预案后可以修改预案停留时间，在"操作"列调整预案的顺序或删除预案。设置电视墙窗口轮巡的前提是已将窗口上墙模式设置为"轮巡"。进入选择电视墙布局后需要选择一个窗口，拖动多个通道至窗口。

　　实时视频上墙操作流程：在上墙操作界面，设置窗口分割数，拖动设备通道至对应窗口，实现实时视频上墙。电视墙预案可以保存，在需要切换的时候可以快速调用。

　　回放上墙操作流程：选择已绑定设备通道的屏幕，选择"上墙模式→回放上墙"(前提条件：已完成电视墙配置；设备通道存在录像)，即弹出回放控制窗口，选择完成后直接单击"开始回放"，如图 2-82 所示。

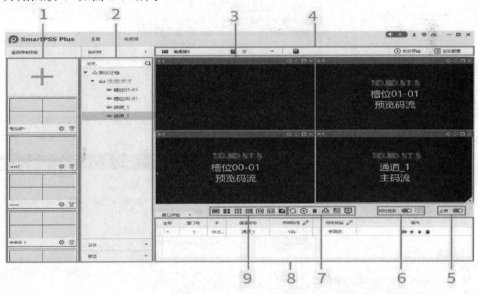

图 2-82　实时视频上墙配置

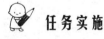 **任务实施**

实训 2-4　视频监控系统前端摄像机 web 端配置

1. 实训目的

(1) 熟悉大华摄像机 web 端配置流程。

(2) 掌握大华摄像机 web 常见基础操作。

2. 实训器材

(1) 设备：大华 IPC、球机、NVR。

(2) 工具：PC、交换机、双绞线。

3. 实训步骤

1) 完成系统组网连线和上电

根据组网拓扑，完成 IPC、球机、交换机以及客户端的接线，并对系统上电。

2) 配置 PC 网络

配置 PC 与摄像机在同一网段，摄像机初始状态默认 IP 地址是 192.168.1.108。

Windows 7 系统的配置步骤如下：

(1) 打开网络和共享中心，如图 2-83 所示。

(a) 打开方式一　　　　　(b) 打开方式二　　　　　(c) 打开本地连接

图 2-83　打开网络和共享中心

(2) 更改适配器设置，双击对应的网卡。

(3) 双击 Internet 协议版本 4(TCP/IPv4)，输入 IP、子网掩码默认网关，单击"确定"，如图 2-84 所示。

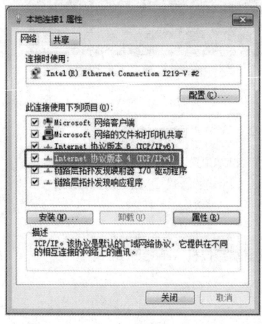 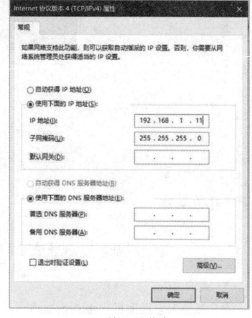

(a) 打开 IPV4　　　　　　　　　(b) 输入 IP 信息

图 2-84　打开 IP 输入窗口

Windows 10 系统的配置步骤如下：

(1) 打开网络和 Internet 设置，更改适配器选项。双击对应的网卡，如图 2-85 所示。

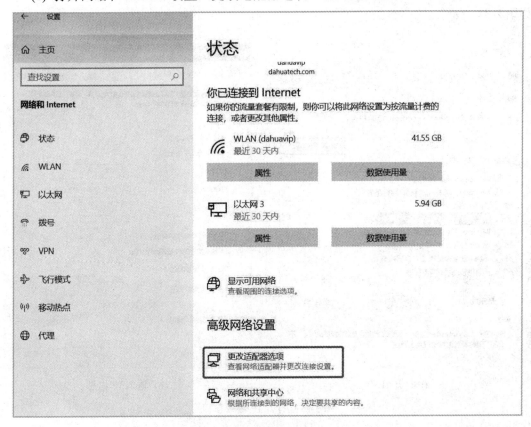

图 2-85　打开更改适配器选项

(2) 双击对应的网卡，如图 2-86 所示。

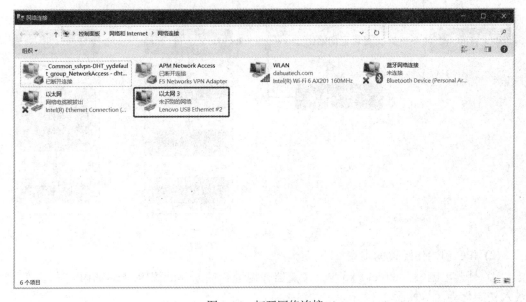

图 2-86　打开网络连接

(3) 双击 Internet 协议版本 4 (TCP/IPv4)，输入 IP、子网掩码和默认网关，单击"确定"，如图 2-87 所示。

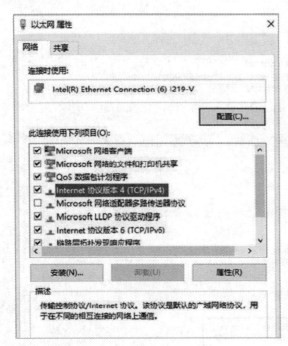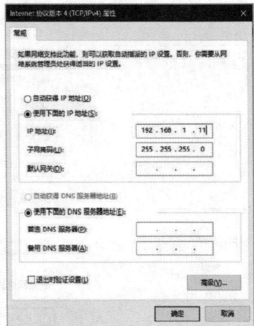

(a) 打开 IPV4　　　　　　　　　　　(b) 输入 IP 信息

图 2-87　打开 IP 输入窗口

3) 配置流程

(1) 网络摄像机基础调试步骤。IPC 调试流程如图 2-88 所示。

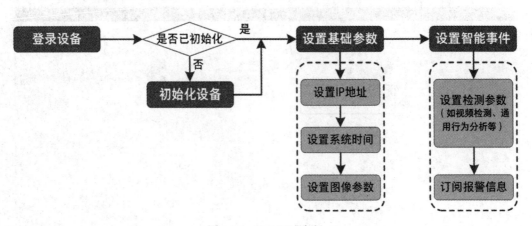

图 2-88　IPC 调试流程

(2) IPC 初始化配置的步骤如下：

① 打开电脑端 Internet Explorer 浏览器在地址栏输入 http://192.168.1.108，按回车键，进入初始化界面，如图 2-89 所示。

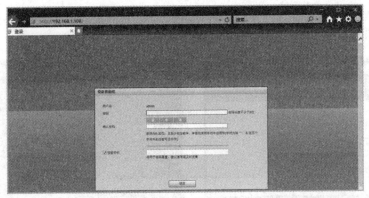

图 2-89 初始化界面

② 创建管理员账号，填写管理员密码，如 admin123。填写完密码后，再填写相同密码用来确认密码，如图 2-90 所示。确认完密码后，填写预留手机号，在忘记密码时帮助找回密码，单击"确定"。

③ 阅读软件使用许可协议，勾选"我已阅读并接受所以条款"，单击"下一步"，如图 2-91 所示。

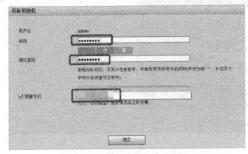

图 2-90 创建账号

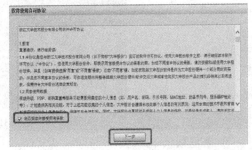

图 2-91 接受条款

④ 勾选"云接入"，单击"确定"。(可选)

⑤ 进入 IPC web 端登录界面(如图 2-92 所示)，输入步骤 2 注册 s 时候的账号和密码，单击"登录"，如图 2-93 所示，进入 IPC Web 端预览界面。

图 2-92 选"云接入"

图 2-93 注册账号和密码

⑥ 单击右上角"设置→网络设置→TCP/IP"进入 IPC IP 地址设置界面。IPC IP 地址设置为 10.36.200.111，如图 2-94 所示。

(3) IPC 基础维护的步骤如下：

① 设置 PC IP 地址为 10.36.200.182，设置步骤请参考实验准备。打开电脑端 Internet

Explorer 浏览器，在地址栏输入 http://10.36.200.111，按回车键，进入 IPC web 登录界面，如图 2-95 所示。

图 2-94　IPC IP 地址设置　　　　　　　图 2-95　IPC web 登录界面

② 输入管理员账号和密码。管理员账号和密码为初始化时候的账号和密码。单击"登录"，进入 IPC web 端主界面，如图 2-96 所示。

图 2-96　进入 IPC web 端主界面

③ 恢复默认/出厂。

进入主界面之后，单击右上角"设置→系统管理→恢复默认"进入恢复默认/出厂界面。单击"默认"，除了网络 IP 地址、用户管理等信息以外，其他配置都会恢复默认，如图 2-97 所示。单击"恢复出厂设置"，输入管理员密码，设备完全恢复到出厂状态，如图 2-98 所示。

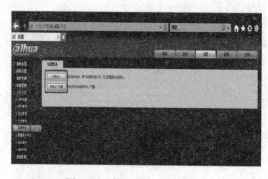

图 2-97　恢复默认/出厂界面　　　　　　图 2-98　恢复出厂设置

④ 配置导入/导出。进入主界面之后，单击右上角"设置→系统管理→配置导入导出"进入配置导入导出界面。单击"配置导出"，选择保存路径，备份配置文件到指定路径，如图 2-99 所示。单击"配置导入"，选择需要配置文件，单击"打开"，显示"操作成功"，

配置文件恢复到原有状态，如图 2-100 所示。

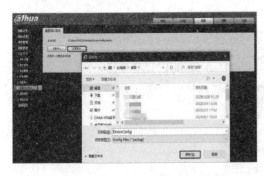

图 2-99 配置导入导出

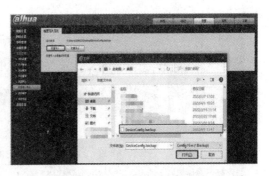

图 2-100 选择需要配置文件

4) 球机常见云台功能配置

(1) 完成球机初始化配置，配置步骤与 IPC 一致。设置 PC IP 为 10.36.200.182，设置步骤请参考实验准备。打开电脑端 Internet Explorer 浏览器在地址栏输入 http://10.36.200.181，按回车键，进入球机 web 登录界面，如图 2-101 所示。

(2) 输入管理员账号和密码。管理员账号和密码为初始化时候的账号和密码。单击"登录"，进入球机 web 端主界面，如图 2-102 所示。

图 2-101 初始化配置

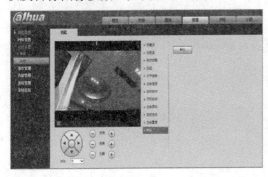

图 2-102 web 端主界面

(3) 进入主界面之后，单击右上角"设置→云台设置→功能"进入云台设置功能主界面，如图 2-103 所示。

(4) 预置点设置。单击右侧功能菜单栏"预置点"，在预览界面下方调整目标云台位置以及目标图像参数，如图 2-104 所示。

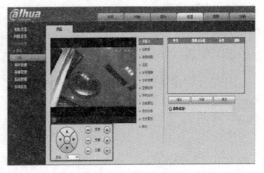

图 2-103 云台设置功能

图 2-104 预置点设置

单击右侧"增加"，双击"预置点1"，命名为目标标题，单击"保存"，如图2-105所示。

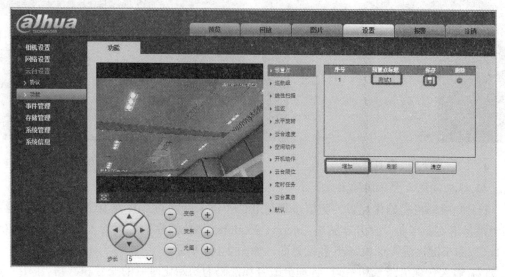

图 2-105　增加预置点

(5) 巡航组设置。单击右侧功能菜单栏"巡航组"，单击"增加"增加一个巡航组，并双击"巡航组1"进行命名，如图2-106所示。单击下框"增加"，将多个预置点加入巡航组，再为不同的预置点设置"停留时间"和"速度"后，单击"开始"，球机将在巡航组内的多个预置点按照设置的参数进行巡航，如图2-107所示。

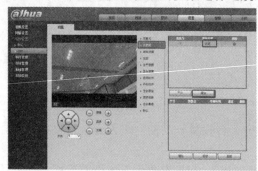

图 2-106　增加巡航组

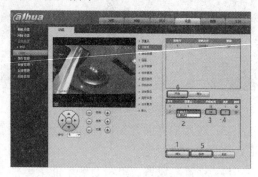

图 2-107　多个预置点

4. 实训成果

(1) 完成大华摄像机 web 端的通用配置。

(2) 完成大华摄像机的初始化配置。

(3) 完成大华摄像机云台功能的设置。

评价与考核

一、任务评价

任务评价见表2-16。

表 2-16　实训任务 2-4 任务评价

考核项目	评价要点	学生自评	小组互评	教师评价	小计
视频监控系统前端摄像机 web 端软件配置	系统配置流程是否完整				
	网络配置是否正确				
	网络摄像机调试结果				
	球机云台功能配置结果				

二、任务考核

1. 视频存储所用硬盘接口类型主要有哪些？
2. 对比分析 RAID0、RAID1 和 RAID5 三种级别的存储性能。
3. 对比分析 NAS 存储架构与 SAN 存储架构的性能。
4. 简要描述智能视频监控系统云存储架构的特点。
5. 简要描述几种典型的中小型视频监控系统的组网方案。
6. 描述网络摄像机配置的主要工作内容。
7. 描述平台端视频监控系统软件配置的主要工作内容。

 拓展与提升

　　在对比纯模拟视频监控系统与数字视频监控系统两者的硬件、软件、传输协议等内容的基础上，探讨当前网络高清智能视频监控系统的未来发展趋势，并对其中可能产生技术突破与产业创新的部分进行重点讨论和分析。

智慧园区入侵和报警设备操作与系统调试

　　在城市智慧园区的安全防范模式中，"人力防范"和"实体防范"模式开始更多地让位于"技术防范"模式。作为"电子防范"体系的重要组成部分，入侵和报警技术日益受到高度重视，成为包括智慧园区在内的城市社会生活不可或缺的重要安全防范手段。

　　本项目以智慧园区入侵和报警设备的操作与系统调试为载体，通过设置四个典型工作任务，即知晓入侵和紧急报警系统、熟悉常用的智慧园区入侵探测器、熟悉智慧园区入侵紧急报警控制器和熟悉入侵报警传输及系统应用，要求完成各任务相应的设备操作与系统调试实训工作。通过本项目任务的实践，使学习者能够在理解智慧园区入侵和报警基本知识的基础上，具备对入侵和报警设备的基本操作和系统调试的技能。项目三的任务点思维导图如图 3-1 所示。

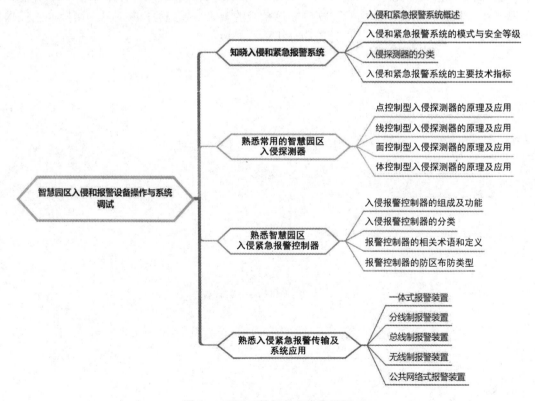

图 3-1　项目三的任务点思维导图

任务 3-1　知晓入侵和紧急报警系统

任务情境

　　故宫内的石海哨(也叫石别拉)，被认为是我国较早安装使用的一类报警设备(如图 3-2 所示)。据史料记载，清顺治帝命侍卫府在外朝、内廷各门安装了不少石海哨，分内、外、前三围，需要报警时，将喇叭插入石孔内，三围的石海哨就会先后被吹响。每当遇到外敌入侵、战事警报或是火灾时，守兵便用三寸长的小铜角(一种牛角状的喇叭)插入石海哨上的小孔，使劲吹，铜角发出的声音会通过石海哨放大，类似"呜、呜"的螺声，浑厚嘹亮，并会传遍整个紫禁城。于是，这些并不起眼的石头，就构成了故宫紫禁城的警报网络。

图 3-2　故宫的报警器——石海哨

　　随着时代的变迁和快速发展，入侵探测、入侵紧急报警、紧急报警等模式及其技术原理均发生了很大的变化。现代意义上的入侵探测和报警技术与电子、控制、网络、计算机等先进的信息技术紧密相联。入侵与报警产品在功能和结构上更趋复杂、精密和可靠，已经渗透到社会生活的各个角落，为保障人民的生命财产安全发挥着重要作用。

　　本次学习任务要求通过对入侵和报警系统的调查分析，学习者能够较好地理解入侵和报警系统的基本概念、组成结构、系统模式、安全等级和主要的技术指标等内容，为后面深入学习入侵探测和报警控制技术设备做准备。

学习目标

　　(1) 了解入侵和紧急报警系统的基本概念、组成与发展历程。

　　(2) 熟悉入侵和紧急报警系统的模式及安全等级。

　　(3) 理解入侵探测器的分类方法。

　　(4) 掌握入侵和紧急报警系统的主要技术指标。

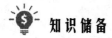

一、入侵和紧急报警系统概述

有关入侵与报警系统有以下几种类型：入侵紧急报警系统(Intruder Alarm System，IAS)，该系统是利用传感器技术和电子信息技术探测并指示进入或试图进入防护范围的报警系统；紧急报警系统(Hold-up Alarm System，HAS)，该系统是由用户主动触发紧急报警装置的报警系统；入侵和紧急报警系统(Intrusion and Hold-up Alarm System，I&HAS)，该系统是兼有入侵紧急报警和紧急报警的报警系统。

1. 入侵与报警系统的组成

一个标准的入侵与报警系统由前端设备、传输系统和报警管理系统三部分构成。图 3-3 为该系统的结构示意图。

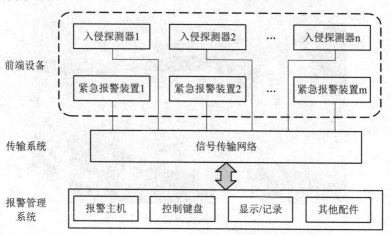

图 3-3　入侵与报警系统结构示意图

前端设备主要包括入侵探测器和紧急报警装置，是入侵与报警系统的感知部分。其主要功能是实现对入侵事件的自动探测、数据上传和接收控制信号等，对探测结果的分析可以放在前端设备，也可以在报警管理系统进行处理。前端设备中除了入侵探测器，还包括紧急报警装置，如各类声、光、电报警终端。

传输系统是沟通前端设备与报警管理系统的桥梁，具有上传下达的功能。传输模式总体上可以分为有线传输和无线传输两大类。从广义角度看，传输部分的功能还包括从后端向前端报警探测器供电的能量传输。

报警管理系统主要包括报警主机(即报警处理/控制/管理设备)和相关附件，报警主机通常又被称为报警控制器。报警控制器为报警系统的"大脑"部分，负责处理入侵探测器的感知信号，并通过键盘等设备提供布防与撤防操作来控制报警系统。在报警时有声、光提示，同时还可以通过电话线将警情传送到报警监控中心。报警监控中心负责接收、处理各子系统发来的报警信息、状态信息，并将处理后的报警信息、监控指令分别发往其他管理中心和相关子系统。

2. 入侵与报警系统的发展

在入侵与报警系统的发展过程中，入侵探测与报警技术的发展至关重要。早期的犯罪分子直接入侵盗窃或犯罪场所，人们据此研制出开关式防盗报警探测器。这种报警器结构简单，安装使用方便，可以安装在门、窗、保险柜及抽屉上或贵重物品下面，当犯罪分子打开门窗、抽屉或取走贵重物品时，就会引起开关状态的改变，从而触发报警器报警。

随着时间的推移，在犯罪分子逐步了解开关报警器的工作原理后，他们在作案时不再从门窗进入，而是挖墙打洞进入。为了有效对付这类犯罪方式，人们研制出玻璃破碎报警器和振动报警器。当犯罪分子试图打碎门窗玻璃或在墙上挖洞进入室内时，就会引起玻璃破碎报警器或振动报警器报警。

后来，人们发现有的盗贼利用某些场所(如博物馆、商店等)白天向人们开放的机会，采用白天躲在这些场所的某些隐蔽角落，晚上闭馆关门后再出来作案的方式，等第二天开门后再偷偷溜走。为了对付这类盗贼，科研人员研制出空间移动报警器(超声波报警器、微波报警器、被动红外报警器、视频报警器等)。空间移动报警器的研制成功是防盗报警技术的一大进步，其特点是：只要所警戒的空间有人活动就会触发报警。早期的空间移动报警器是单技术报警器，最大的缺点是易受环境干扰的影响产生误报警，为了克服单技术报警器误报率较高的缺点，1973 年日本首先提出双技术报警器的设想，但是真正研制出实用的双技术报警器是在 20 世纪 80 年代。双技术报警器是两种不同的探测技术结合在一起，当两者都感应到目标时才会发出报警信号，如果仅其中一种探测技术发现目标则不会报警。双技术报警器发挥了不同探测技术的长处，克服了彼此的缺点，使误报率大为降低，可靠性极大提高，目前应用最多的是微波/被动红外双技术报警器。

近年来，在入侵与报警领域里较先进的一项成果是数字视频报警器。数字视频报警器是随着数字电路技术、计算机技术和电视技术的发展而出现的一种新式报警器。它集视频监控与报警技术于一体，具有监视、报警、复核和图像记录取证等多种功能，适合在不同的环境条件下使用，对防范场所的周界起探测、分析与报警作用。可以预见，数字化、网络化、集成化和智能化是未来入侵与报警系统的发展方向，无论是前端设备还是中心管理系统，在结构、功能上将更趋一体化，从而实现更高的性能价格比。

二、入侵和紧急报警系统的模式与安全等级

1. 入侵和紧急报警系统的模式

按组成方式不同，入侵和紧急报警系统(I&HAS)可分为单一控制指示设备模式(简称单控制器模式)、多控制指示设备本地联网模式(简称本地联网模式)、远程联网模式和集成模式。

1) 单控制器模式

单控制器模式只有一个控制指示设备，该模式下的入侵和紧急报警系统结构如图 3-4 所示。图 3-4 中 I 表示紧急报警装置的数量(I≥0)，J 表示入侵探测器的数量(J≥0)，I 与 J 不能同时为 0，K 表示告警装置的数量(K≥1)，虚线框内的功能部件可以是分立的设备，也可以是组合或集成的一体化设备，另外，通信接口能提供与其他应用系统实现联动的信号或信息。

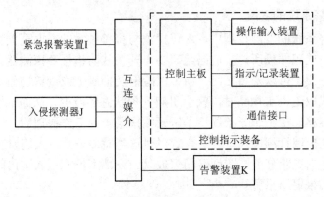

图 3-4 单控制器模式 I&HAS 结构

2) 本地联网模式

本地联网模式下的入侵和紧急报警系统由一个或多个 I&HAS 和本地报警接收中心组成。其结构如图 3-5 所示。

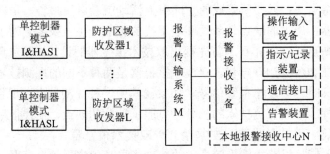

图 3-5 本地联网模式 I&HAS 结构

图 3-5 中，L 表示单控制器模式 I&HAS 及其防护区域收发器(SPT)的数量(L≥1)，M 表示报警传输系统(ATS)的数量(M≥1)，N 表示本地报警接收中心(ARC)的数量(N≥1)。在本地联网模式中，本地报警接收中心位于防护区域内，操作输入设备可以是控制键盘，也可以是计算机，指示/记录装置可以是分立的单独设备，也可以是与报警接收设备集成的一体化设备或计算机的硬盘等。

3) 远程联网模式

远程联网模式下的入侵和紧急报警系统由一个或多个 I&HAS 和一个或多个报警接收中心组成，至少具有一个远程报警接收中心，其结构如图 3-6 所示。

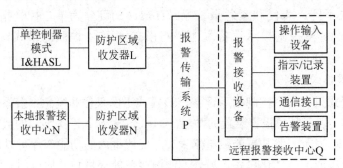

图 3-6 远程联网模式 I&HAS 结构

图 3-6 中，L 表示单控制器模式 I&HAS 及其防护区域收发器(SPT)的数量(L≥1)，N 表示本地报警接收中心(ARC)及其防护区域收发器(SPT)的数量(N≥1)，P 表示报警传输系统(ATS)的数量(P≥1)，Q 表示远程报警接收中心的数量(Q≥1)。在远程联网模式下，远程报警接收中心位于防护区域外，其地理位置相对独立，对其结构体系的设置可以是多级的。

4) 集成模式

在集成模式下，当 I&HAS 与视频监控系统、出入口控制系统等安防子系统集成时，其他安防子系统的故障不应影响 I&HAS 的正常工作。

2. 入侵和紧急报警系统的安全等级

按照性能的不同，入侵和紧急报警系统可分为四个安全等级，分别为等级 1、等级 2、等级 3 和等级 4。其中，第 1 级为最低等级，第 4 级为最高等级。I&HAS 的安全等级取决于系统中安全等级最低的部件等级。

对于单控制器模式，I&HAS 的安全等级取决于单控制器模式 I&HAS 中安全等级最低的部件，而本地联网模式 I&HAS 共享的部件安全等级应与其中安全等级最高的单控制器模式 I&HAS 一致。

等级 1：低安全等级。该等级中入侵者或抢劫者基本不具备 I&HAS 知识，且仅使用常见有限的工具。该等级通常可用于风险低、资产价值有限的防护对象。

等级 2：中低安全等级。该等级中入侵者或抢劫者仅具备少量 I&HAS 知识，懂得使用常规工具和便携式工具(如万用表)。该等级通常用于风险较高、资产价值较高的防护对象。

等级 3：中高安全等级。该等级中入侵者或抢劫者熟悉 I&HAS 知识，可以使用复杂工具和便携式电子设备。该等级通常用于风险高、资产价值高的防护对象。

等级 4：高安全等级。该等级中入侵者或抢劫者具备实施入侵或抢劫的详细计划和所需的能力或资源，具有所有可获得的设备，且懂得替换 I&HAS 部件的方法。本等级的安全性优先于其他所有要求。该等级通常用于风险很高、资产价值很高的防护对象。

在所有等级中，"入侵者"的定义也包含其他威胁类型(如抢劫或人身暴力等威胁，因为会影响 I&HAS 的设计)。

三、入侵探测器的分类

可从入侵探测器的传感器种类、工作方式、警戒范围、探测信号传输方式、应用场景等不同角度对入侵探测器进行分类。

1. 按传感器种类分类

按传感器的不同种类，即按传感器探测的物理量来区分，常用的入侵探测器有磁控开关入侵探测器、振动入侵探测器(如图 3-7 所示)、超声波入侵探测器、次声波入侵探测器、被动红外入侵探测器(如图 3-8 所示)、主动红外入侵探测器(如图 3-9 所示)、微波入侵探测器和双技术入侵探测器等。常用的入侵探测器大多是按传感器的种类来命名的。

图 3-7　振动入侵探测器　　　图 3-8　被动红外入侵探测器　　　图 3-9　主动红外入侵探测器

2. 按工作方式分类

按入侵探测器的工作方式分类，有被动式入侵探测器和主动式入侵探测器两种。被动式入侵探测器有被动红外入侵探测器、振动入侵探测器、声控入侵探测器、视频移动探测器等。主动式入侵探测器有微波入侵探测器、主动红外入侵探测器、超声波入侵探测器等。

被动式入侵探测器在工作时不需向探测现场发出信号，而是对被测物体自身存在的能量进行检测。警戒时，在传感器上输出一个稳定的信号，当出现入侵情况时，稳定信号被破坏，输出带有报警信息，经处理发出报警信号。例如，当被测物体移动时，被动红外入侵探测器通过热电传感器能检测出被测物体发射的红外线能量，检测出周围环境温度与移动的被测物体表面温度差的变化，从而触发探测器的报警输出。所以，被动红外入侵探测器是被动式入侵探测器。

主动式入侵探测器在工作时，探测器要向探测现场发出某种形式的能量，经反射或直射在接收传感器上形成一个稳定信号，当出现入侵情况时，稳定信号被破坏，输出带有报警信息，经探测器处理发出报警信号。例如，微波入侵探测器，由微波发射器发射微波能量，在探测现场形成稳定的微波场，一旦移动的被测物体入侵，稳定的微波场便遭到破坏，微波接收机接收这一变化后，即输出报警信号。所以，微波入侵探测器是主动式探测器。主动式探测器的发射装置和接收装置可以在同一位置，如微波入侵探测器；也可以在不同位置，如对射式主动红外入侵探测器。

3. 按警戒范围分类

按警戒范围入侵探测器可分为点控制型入侵探测器、线控制型入侵探测器、面控制型入侵探测器和空间控制型入侵探测器，如表 3-1 所示。

表 3-1　按警戒范围分类的探测器

警戒范围	探测器种类
点控制	磁控开关入侵探测器、微动开关入侵探测器、压力传感器
线控制	主动红外入侵探测器、激光入侵探测器
面控制	振动入侵探测器、声控/振动型双技术入侵探测器
空间控制	雷达式微波入侵探测器、墙式微波入侵探测器、微波/被动红外双技术入侵探测器、被动红外入侵探测器、声控入侵探测器、声控型单技术玻璃破碎探测器、次声波/高频声响双技术玻璃破碎探测器、泄漏电缆探测器、振动电缆入侵探测器等

点控制型入侵探测器是指警戒范围仅是一个点的探测器，如安装在门窗、柜台、保险柜的磁控开关探测器，当这一警戒点出现危险情况时，即发出报警信号。磁控入侵开关和微动开关入侵探测器、压力传感器常用作点控制型入侵探测器。

线控制型入侵探测器的警戒范围是一条直线，当这条警戒线上出现危险情况时，探测器发出报警信号，如主动红外入侵探测器或激光入侵探测器。

面控制型入侵探测器的警戒范围为一个面，如仓库、农场的周界围网等。当警戒面上出现危险时，立即发出报警信号，如将振动入侵探测器装在一面墙上，当这个墙面上任何一点受到振动时，立即发出报警信号。振动入侵探测器、栅栏式被动红外入侵探测器、平行线电场畸变探测器等常用作面控制型入侵探测器。

空间控制型入侵探测器的警戒范围是一个空间，如档案室、资料室等。当这个警戒空间内的任意处出现入侵危险时，立即发出报警信号。如在微波入侵探测器所警戒的空间内，入侵者从门窗、天花板或地板的任何一处入侵其中，探测器都会产生报警信号。声控入侵探测器、超声波入侵探测器、微波入侵探测器、被动红外入侵探测器、微波红外复合入侵探测器等探测器常用作空间控制型入侵探测器。

4. 按探测信号传输方式分类

按探测信号传输方式划分，入侵探测器可分为有线入侵传输探测器和无线入侵传输探测器两类。探测信号由传输线(如双绞线、多芯线、电话线、电缆等)来传输的探测器，称为有线入侵传输探测器。在防范现场很分散或不便架设传输线的情况下，探测信号经调制后由空间电磁波来传输的探测器，称为无线入侵传输探测器。

5. 按应用场景分类

按应用场景分类，入侵探测器可分为室外入侵探测器和室内入侵探测器两种。

室外入侵探测器又可分为建筑物外围探测器和周界探测器。周界探测器用于防范区域的周界警戒，是防范入侵者的第一道防线，如泄漏电缆探测器、电子围栏式周界探测器等。建筑物外围探测器用于防范区域内建筑物的外围警戒，是防范入侵者的第二道防线，如主动红外入侵探测器、室外微波入侵探测器、振动入侵探测器等。

室内入侵探测器是防范入侵者的最后一道防线，如微动开关入侵探测器、振动入侵探测器、被动红外入侵探测器等。

四、入侵和紧急报警系统的主要技术指标

1. 探测范围

探测范围即入侵探测器所防范的区域，又被称为工作范围，如探测距离、探测视场角、探测面积或体积。点控制型入侵探测器的工作范围是一个点，如磁控开关入侵探测器。线控制型入侵探测器的工作范围是一条线，如主动红外入侵探测器，它的工作范围有 0~50 m、0~100 m、0~150 m 等。面控制型入侵探测器的工作范围是一个面，如某型号的振动探测器工作范围是半径为 10 m 的圆。空间控制型入侵探测器的工作范围是一个立体空间，目前主要有两种形式的空间探测器，一是工作范围充满整个防范空间，如声控入侵探测器、次声控入侵探测器等；另一种是不能充满整个防范空间的探测器，这种探测器的工作范围常用最大工作距离、水平角、垂直角表示，如某型号的被动红外探测器的工作范围的最大工作距离为 15 m、水平角为 102°、垂直角为 42.5°。微波/被动红外线双技术入侵探测器、微波多普勒入侵探测器等都属于这类空间探测器。

探测器的工作范围与 I&HAS 的工作范围有时会不一样，因为电压的波动、系统的使

用环境及使用年限等都可能对探测器的探测范围产生影响。例如，电压波动超出了设备正常工作的要求值，就可能出现探测范围的加大或缩小；埋入地下的振动入侵探测器(地音探测器)，受填埋介质(土壤、水泥等)的性质影响也很大。又如，若相对湿度超出了声控入侵探测器的工作要求值，其探测范围就可能加大或缩小。

有些探测器的探测范围是可以适当调节的。例如，微波多普勒入侵探测器，使用中应适当调节工作范围，既不能超过防护范围(易误报警)，又不能小于防护范围(可能造成漏报警)。

2. 探测灵敏度

探测灵敏度是指能使探测器发出报警信号的最低门限信号或最小输入探测信号。该指标反映了探测器对入侵目标产生报警的反应能力。

探测器的灵敏度一般按下列方法调节：以正常着装人体为参考目标，双臂交叉在胸前，以 0.3～3 m/s 的任意速度在探测区内横向行走(此时探测器的灵敏度最高)，连续运动不到三步，探测器应产生报警。对于线控制型入侵探测器，如主动红外入侵探测器，其设计的最短遮光时间(灵敏度)多是 40～700 ms，在墙上端使用时，一般是将最短遮光时间调至 700 ms 附近，以减少误报警；当用红外光束构成电子篱笆时，就应将最短遮光时间调至 40 ms，即最高灵敏度。探测器的灵敏度也会受设备使用年限、环境因素、电压波动等的影响。

3. 探测可靠性

在实际工作中，一般采用探测率、漏报率、误报率与平均无故障工作时间来评估 I&.HAS 的可靠性。

1) 探测率

探测率即入侵探测器在探测到入侵目标后实际报警的次数占应报警次数的百分比，用公式可表示为

$$探测率 = \frac{因出现危险情况而报警的次数}{出现危险情况的次数} \times 100\%$$

2) 漏报率

入侵探测器在探测到有入侵目标时应该发出报警信号，但是由于种种原因可能发生漏报警情况。漏报率即漏报警次数占应报警次数的百分比，用公式可表示为

$$漏报率 = \frac{出现危险情况未报警的次数}{出现危险情况的次数} \times 100\%$$

探测率和漏报率的和是 100%。这说明探测率越高，漏报率越低。

3) 误报率

当没有发生入侵目标出现，而探测器却发出报警信号的现象为误报警。误报率即误报警的次数与报警总数的比值，用公式可表示为

$$误报率 = \frac{误报警次数}{报警总数} \times 100\%$$

4) 平均无故障工作时间

某类产品出现两次故障时间间隔的平均值，称为平均无故障工作时间。按现行的国家标准 GB 10408.1—2000《入侵探测器第 1 部分：通用要求》规定：探测器设计的平均无故

障工作时间(MTBF)在正常工作条件下至少为 60 000 h,并应按照 IEC271 和 IEC300 的规定进行。质量合格的产品在平均无故障工作时间内其功能、指标一般都是比较稳定的,如果工作年限超过了平均无故障工作时间,其故障率以及各项功能指标将无保证。

4. 防破坏保护要求

入侵探测器及报警控制器应装有防拆开关,当打开外壳时应输出报警信号或故障信号。当系统的信号线路发生断路、短路或并接其他负载时,应发出报警信号或故障信号。

5. 系统响应时间

I&.HAS 的响应时间应符合下列要求:

(1) 分线制、总线制和无线传输的入侵紧急报警系统的响应时间不大于 2 s。

(2) 基于市话网电话线传输的入侵紧急报警系统的响应时间不大于 20 s。

6. 供电及备用电要求

I&.HAS 宜采用集中供电方式。当电源电压在额定值的±10%范围内变化时,入侵探测器及报警控制器均应正常工作,且性能指标符合要求。使用交流电源供电的系统应根据相应标准和实际需要配有备用电源,当交流电源断电时,应能自动切换到备用电源供电,当交流电恢复后又可对备用电源充电。

7. 稳定性与耐久性要求

I&.HAS 在正常气候环境下连续工作七天,其灵敏度和探测范围的变化不应超过±10%。系统在额定电压和额定负载电流下进行警戒、报警和复位,循环 6000 次,应无电故障或机械的故障,也不应有器件损坏或触点黏连现象。

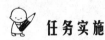 **任务实施**

实训 3-1　入侵与紧急报警系统的调查分析

1. 实训目的

(1) 认识入侵与紧急报警系统的基本概念、组成及发展历程。

(2) 理解入侵与紧急报警系统的模式与安全等级。

(3) 掌握入侵与紧急报警系统的主要技术指标。

2. 实训器材

(1) 设备:电脑。

(2) 工具:office 软件、网络。

(3) 材料:智慧园区入侵与报警系统的相关资料。

3. 实训步骤

(1) 结合实训目的,拟定本次实训的工作计划。

(2) 根据拟定的关键词,运用文献法收集相关资料。

(3) 撰写调查报告,注意报告内容撰写的规范性。

(4) 根据调查报告,制作汇报用的 PPT 文档。

4．实训成果

(1) 完成调查报告。

(2) 完成调查汇报 PPT 的制作。

 评价与考核

一、任务评价

任务评价见表 3-2。

表 3-2　实训 3-1 任务评价

考核项目	评价要点	学生自评	小组互评	教师评价	小计
调查报告	文献检索方法				
	资料内容的翔实性				
	资料整理与报告撰写结果				
PPT 汇报	PPT 版式设计				
	汇报条理是否清晰				
	团队配合是否默契				

二、任务考核

1．简述入侵与紧急报警系统的概念。

2．描述入侵与紧急报警系统的组成。

3．简述入侵与紧急报警系统的发展历程。

4．入侵与紧急报警系统的安全分为哪几个等级？

 拓展与提升

结合调查分析以及我国智慧园区建设的现状，谈谈入侵与紧急报警系统发展的主要影响因素，以及我国智慧园区未来应用入侵与紧急报警系统的发展趋势。

任务 3-2　熟悉常用的智慧园区入侵探测器

 任务情境

入侵探测器通常又被称报警器，是整个入侵紧急报警系统的前端核心设备。报警系统通过入侵探测器形成足够的防范空间，因此该设备必须具有适当的灵敏度，以便能完成对防范空间的封闭和异常情况(可能为入侵)的及时、可靠和准确响应。

本次学习任务安排了两个具有代表性的实训作业，分别是点控制型和面控制型入侵探测器的安装与测试。通过这两个实训任务，使学习者能够较好地掌握常用的智慧园区入侵探测器的工作原理与安装接线技能。

 学习目标

(1) 熟悉常见的点控制型入侵探测器工作原理。
(2) 熟悉常见的线控制型入侵探测器工作原理。
(3) 熟悉常见的面控制型入侵探测器工作原理。
(4) 理解常见的空间控制型入侵探测器工作原理。
(5) 知晓常见的入侵探测器的应用要求。
(6) 具备智慧园区入侵探测器的安装接线技能。

 **知识储备**

一、点控制型入侵探测器的原理及应用

所谓点控制型入侵探测器,是指用于防区某些关键点位的入侵探测器。点控制型入侵探测器的典型代表为各类开关探测器。开关探测器是通过各种类型开关的闭合或断开来控制电路的通和断,从而触发报警功能,一般安装在门、窗等处,是一种结构比较简单,使用也比较方便、经济的报警器。

常用的开关探测器有磁控开关、微动开关、紧急报警开关、压力垫或用金属丝、金属条、金属箔等来代用的多种类型的开关。它们可以将压力、磁场力、位移等物理量的变化转换为电压或电流的变化。开关探测器发出报警信号的方式有两种:一种是开路报警方式;另一种是短路报警方式。

1. 磁控开关探测器

1) 磁控开关探测器的组成及工作原理

磁控开关探测器俗称磁开关或者门(窗)磁,由永久磁铁及干簧管(又称磁簧管或磁控管)两部分组成,如图 3-10 所示。磁控开关探测器的核心部件是一个内部充有惰性气体的玻璃管,其内装有两个金属簧片,形成触点 A 和 B。当永久磁铁相对于干簧管移开至一定距离时,能引起开关状态发生变化,控制电路发出报警信号。入侵紧急报警系统主要使用常开式干簧管。磁控开关触点工作的可靠性和寿命非常高,一般可靠通断的次数可达 10^8 次以上。

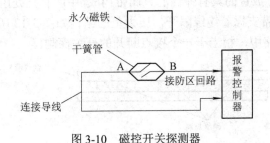

图 3-10　磁控开关探测器

2) 磁控开关探测器的应用

磁控开关的安装方式有明装和暗装，可根据人员流动性大小选择不同安装方式的磁控开关。在人员流动性大的场合选择暗装方式，可有效防止不法分子行窃前的破坏；在人员流动小的场合，则可以选择明装方式以减少施工量。

磁控开关探测器的安装使用须注意：

(1) 要经常注意检查永久磁铁的磁性是否减弱，如果减弱很可能会导致开关失灵。

(2) 一般普通的磁控开关不宜在钢、铁物体上直接安装，这样会使磁性削弱，缩短磁铁的使用寿命。

由于磁控开关探测器的体积小、耗电少、使用方便、价格便宜、动作灵敏，抗腐蚀性能又好，比其他机械触点的开关寿命要长，因此得以广泛应用。

2. 微动开关探测器

1) 微动开关探测器的工作原理

微动开关探测器被做成一个整体部件，需要靠外部的作用力通过传动部件的带动，将内部簧片的接点接通或断开，如图 3-11 所示。

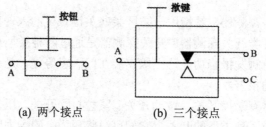

(a) 两个接点　　　　　　(b) 三个接点

图 3-11　微动开关探测器示意图

2) 微动开关探测器的特点及应用

微动开关探测器的优点是结构简单、安装方便、价格便宜、防震性能好、触点可承受较大的电流，而且可以安装在金属物体上；缺点是抗腐蚀性及动作灵敏程度不如磁控开关探测器。紧急报警按钮开关是用于入侵与报警系统中最典型的一种微动开关探测器。当在银行、家庭、机关、工厂等各种场合出现入室抢劫、盗窃等险情或其他异常情况时，往往需要采用人工操作来实现紧急报警，这时就可采用紧急报警按钮开关和脚挑式或脚踏式开关。一般来讲，紧急按钮因为是人为触发，所以紧急报警信号的优先级别最高。

3. 其他开关探测器

1) 压力垫开关探测器

压力垫由两条平行放置的具有弹性的金属带构成，中间有几处用很薄的绝缘材料(如泡沫塑料等)将两条金属带支撑着绝缘隔开，压力垫的结构如图 3-12 所示。金属带 A 和金属带 B 分别接到报警电路中，相当于一个接点断开的开关探测器。

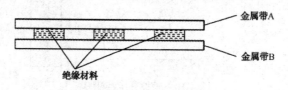

图 3-12　压力垫的结构

压力垫通常放在窗户、楼梯和保险柜周围的地毯下面。当入侵者踏上地毯时，人体的压力会使两条金属带相通，使终端电阻被短路，从而触发报警，其工作原理如图 3-13 所示。

图 3-13　压力垫的工作原理

2) 导电体断裂式开关探测器

导电体断裂式开关探测器的工作原理是利用金属丝、金属条、导电性薄膜等导电体原先的导电性，当导电体断裂时相当于不导电，即产生了开关的变化状态，可以作为简单的开关，但导电体断裂式开关探测器具有一次性特点。

导电体断裂式开关探测器具有结构简单、稳定可靠、抗干扰性强、易于安装与维修、价格低廉等优点，因此得以广泛应用。

二、线控制型入侵探测器的原理及应用

线控制型入侵探测器是指用于防区线型边界的入侵探测器。在入侵探测中，防区周界线的入侵探测非常重要，常用的典型产品包括主动红外入侵探测器和高压脉冲电子围栏。

1. 主动红外入侵探测器

1) 主动红外入侵探测器的组成及工作原理

主动红外入侵探测器由发射机和接收机组成，是一种红外线光束遮挡型报警器，其工作原理如图 3-14 所示。其中，红外发射机包括电源、发光源和光学系统；红外接收机包括光学系统、光电传感器、放大器、信号处理器。

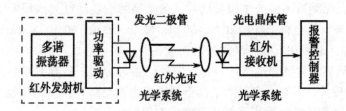

图 3-14　主动红外入侵探测器的工作原理

红外发射机通常采用红外发光二极管作为光源。红外发射机中的红外发光二极管在电源的激发下，发出一束经过调制的红外光束，经过光学系统的作用将其变成平行光再发射出去。此光束被红外接收机接收，由红外接收机的红外光电感应器把光信号换成电信号，经过电路处理后传给报警控制器。红外发光二极管的主要优点是体积小、质量轻、寿命长，交、直流电均可使用，并可用晶体管和集成电路直接驱动。红外发射机所发红外光束有一定发散角，如图 3-15 所示。

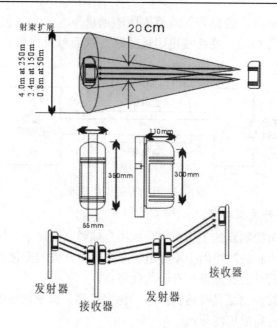

图 3-15　红外探测器发散角示意图

从图 3-15 中可以看出，由于光束有一定的发散角，红外发射机和红外接收机的距离越远，接收端光束的覆盖面就越大，因此单光束红外入侵探测器容易受外界的干扰而误报警，在实际应用中遇到小鸟、落叶等遮挡时，很容易造成误报。目前，除单光束红外入侵探测器外，还有双光束、四光束、多光束栅式红外入侵探测器，当入侵物遮挡双光束(四光束)的全部或按设定遮挡百分比的时候才报警，提高了报警的准确率。

2) 主动红外入侵探测器的性能及应用

主动红外入侵探测器的灵敏度主要以最短遮光时间来描述。主动红外入侵探测器响应时间在安装使用中应要特别注意。根据国家标准 GB 10408.4—2000，一般入侵探测器的光束被遮挡的持续时间≥(40±10%)ms 时，探测器应产生报警信号；光束被遮挡的持续时间≤(20±10%)ms，探测器不应产生报警信号。各个品牌的主动红外入侵探测器都有不同的型号，其探测距离一般会有 10 m、20 m、30 m、40 m、50 m、60 m、80 m、100 m、150 m、200 m、300 m 等。选用和安装主动红外对射设备时还需要注意：

(1) 要根据周界条件选择适当的设备。室外设备对防水、防潮要求高；主动红外入侵探测器受雾影响较大，多雾、多风沙条件下不宜使用主动红外入侵探测器；应根据防范现场最低、最高温度和持续时间来选择主动红外入侵探测器。

(2) 红外发射机与红外接收机之间的红外光束要对准；在围墙上安装时应让光束距墙壁25～30 cm，多组探测器同时使用时应将频率调至不同档位，以免相互干扰；警戒线内不能有遮挡物，如树木、枝叶等；同一警戒面安装多组红外对射时应避免交叉接收；设备接入处要做好密封防水；主动红外接收机应尽量避免长时间被阳光照射，否则易引起误报警。

2. 高压脉冲电子围栏

1) 高压脉冲电子围栏的工作原理

高压脉冲电子围栏已成为一种新型的智能周界报警产品，适用于许多场合的周界入侵紧急报警系统。高压脉冲电子围栏推广、应用的安防理念是"阻挡为主，报警为辅"，具有探测、延迟和反应三大防护特性。

高压脉冲电子围栏前端部分一般是由受力柱和一些金属线组成，形成一个有形屏障；高压脉冲控制主机给前端围栏发射高压脉冲信号，高压脉冲在围栏上形成一个回路，脉冲控制主机实时监测脉冲电流的变化情况。

当有不法分子非法翻越或破坏围栏时，或有短路或断路的情况发生时，电子围栏系统可检测到脉冲电流的变化，当即发出高压脉冲进行阻击，拒入侵者于围栏外，有效防范不法分子的入侵行为；同时脉冲控制主机将探测到警情发出报警信号传给控制中心。

2) 高压脉冲电子围栏的组成及应用

高压脉冲电子围栏主要由围栏周界前端探测器和脉冲控制主机组成。周界前端探测器包括探测围栏、有防区终端受力杆、防区区间受力杆、防区区间支撑杆围栏合金导线、警示牌、紧线器等。脉冲控制主机是产生和接收高压脉冲信号的设备。高压脉冲电子围栏主机输出符合国际/国家标准的各种电压指标，如低频低能量高电压的脉冲电压为(5000~10 000 V)。由于脉冲电压作用时间极短，因此不会给人体造成伤害。图 3-16 为高压脉冲电子围栏系统结构示意图。

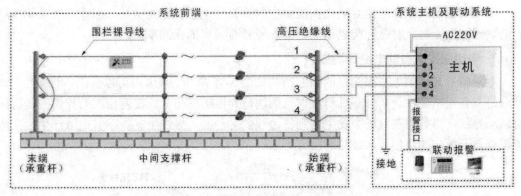

图 3-16 高压脉冲电子围栏系统结构示意图

高压脉冲电子围栏系统有别于传统的高压电网，并能智能识别出入侵位置并给予有效阻拦，不会造成人身伤害。高压脉冲电子围栏控制主机的误报率低、适应性强，不受地形高低和边界曲折形状的限制，可随意调节输出的脉冲电压，适用于各种不同防范等级要求的场所。

三、面控制型入侵探测器的原理及应用

面控制型入侵探测器是指用于防区某个面状区域的入侵探测器。面控制型入侵探测器主要以振动入侵探测器为主，常见的振动入侵探测器有电动式振动入侵探测器、电磁感应式振动电缆探测器和压电晶体振动探测器等多种类型。

1. 电动式振动入侵探测器

电动式振动入侵探测器由永久磁铁、线圈或导体及其他附件组成，当外壳受到振动时，就会使永久磁铁和线圈之间产生相对运动。由于线圈中的磁通不断地发生变化，根据电磁感应定律，在线圈两端就会产生感应电动势，此电动势的大小与线圈中磁通的变化率成正

比，即

$$E = -N \frac{d\Phi}{dt}$$

式中，Φ 为线圈的磁通量，N 为线圈的匝数。

将线圈与报警电路相连，当感应电动势的幅度大小与持续时间满足报警要求时，即可发出报警信号。电动式振动入侵探测器的结构如图 3-17 所示。

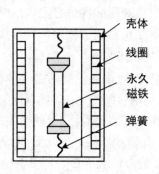

图 3-17　电动式振动入侵探测器的结构

电动式振动入侵探测器对磁铁在线圈中的垂直加速位移尤为敏感。因此，当安装在周界的钢丝网面上时，对强行爬越钢丝网的入侵者有极高的探测率。

2. 电磁感应式振动电缆探测器

电磁感应式振动电缆探测器的断面结构如图 3-18 所示。从图中可以看出，电缆的主体部分是充有永久磁性的韧性磁性材料，且两边是异性磁极相对，在两相对的异性磁极之间有活动导线，当导线在磁场中发生切割磁力线的运动时，导线中就有感应电流产生，探测器提取这一变化的电信号，经处理后方可实现报警。

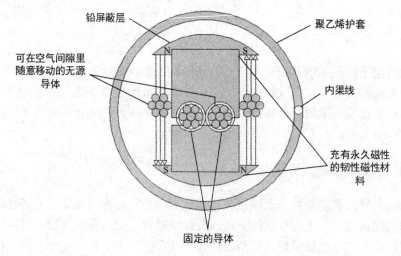

图 3-18　电磁感应式振动电缆探测器的断面结构

电磁感应式振动电缆探测器的主要特点和安装使用要点如下：

(1) 振动电缆安装简便，可安装在防护栏、防护网或墙上，也可埋入地下使用。

(2) 电磁感应式振动电缆探测器属于被动式入侵探测器，无发射源、阻燃、防爆，十分适合在易燃易爆的仓库、油库等不宜直接接入电源的场所安装使用。

(3) 振动电缆使用时不受地形地貌的限制，对气候的适应性很强，可在室外较恶劣的自然环境和高、低温环境下正常工作。

(4) 从技术指标上来看，振动电缆的控制主机可控制多个区域，每个区域的电缆长度可达 1000 m。但在实际应用中，若以 1000 m 长的周界划分区域，会因警戒区太长，报警后不能很快确定入侵者的位置而延误后期的行动。所以，只要条件许可，应多划分几个探测区段，即尽量缩短每个区域所控制的电缆长度。

(5) 有些电磁感应式振动电缆探测器还具有监听功能。当周界屏障受到钳剪、撞击、攀爬等破坏而引起机械振动时，探测器在发生报警信号的同时还可监听现场的声音。

3. 压电晶体振动探测器

压电晶体是一种特殊的晶体，当沿着一定方向受到外力作用时，内部就会产生极化现象，同时在某两个表面上便产生符号相反的电荷。当作用力方向改变时，电荷的极性也随着改变，且晶体受力所产生的电荷量与外力的大小成正比。上述现象称为正压电效应，压电晶体振动探测器就是基于这种效应来完成探测任务的，其工作原理如图 3-19 所示。

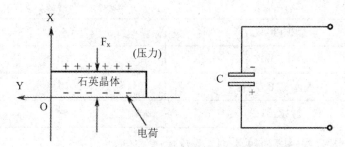

图 3-19　压电晶体振动探测器的工作原理

在室内使用时，压电晶体振动探测器可用来探测墙壁、天花板以及玻璃破碎时所产生的振动信号。例如，将压电晶体振动探测器贴在玻璃上，可用来探测划刻玻璃时产生的振动信号，将此信号送入信号处理电路(如高通放大电路等)后，即可发出报警信号。在室外使用时，可以将其固定在栅网的桩柱上，以探测入侵者在地面上行走时产生的压力变化，并产生报警。

四、体控制型入侵探测器的原理及应用

体控制型入侵探测器又被称为空间控制型入侵探测器，比点、线、面控制型入侵探测器的警戒范围更大，在提高探测率的同时，可以大大降低误报率。体控制型入侵探测器包括被动红外入侵探测器、微波探测器、声控探测器、双鉴探测器和视频移动探测器等类型。

1. 被动红外入侵探测器

被动红外入侵探测器(Passive Infrared Detectors，PIR)不需要附加红外辐射光源，本身不向外界发射任何能量，而是由探测器直接探测来自移动目标的红外辐射。常见的被动红外入侵探测器外形如图 3-20 所示。

(a) 壁挂式被动红外入侵探测器　　　　(b) 吸顶式被动红外入侵探测器

图 3-20　被动红外入侵探测器外形

1) 自然界物体的红外辐射特性

自然界中的任何物体都可以被看作是一个红外辐射源。人体辐射的红外峰值波长约为 10 μm。物体表面的温度越高，其辐射的红外线波长越短。也就是说，物体温度决定了其红外辐射的峰值波长，不同温度下物体的红外辐射峰值波长如表 3-3 所示。

表 3-3　不同温度下物体的红外辐射峰值波长

物体温度	红外辐射的峰值波长/μm
573K(300℃)	5
373K(100℃)	7.8
人体(37℃左右)	10
273K(0℃)	10.5

2) 被动红外入侵探测器的组成及工作原理

被动红外入侵探测器由光学系统、热释电传感器(或称为红外传感器)、信号处理器以及报警控制器等部分组成，如图 3-21 所示。

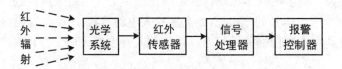

图 3-21　被动红外入侵探测器的基本组成

被动红外入侵探测器有两个关键性元件：一个是菲涅尔透镜，另一个是热释电传感器。自然界中任何高于绝对温度(273K)的物体都会产生红外辐射，不同温度的物体释放的红外能量波长也不同。人体有恒定的体温，与周围环境温度存在差别。当人体移动时，这种差别的变化通过菲涅尔透镜被热释电传感器检测到，从而输出报警信号。菲涅尔透镜有两个作用：一个是将热释的红外辐射折射或反射到热释电传感器上；另一个是将探测区域分成若干个明区和暗区，当人体在探测范围内移动时，会依次进入菲涅尔透镜的视区，人体的移动能以温度变化的形式在热释电传感器上产生连续变化的信号。

被动红外入侵探测器的计数方法总体上包括两大类。其一是采用模拟脉冲计数，即探测器是计量输出信号超过阈值的时长。如果放大器的输出超过阈值的时间长度达到预设值,就会引发一个报警信号。脉冲计数一般都有 1～3 级可调。脉冲计数为 1 时,探测器灵敏度极高;脉冲计数为 3 时,探测器灵敏度较低,但防误报能力较强。其二是采用数字脉冲计数,即探测器通过数字计数,计量入侵者从一开始所触发扇区触发沿的个数,根据事先设置的数字脉冲计数个数而触发报警信号。

3) 被动红外入侵探测器的分类

被动红外入侵探测器的主要应用类型主要有单波束型被动红外入侵探测器及多波束型被动红外入侵探测器两种。

(1) 单波束型被动红外入侵探测器。单波束型被动红外入侵探测器采用反射聚焦式光学系统。它是利用曲面反射镜将来自目标的红外辐射汇聚在红外传感器上,其工作原理如图 3-22 所示。

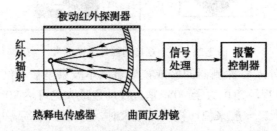

图 3-22　单波束型被动红外入侵探测器的工作原理

这种探测器的警戒视场角较窄,一般仅在 5°以下。但作用距离较远,可长达数百米。因此,单波束型被动红外入侵探测器又称直线远距离控制型被动红外入侵探测器,它适合用来保卫狭长的走廊和通道以及封锁门窗和围墙等,单波束型被动红入侵外探测器的探测范围如图 3-23 所示。

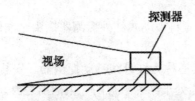

图 3-23　单波束型被动红外入侵探测器的探测范围

(2) 多波束型被动红外入侵探测器。多波束型被动红外入侵探测器采用透镜聚焦式光学系统。它是利用特殊结构的透镜装置,将来自广阔视场范围的红外辐射经透射、折射、聚焦后汇集在红外传感器上。目前,多采用性能优良的红外塑料透镜——多层光束结构的菲涅耳透镜。某种三层光束结构的多视场菲涅耳透镜组的结构如图 3-24 所示。

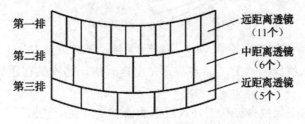

图 3-24　多视场菲涅耳透镜组的结构

红外透镜镜头有一般的广角镜头式，也有形成垂直整体形幕帘式，以及小角度长距离视场与大角度近距离视场的组合式等。图 3-25 所示为不同规格的红外透镜镜头。

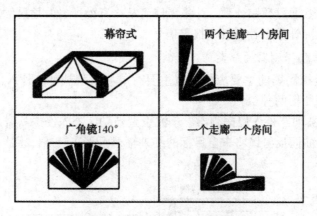

图 3-25　不同规格的红外透镜镜头

多波束型被动红外入侵探测器的警戒视场角比单波束型被动红外入侵探测器的警戒视场角要大得多。水平视场角可大于 90°，垂直视场角最大也可达 90°。但其作用距离较近，一般只有几米到十几米。一般来说，视场角增大时，作用距离将减小。因此，多波束被动红外入侵探测器又称大视角短距离控制型被动红外入侵探测器。

4) 被动红外入侵探测器的主要特点及安装使用要点

被动红外入侵探测器的主要特点及安装使用要点如下：

(1) 被动红外入侵探测器主要用于室内，属于空间控制型入侵探测器。

(2) 由于红外线的穿透性能较差，在监控区域内不应有障碍物，否则会造成探测"盲区"。

(3) 为了防止误报警，不应将被动式红外探测器探头对准任何温度会快速改变的物体，特别是发热体。

(4) 被动红外入侵探测器亦称为红外线移动探测器。安装时应使探测器具有最大的警戒范围，使可能的入侵者都能处于红外警戒的光束范围之内，并使入侵者的活动有利于横向穿越光束带区，这样可以提高探测器的灵敏度(见图 3-26)。

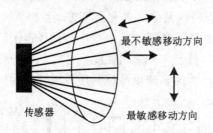

图 3-26　被动红外入侵探测器探测入侵者的敏感方向

(5) 被动红外入侵探测器的产品多数都是壁挂式的，需安装在距离地面 2～3 m 的墙壁上。

(6) 在同一室内安装数个被动红外入侵探测器时，不会产生相互之间的干扰。

(7) 安装过程中应注意保护菲涅耳透镜。

2. 微波探测器

1) 微波的主要特点

微波是一种波长很短的电磁波，波长 1 mm～1 m，是分米波、厘米波、毫米波和亚毫米波的统称。微波频率从 300 MHz 到 300 GHz，且沿直线传播，很容易被反射。由于微波的波长很短，因此可以用尺寸较小的天线(如喇叭天线和抛物面天线)把电磁波集中成为束，像探照灯的光束那样做定向传送，如图 3-27 所示。

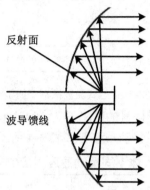

反射面

波导馈线

图 3-27　微波的定向传送

微波对一些非金属材料(如木材、玻璃、墙、塑料等)有一定的穿透能力，而金属物体对微波有良好的反射特性。

2) 微波探测器的主要种类

微波探测器主要有两种类型。第一种为雷达式微波探测器，主要作为室内警戒使用，微波的收、发装置合置；第二种为墙式微波探测器，主要作为周界警戒，微波的收、发装置分置。

3) 雷达式微波探测器

雷达式微波探测器是通过利用无线电波的多普勒效应实现对运动目标的探测。

多普勒效应是指当发射源(声源或电磁波源)与接收者之间有相对径向运动时，接收到的信号频率将发生变化的现象。

假设某种频率为 f_0 的电磁波以速度 v 向空间发射，当遇到空间中的静止物体时，反射回的频率依然为 f_0；当遇到空间中的移动物体时，反射回的频率将叠加一个多普勒频移 f_d，此时频率变为 $f_0 + f_d$，即 $f = f_0 + f_d$。f_d 的产生被称为多普勒效应。

多普勒效应是自然界普遍存在的一种效应，在日常生活中到处可以感受到。如火车鸣笛，从远而近，人耳感觉汽笛声是尖的；当火车经过之后由近及远背离而去，则汽笛声由尖变粗。这是因为汽笛声具有某个频率，当朝向人来或背离人去时，火车与人之间发生相对运动，这样，人所接收到的声音频率和汽笛声的固有频率不同，于是产生了频率的变化。

雷达式微波探测器的发射器有一个微波小功率振荡源，通过天线向防范区域内发射微波信号。当该区域内无移动目标时，接收器收到的微波信号频率与发射器的微波信号频率相同。当该区域内有移动目标时，移动目标反射微波信号，由于多普勒效应，反射波会产生一个多普勒频移，接收器提取并处理这个信号，即可发出报警信号。雷达式微波探测器的工作原理如图 3-28 所示。

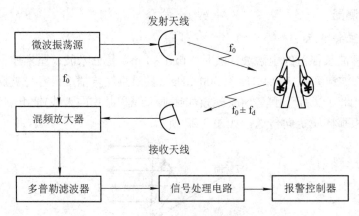

图 3-28　　雷达式微波探测器的工作原理

如果雷达式微波探测器发射信号的频率 f_0 为 10 GHz，光速 c 为 3×10^8 m/s，则对应人体的不同运动速度 v 所产生的多普勒频移 f_d 如表 3-4 所示。

表 3-4　人体不同运动速度对应的多普勒频移

v/(m/s)	0.5	1	2	3	4
f_d/Hz	33.33	66.67	133.33	200	266.67
v/(m/s)	5	6	7	8	9
f_d/Hz	333.33	400	466.67	533.33	600

从表 3-4 可以看出，人体在不同运动速度下产生的多普勒频移处于音频频段的低端，只要能检出这段较低的多普勒频移，就能区分出是运动目标还是固定目标，从而完成人体运动的探测功能。

雷达式微波探测器可以探测一个立体的防范空间，其覆盖角度达 60°～95°，控制面积可达几十至几百平方米，图 3-29 分别是雷达式微波探测器的水平探测区域和垂直探测区域。雷达式微波探测器的发射天线与接收天线通常是采用收、发共用的形式，采用全向天线与定向天线形成的微波场也存在较大区别，如图 3-30 所示。

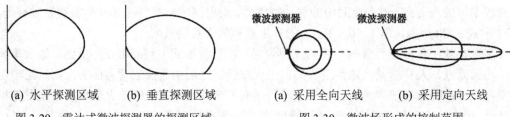

(a) 水平探测区域　　(b) 垂直探测区域　　　　(a) 采用全向天线　　(b) 采用定向天线

　图 3-29　雷达式微波探测器的探测区域　　　　图 3-30　微波场形成的控制范围

雷达式微波探测器属于室内应用型探测器。在安装使用过程中，探测器不应对准日光灯、水银灯等气体放电灯光源；不应对准大型金属物体或具有金属镀层的物体(如金属档案柜等)。当在同一室内需要安装两台以上的雷达式微波探测器时，它们之间的微波发射频率应当有所差异(一般相差 25 MHz 左右)，并且不要相对放置，以防止交叉干扰产生误报警。

3. 声控探测器

1) 声控探测器的组成及基本工作原理

声控探测器主要是由声控头和报警监听控制器两个部分组成。声控头置于监控现场，控制器置于值班中心。

声控探测器通过探测入侵者在防范区域内的声强大小作为报警的依据。声控探测器的工作原理比较简单，只须在防护区域内安装一定数量的声控头，把接收到的声音信号转换为电信号，并经电路处理后送到报警控制器，当声音的强度超过一定电平时，就可触发电路发出声、光等报警信号。声控探测器实物图如图 3-31 所示，其基本工作原理如图 3-32 所示。

图 3-31 声控探测器实物图   图 3-32 声控探测器的基本工作原理

2) 声控探测器的主要特点及安装使用要点

声控探测器的主要特点及安装使用要点如下：

(1) 声控探测器属于空间控制型入侵探测器。

(2) 声控探测器与其他类型的探测器一样，一般也设置有报警灵敏度调节装置。

(3) 采用选频式声控报警电路可进一步解决在特定环境中使用声控报警器的误报警问题。

4. 双鉴探测器

双鉴探测器又称复合式探测器或双技术探测器。它是通过组合红外和微波两种探测技术，将两种探测技术的探测器封装在一个壳体内，并将两个探测器的输出信号共同送到"与门"电路，只有当两种探测技术的传感器都探测到移动的人体时，才触发报警。双鉴探测器的工作原理如图 3-33 所示。

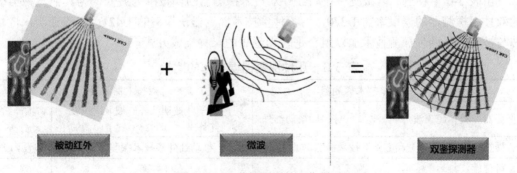

图 3-33 双鉴探测器的工作原理

1) 由单探测器向双鉴探测器的发展

单探测器在某些情况下，误报率相当高，误报情况可参见表 3-5 环境因素表。

表 3-5　环境因素表

因　素	红　外	微　波	超声波
振动	影响不大	有影响	影响不大
被大型金属物体反射	除非是抛光金属面，一般没有影响	有影响	极少有影响
对门、窗的晃动	影响不大	有影响	注意安装位置
对小动物的活动	靠近则有影响，但可改变指向或用挡光片	靠近有影响	靠近有影响
水在塑料管中的流动	没影响	靠近有影响	没影响
在薄墙和玻璃窗外活动	没影响	注意安装位置	没影响
通风口或空气流	温度较高的热气流有影响	没影响	注意安装位置
阳光、车大灯	注意安装位置	没影响	没影响
加热器、火炉	注意安装位置	没影响	极少有影响
运转的机械	影响不大	注意安装位置	注意安装位置
雷达干扰	影响不大	靠近有影响	极少有影响
荧光灯	没影响	靠近有影响	没影响
温度变化	有影响	没影响	有些影响
湿度变化	没影响	没影响	有影响
无线电干扰	严重时有影响	严重时有影响	严重时有影响

　　为了解决误报警的问题，一方面应该更加合理地选用、安装和使用各种类型的探测器，另一方面需要不断提高探测器的质量。从实际应用情况来看，通过集成多种单技术探测器，可以较好地提升某些入侵探测与报警系统的综合性能。1973 年，日本首先提出双技术探测器的设想，直到 80 年代初才生产出第一台微波—被动红外双技术探测器。

　　2) 双鉴探测器的种类

　　通过对几种不同探测技术的组合试验，人们研发出如微波—被动红外双技术探测器、超声波—被动红外双技术探测器等产品，并对几种双技术探测器的误报率进行了比较，如表 3-6 所示。

　　由表 3-6 中看出，以微波—被动红外双技术探测器的误报率为最低，为其他几种类型的双技术探测器的误报率的 1/270，为各种单技术探测器误报率的 1/421。实践证明，将微波与被动红外两种探测技术加以组合是较为理想的一种集成方式。

表 3-6　几种探测器误报率的比较

报警器种类	单技术探测器				双技术探测器			
	超声波	微波	声控	被动红外	超声波—被动红外	被动红外—被动红外	超声波—微波	微波—被动红外
误报率	微波—被动红外双技术探测器的 421 倍				微波—被动红外双技术探测器的 1/270			假设为 1
可信度	最低				中等			高

5. 视频移动探测器

　　以摄像机作为探测器监听防护空间，当被探测目标入侵时，可发报警并启动报警联动装置的系统，称为视频移动探测器。

1) 视频移动探测器的功能

由于传统探测器本身受环境因素影响较大，因此误报警问题一直不能得到彻底解决。视频移动探测器是根据视频取样报警，即在监视器屏幕上根据图像内容任意开辟警戒区(如画面上的门窗、保险箱或其他重要部位)，当监视现场有异常情况发生时(如灯光、火情、烟雾、物体移动等)，均可使警戒区内图像的亮度、对比度及图像内容等产生变化，当这一变化超过报警阈值时，即可发出报警信号。

视频移动探测器一般具有如下功能：

(1) 在监视器屏幕上的任何位置设置视频警戒区，并任意设定各警戒区是否处于激活状态。

(2) 对多路视频画面进行报警布防，并在警情发生时自动切换到报警的一路或多路摄像机画面上。

(3) 与计算机连接，通过管理软件完成对报警信息的统计、查阅、打印及其他控制操作。

(4) 与多个报警中心联网，实现多级报警。

(5) 具有防误码纠错技术和较强的抗干扰能力。

(6) 除用于视频移动检测外，也用于视频计数系统及速度测量。

(7) 具有防破坏报警功能，即当摄像机电源或视频线缆被切断时，系统会发出声光报警信号。

(8) 视频移动探测器一般均具有检查自身工作是否正常的功能，即自检功能。

(9) 视频移动探测器连续工作 168 h 不应出现误报警和漏报警。

(10) 环境照度缓慢变化不会产生误报警。

2) 模拟式视频移动探测器

模拟式视频移动探测器结构框图如图 3-34 所示。

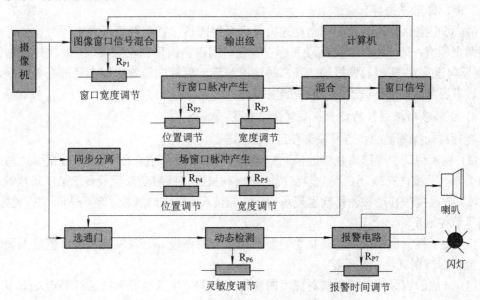

图 3-34　模拟式视频移动探测器结构框图

由图 3-34 可知，摄像机输出的全视频信号被分成三路，其中一路与窗口信号混合，放大后直接送到监视器，因此监视器屏幕上显示的图像将会出现一个或几个长方形报警区，在此区域内图像亮度要比区域外图像亮度稍暗些(该亮度可通过窗口亮度调节旋钮进行调节)。摄像机输出的第二路信号经行、场同步脉冲分离后进入窗口脉冲电路。窗口脉冲电路由行、场同步信号推动，分别产生行、场窗口脉冲，再合并成窗口选通脉冲。窗口选通脉冲从摄像机输出的第三路全视频信号中选出窗口范围内的图像信号，送到动态检测电路进行检测。当窗口内图像有对比度变化时，动态检测电路输出一个脉冲，触发报警电路工作。报警信号也分成三路：一路激励扬声器发声；一路使红灯闪烁；最后一路叠加在窗口选通脉冲上，与摄像机的全视频信号混合，则监视器屏幕上警戒区窗口内的图像也会不停地闪动。

3) 数字式视频移动探测器

数字式视频移动探测器将摄像机拍摄的正常情况下的图像信号进行数字化处理后存储起来，然后与实时图像信号进行比较分析，如果变化超过了预先设定的报警阈值即产生报警。这种探测器还可以根据被保护目标的大小、运动方向、运动速度等设定报警阈值。数字式视频移动探测器较模拟式视频移动探测器有如下优越性：

(1) 可根据目标的大小设定报警阈值。其原理是在监视器屏幕上、下设定两个警戒区，如果被探测目标出现在一个警戒区时，系统不报警，只有当目标同时出现在两个警戒区时才能触发报警。

(2) 可根据目标运动方向设定报警阈值。其原理是在监视器屏幕左、右设定警戒区，只有当被探测目标先出现在左警戒区，再出现在右警戒区中时，报警才被触发。如果方向相反，则不会触发，而且只需调换警戒区，就能轻易地改变追踪方向。

(3) 可根据目标运动速度设定报警阈值。其原理是在监视器屏幕上设定警戒区，只要被探测目标出现在警戒区任意一侧，并超过设定时间(一般 0.1~10 s 可调)还未出现在警戒区另一侧，即触发报警。

(4) 可根据目标运动方向和运动速度设定报警阈值。在监视器屏幕上同时设定方向和速度两个项值：第一种情况是运动目标在设定时间内先出现在左警戒区，后出现在右警戒区(或反向设置)，即可触发报警；第二种情况是运动目标在设定时间内经过左警戒区，而未经过右警戒区(或反向设置)，系统触发报警。

4) 视频移动探测器的特点及安装使用要点

视频移动探测器的特点及安装使用要点如下：

(1) 视频移动探测器将视频监控、入侵探测与报警技术结合在一起，构成逻辑"与门"判别关系。只要防范现场出现危险情况即可自动报警，并启动录像设备记录现场情况。

(2) 依靠视频移动探测器判别现场有无异常情况，极大地减轻了值班人员的视觉疲劳，提高了监控效率。

(3) 由于视频移动探测器是报警与监控相结合的系统，一旦发生报警，值班人员即可通过监视器辨别真伪。

(4) 一般的视频移动探测器对照度的变化(如开灯、用手电照射防范区等)比较敏感，使用中应注意避免由此产生的误报警，特别是在繁华街道使用时，由于人流量过大，容易产生误报警。

(5) 在安装使用过程中应适当调整摄像机镜头光圈，使之在正常照明条件下，监视器上图像有足够的对比度，否则容易产生漏报警。

 任务实施

实训 3-2　点控制型入侵探测器的安装与测试

1. 实训目的

(1) 进一步掌握点控制型入侵探测器的组成结构。

(2) 熟悉点控制型入侵探测器的工作原理。

(3) 掌握点控制型入侵探测器的性能测试。

2. 实训器材

(1) 设备：紧急按钮开关、磁控开关、声光报警器、直流 12 V 电源、大华 ARD-2235 红外探测器。

(2) 工具：万用表、6 英寸十字螺丝刀、6 英寸一字螺丝刀。

(3) 材料：1m RVV(2 × 0.5)导线，1m RVV(3 × 0.5)导线，0.2 m 红、绿、黄、黑跳线，实训端子排，电阻(10 kΩ、2.7 kΩ)。

3. 实训步骤

紧急按钮的常开接点输出原理如图 3-35 所示。

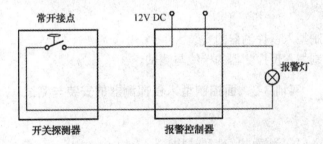

图 3-35　紧急按钮常开接点输出原理

紧急按钮的常闭接点输出原理如图 3-36 所示。

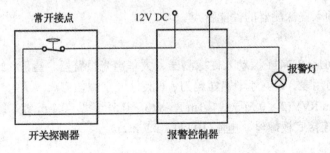

图 3-36　紧急按钮常闭接点输出原理

(1) 关闭实训操作台电源开关。

(2) 拆开紧急按钮开关探测器和磁控开关探测器外壳，辨认报警输出状态信号的公共端口 C、常开端口 NO、常闭端口 NC。

(3) 用万用表蜂鸣挡测量常开接点端口(红表棒接 C 端口，黑表棒接 NO 端口)和常闭接点端子(红表棒接 C 端口，黑表棒接 NC 端口)。紧急按钮基本连接参照图 3-37。

(4) 按图 3-38 所示完成实训端子排上侧端口的接线，将干簧管与磁铁靠近，观察闪光灯的状态变化，并测试吸合距离。

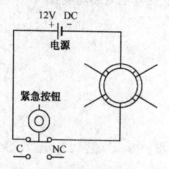 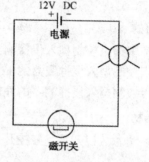

图 3-37　紧急按钮基本连接　　　　　　图 3-38　磁控开关连接

(5) 通过实训端口排下侧的端口，利用短接线按图分别完成常开接点输出、常闭接点输出各项实训内容。

注：每项实训内容的接线完成，检查无误方可接通电源。按下紧急按钮及用专用钥匙复位紧急按钮，改变磁体与干簧管之间距离，分别观察声光报警器的情况，并记录下来。每项实训内容结束后，必须断开电源。

4. 实训成果

(1) 完成点控制型入侵探测器的安装。

(2) 完成点控制型入侵探测器的接线与测试。

实训 3-3　面控制型入侵探测器的安装与测试

1. 实训目的

(1) 熟悉振动入侵探测器的原理和结构。

(2) 掌握大华 DH-ARD411 振动入侵探测器的安装方法、接线方式、测试方法和注意事项。

(3) 熟悉振动入侵探测器的性能特点。

2. 实训器材

(1) 设备：DH-ARD411 振动入侵探测器、大华声光报警器、直流 12 V 电源。

(2) 工具：万用表、6 英寸十字螺丝刀、6 英寸一字螺丝刀。

(3) 材料：1m RVV(2 × 0.5)导线，1m RVV(3 × 0.5)导线，0.2 m 红、绿、黄、黑跳线装饰，安装底板，连接底板螺丝，电阻(10 kΩ、2.7 kΩ)。

3. 实训步骤

(1) 关闭实训操作台的电源开关。

(2) 将底板用膨胀螺丝固定在墙体上，安装一定要牢固，否则会影响探测效果。底板固定在墙面上，至少要用 3 颗螺丝，必须使用金属膨胀管。安装底板上孔 1、2、3 为振动入侵探测器与底板的固定连接孔(如图 3-39)，其余为与墙面固定孔，这种孔比较多，以便用户能比较方便地选择固定位置，避开固定位置有可能出现钢筋之类的物体。如果探测器连接线需要从墙内走，可以从底板穿线孔经过(如图 3-40 中的孔 1、4 所示)

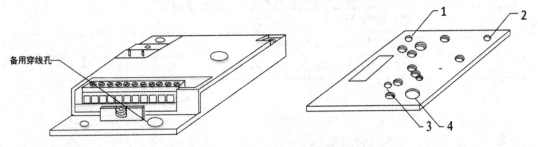

图 3-39　DH-ARD411 振动入侵探测器连接图

(3) 将振动入侵探测器用螺丝固定在随机附件的安装背板上(如图 3-40、图 3-41 所示)。

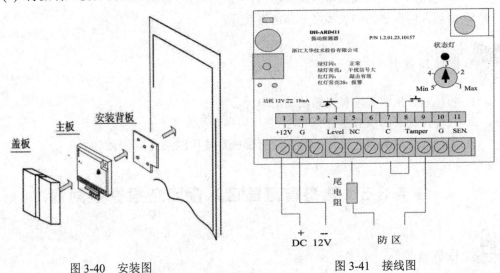

图 3-40　安装图　　　　　　　　　图 3-41　接线图

(4) 调试完毕后，安装外罩和不锈钢装饰条。

(5) 在实训过程中要注意调试探测器的灵敏度，观察灵敏度的变化对探测器性能的影响。

4. 实训成果

(1) 完成面控制型入侵探测器的安装。

(2) 完成面控制型入侵探测器的接线与测试。

 评价与考核

一、任务评价

任务评价见表 3-7。

表 3-7　实训 3-2、3-3 任务评价

考核项目	评价要点	学生自评	小组互评	教师评价	小计
点控制型入侵探测器的安装与测试	点控制型入侵探测器的安装位置				
	点控制型入侵探测器接线规则				
	点控制型入侵探测器的测试操作				
面控制型入侵探测器的安装与测试	面控制型入侵探测器的安装位置				
	面控制型入侵探测器接线规则				
	面控制型入侵探测器的测试操作				

二、任务考核

1. 入侵与报警系统的基本组成是什么?
2. 开关探测器主要有几种类型?
3. 说明为什么点控制型入侵探测器不需要工作电源。
4. 压电晶体和电动式振动入侵探测器,哪个灵敏度高?
5. 振动入侵探测器的灵敏度具体怎样设置?

拓展与提升

1. 解释紧急按钮必须有自锁功能的原因。
2. 入侵探测器的核心是什么?其主要作用是什么?
3. 振动入侵探测器的应用场合主要有哪些? 使用时要注意什么?

任务 3-3　熟悉智慧园区入侵紧急报警控制器

任务情境

随着经济社会的发展,人民的生活日益改善,人们对家庭生命财产安全越来越重视,采取了许多措施来保护家庭的安全。以往的做法是安装防盗门、防盗网,但也存在有碍美观,不符合防火要求,不能有效地防止不法分子的入侵等缺点,目前许多城市街道和居民小区都规划建设了先进的入侵和紧急报警系统。

本次学习任务以大华防盗报警控制器的安装与配置为实训内容,要求学习者能够较好地掌握入侵紧急报警控制器的操作,从而深入掌握入侵紧急报警控制器的基本知识。

学习目标

(1) 掌握入侵紧急报警控制器的组成及功能。
(2) 掌握入侵紧急报警控制器的分类。

(3) 熟悉报警控制器的防区布防类型。

(4) 具备入侵紧急报警控制器操作的基本技能。

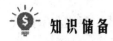 **知识储备**

一、入侵紧急报警控制器的组成及功能

入侵紧急报警控制器又被称为入侵紧急报警控制/通信主机(报警控制主机)，负责控制、管理本地报警系统的工作状态，收集探测器发出的信号,按照探测器所在防区的类型与主机的工作状态(布防/撤防)做出逻辑分析，进而发出本地报警信号,同时通过通信网络向接警中心发送特定的报警信息。

入侵紧急报警控制器(报警控制主机)包括探测源信号收集单元、输入单元、自动监控单元和输出单元。同时，为了使用方便，增加功能，还可以包括辅助人机接口键盘、显示部分、输出联动控制部分、计算机通信部分和打印机部分等。图 3-42、图 3-43 所示为大华报警控制器与大华报警控制键盘实物。

图 3-42　大华报警控制器　　　　　　　图 3-43　大华报警控制键盘实物

入侵紧急报警控制器的主要功能有入侵报警功能、防破坏功能、防拆功能、给入侵探测器供电功能、布防和撤防功能、自检功能、联网功能、扩展多防区功能、多样输出功能、允许多个分控功能等。

二、入侵紧急报警控制器的分类

就防范控制功能而言，入侵紧急报警控制器又可分为仅具有单一安全防范功能的入侵紧急报警控制器(如报警控制器、防入侵报警控制器、防火报警控制器等)和具有多种安全防范功能，集防盗、防入侵、防火、电视监控、监听等控制功能为一体的综合型的多功能入侵紧急报警控制器。

将各种不同类型的报警探测器与不同规格的入侵紧急报警控制器组合起来，就能构成适合于不同用途、警戒范围大小不同的报警系统网络。

根据组成报警控制器电路的器件不同，入侵紧急报警控制器可分为由晶体管或简单集成电路元器件组成的入侵紧急报警控制器(一般用于小型报警系统)、利用单片机控制的入侵紧急报警控制器(一般用于中型报警系统或联网报警系统)以及利用微机控制的入侵紧急报警控制器(一般用于大型联网报警系统)。

按照信号的传输方式不同，入侵紧急报警控制器可分为具有有线接口的入侵紧急报警控制器、具有无线接口的入侵紧急报警控制器以及有线接口和无线接口兼而有之的入侵紧急报警控制器。

依据报警控制器的安装方式不同，入侵紧急报警控制器又可分为台式、柜式和壁挂式入侵紧急报警控制器。

三、报警控制器的相关术语和定义

将探测器与报警控制器相连，组成报警系统并接通电源。在用户已完成对报警控制器编程的情况下(或直接利用厂家的默认程序设置)，操作人员即可在键盘上按厂家规定的操作码进行操作。主机通过防区接入探测器，主要有以下五种基本工作状态：布防(又称设防)、撤防、旁路、全天候监控以及系统自检或测试状态。

1. 布防状态

所谓布防(又称设防)状态，是指操作人员执行布防指令后(如从键盘输入布防密码后)，使该系统的探测器开始工作，并进入正常警戒状态。

2. 撤防状态

所谓撤防状态，是指操作人员执行撤防指令后(如从键盘输入撤防密码后)，使该系统的探测器不能进入正常警戒工作状态。

3. 旁路状态

所谓旁路状态，是指操作人员执行旁路指令后，该防区的探测器就会从整个探测器的群体中被旁路掉(失效)，而不能进入工作状态，当然它也就不会受到对整个报警系统布防、撤防操作的影响。在一个报警系统中，可以只将其中一个探测器单独旁路，也可以将多个探测器同时旁路掉(又称群旁路)。

4. 全天候监控状态

所谓全天候监控状态，是指某些防区的探测器处于常布防的全天时工作状态，一天24 h 始终担任着正常警戒(如用于火警、匪警、医务救护用的紧急报警按钮、感烟火灾探测器、感温火灾探测器等)，探测器不受布防、撤防操作的影响。

5. 系统自检或测试状态

系统自检或测试状态是指在系统撤防时，操作人员对报警系统进行自检或测试的工作状态，如可对各防区的探测器进行测试。当某防区被触发时，键盘会发出指示。

四、报警控制器的防区布防类型

不同厂家生产的报警控制器，其防区类型或名称在编程表中不一定都设置得完全相同。但综合起来看，大致可以有以下几种防区布防类型。

1. 按防区报警是否设有延时时间进行分类

按防区报警是否设有延时时间划分，防区类型主要分为两大类：即时防区和延时防区。
(1) 即时防区。即时防区在系统布防后被触发，会立即报警，没有延时时间。

(2) 延时防区。系统布防时，在退出延时时间内，如延时防区被触发，系统不报警。退出延时时间结束后，如延时防区再被触发，在进入延时时间内，如对系统撤防，则不报警；进入延时时间一结束则系统立即报警。

2. 按探测器安装位置和防范功能进行分类

按探测器安装的不同位置和防范功能的不同划分，防区类型一般分为出入防区、周边防区和内部防区等类型。下面对这几种防区类型做详细的说明。

(1) 出入防区。接于该防区的探测器用来监控防范区的主要入/出口处。当系统设防后，该防区首先按退出延时工作，在此延时期内，探测器会被触发，但不会使报警控制器产生报警。若超出此延时期，探测器被触发才会报警。

(2) 周边防区。接于该防区的探测器用来保护主要防护对象或区域的周边场所，可视为防范区的第一道防线。周边防区多采用磁控开关、振动探测器、玻璃破碎探测器、墙式微波探测器、主动红外探测器等。在系统布防后，只要这些部位遭到破坏，就会立即发出报警，没有延时。

(3) 内部防区。当防区被设置为内部防区时，执行在家布防后该防区不会被布防，而执行外出布防后该防区会进入延时布防状态。例如，当某防区在客厅时，人在客厅执行在家布防，除客厅外的防区将被布防上，而在外出时执行外出布防，客厅的防区会进入延时布防状态。

 任务实施

实训 3-4 大华防盗报警控制器的安装与配置

本次实训以大华防盗报警控制器为例，学习控制器的安装与接线、基于 WEB 的报警配置、报警管理、网络设置、设备管理和键盘操作等内容。通过对该产品的学习，系统地回顾前面所学的有关入侵探测与报警控制方面的基本知识。

1. 实训目的

(1) 熟悉大华防盗报警控制器的主要功能与技术指标。

(2) 了解大华防盗报警控制器的结构原理与工作方式。

(3) 熟悉大华防盗报警控制器的安装、主板接口与连线要求。

(4) 熟悉大华防盗报警控制器 WEB 端的各类配置参数。

(5) 熟悉大华防盗报警控制器 WEB 端的操作使用方法。

(6) 能根据要求熟练完成大华防盗报警控制器的键盘操作。

2. 实训器材

(1) 设备：大华防盗报警控制器、声光报警器、直流 12 V 电源、主动红外入侵探测器、被动红外/微波双鉴探测器、紧急按钮、玻璃破碎探测器(需要准备玻璃破碎发生器，或者播放玻璃破碎的音频才能触发该设备)。

(2) 工具：6 英寸十字螺丝刀、6 英寸一字螺丝刀、小号一字螺丝刀、小号十字螺丝刀、剪刀、尖嘴钳、万用表。

(3) 材料：四芯线、二芯线、线尾电阻(2.7 kΩ)，若使用主机本地防区和 485 型号模块可以使用 2.7 kΩ 电阻，若接在 MUBS 上面需要使用 10 kΩ 电阻。

3. 实训步骤

1) 设备认知

大华防盗报警控制器是专为报警应用场景设计的一款高性能报警主机产品，基于嵌入式平台设计开发，兼具先进的控制技术和强大的数据传输能力，既可本地独立工作，也支持联网组成一个强大的安全监控网，配合专业报警平台软件使用，可充分体现其强大的组网和远程监控能力，可应用于学校、商铺、工厂、金融和智能小区等各领域的安全防范。产品外观如图 3-44 所示，产品内部如图 3-45 所示。

图 3-44　报警主机外观图　　　　　　　　图 3-45　报警主机内部图

大华防盗报警控制器具有如下功能：

(1) 支持 8/16 路本地报警输入(可扩展至 72/80/256 路)；支持 4 路本地报警输出(可扩展至 84/256 路)。

(2) 支持接入常开或常闭型探测器；支持探测器防拆、防短、防遮挡功能。

(3) 支持强制开启、强制关闭、自动控制功能，支持报警联动。

(4) 支持即时防区、延时防区、24 h 无声等多种防区类型。

(5) 支持报警输入/输出接口电路保护功能。

(6) 支持故障报警，包括主机防拆报警、键盘防拆报警、主电掉电报警、蓄电池掉电报警、蓄电池欠压报警、PSTN 掉线报警、网络断开报警、IP 冲突报警、MAC 冲突报警等。

(7) 支持 2 路 RS485 接口，支持最大 32 路键盘接入，支持打印机接入、扩展模块接入。

(8) 支持火警、医疗、胁迫等紧急报警。

(9) 支持 PSTN 功能和 Contact ID 协议。

(10) 支持 4G 模块选配，支持 TTS 语音、电话反控、上网、短信功能。

(11) 支持键盘和 WEB 两种配置方式；支持快速配置向导；支持远程配置及查询。

(12) 支持最多 8 个子系统；支持单防区和子系统布撤防；支持键盘、遥控器和 IC 卡，支持短信等多种布撤防方式。

(13) 支持多个接警中心和报警数据上传策略。

(14) 支持海量日志查询功能。

(15) 支持远程升级。

(16) 支持多种设备恢复方式。

(17) 支持双网口，两个有线中心，两个无线中心。

2) 设备安装

大华防盗报警控制器采用壁挂式安装方式，安装时需保持主机周围有 15 cm 空间，以便于空气流通。步骤如下：

(1) 打开包装，取出"塑料膨胀管"和"自攻螺钉"。

(2) 在墙上打 4 个孔。

(3) 放入"塑料膨胀管"，拧入 4 个"自攻螺钉"。

(4) 将主机挂在螺钉上。

3) 设备接线

接线的主要工作包括线缆的选型(要求如表 3-8 所示)、本地报警探测器输入接线、本地报警探测器输出接线、RS485 扩展模块接线、键盘接线和 MBUS 扩展模块接线。

表 3-8　线缆的选型要求

	推荐线材	单芯截面积/mm^2	推荐距离/m
网线	CAT-5	/	≤100
探测器	RVV	0.75	≤200
RS485 信号	RVS	1.0	≤1000
警号	RVV	0.75	≤200
MBUS 信号	RVVP	1.5	≤2400

(1) 本地报警探测器输入接线：不同产品能力集不同，以支持 16 路报警输入举例说明，对应接口为 Z1～Z16，支持常开、常闭探测器的两态接法、四态接法和五态接法。若无须接入探测器的防拆时，需要将主机配置成两态接法；若需要支持探测器的防拆时，需要将主机配置成四态接法；若需要支持探测器的防拆和防遮挡时，需要将主机配置成五态接法。图 3-46 为常开类型探测器接线图，图 3-47 为常闭类型探测器接线图。

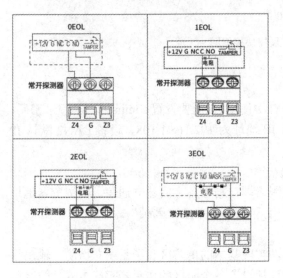

图 3-46　探测器接线(常开类型)

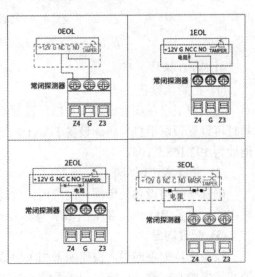

图 3-47　探测器接线(常闭类型)

(2) 本地报警探测器输出接线：支持 4 路报警输出，对应接口分别为 NC1、C1、NO1、NC4、C4 和 NO4。为避免因电流过大导致继电器损坏，请勿将报警主机的报警输出接口连接到大功率负载(不超过 1A)，使用大功率负载需要用接触器隔离。另外，外接设备(如警灯)需要单独供电。警灯的负载能力小于等于 12 V、1 A。

(3) RS485 扩展模块接线：用于接入 RS485 扩展报警输入或输出模块。

(4) 键盘接线：键盘的"B"和"A"接口分别连接报警主机的 B1、A1 接口，"−"和"+"接口分别连接报警主机的接地"−"端口和"+12 V"接口。

(5) MBUS 扩展模块接线：提供 2 路 MBUS 总线接口。扩展模块输入线尾电阻阻值为10 kΩ。扩展模块的地址拨码范围为 0～254，结合 MBUS 扩展模块(ARM801、ARM802、ARM911、ARM808)使用，单路 MBUS 模块可以支持 2.4 km 的通信距离。ARM801 模块是单防区输入通道，可接入 120 个通道。ARM802 模块是两个防区输入通道，可接入 60 个通道。ARM911 模块是自带一个输出的单防区输入通道，可接入 60 个通道。ARM808 模块是自带一个输出的八个防区输入通道，可接入 15 个通道。扩展模块地址不能重复，否则主机无法检测到扩展模块(如图 3-48 所示)。

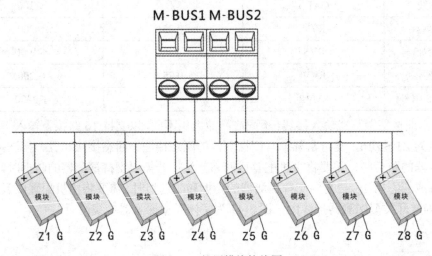

图 3-48　扩展模块接线图

4) WEB 操作流程

(1) 初始化设备。

首次使用设备或者设备恢复出厂设置后首次使用时，需要设置 admin 用户的登录密码。同时可设置预留手机号码。设备 LAN1 默认 IP 地址为 192.168.1.108，设备 LAN2 默认 IP地址为 192.168.2.108。

(2) 登录 WEB 终端。

确保电脑与设备处于同一网段内，通过网络端口与设备之间建立通信。在浏览器地址栏中输入设备 IP 地址，按回车键，输入用户名和密码，单击"登录"。

(3) 配置向导。

设备支持配置向导，快速配置相关参数，实现基本的单防区和子系统布撤防，输出报警和接警中心配置。单防区和子系统布撤防包括设置各个防区的传感器感应方式、防区类型和传感器类型等。配置子系统布/撤防包括设置日常布撤防计划,配置子系统的布/撤防时间和模式。

(4) 输出配置。

① 配置外接继电器:设置各个通道的继电器输出情况,当主机发生事件时,联动继电器输出。在"输出配置"界面,选择"继电器"。

② 配置外接警号:设置各个通道的警号输出情况,当主机发生事件时,联动警号输出。在"输出配置"界面,选择"警号"。

③ 配置接警中心:设置报警传输方式,当有报警发生时,系统将报警信息发送给接警中心。在"接警中心"界面,配置参数。

(5) 报警配置。

① 防区:登录 WEB 界面,选择"报警配置"→"防区"。

② 子系统:登录 WEB 界面,选择"报警配置"→"子系统"。

③ 警号:登录 WEB 界面,选择"报警配置"→"警号"。

④ 继电器:登录 WEB 界面,选择"报警配置"→"继电器"。

⑤ 打印机:设置打印机出纸情况,当发生事件时,外接的打印机将出纸打印事件信息。登录 WEB 界面,选择"报警配置"→"打印机"。

⑥ 蜂鸣:设置蜂鸣器蜂鸣情况,当发生事件时,蜂鸣器发出报警声音。登录 WEB 界面,选择"报警配置"→"蜂鸣",如图 3-49 所示。

图 3-49　设置蜂鸣器界面

⑦ 语音：设置语音关联的事件，当防区有报警事件或全局事件发生时，会有语音报警提示。登录 WEB 界面，选择"报警配置"→"语音"。上传的语音包格式要求为.wav，最大容量不超过 3M，单个语音不超过 500k。

⑧ 故障处理：设置主机故障检测项，当发生故障时产生联动报警；关联故障键盘，当发生故障时，键盘灯点亮或键盘有声音输出。登录 WEB 界面，选择"报警配置"→"故障处理"

⑨ 短信联动：主机支持短信服务，可以绑定手机号码。当发生蓄电池、电源、断网、报警等事件时，系统会发送短信给指定手机用户。

⑩ CID 联动：设置事件关联的接警中心组，当发生事件时，关联的相对应的报警中心组会接到报警。登录 WEB 界面，选择"报警配置"→"CID 联动"。

⑪ 接警中心：设置和备份接警中心的传输方式，设置测试报告的上传周期，并关联上传的电话接警中心。登录 WEB 界面，选择"报警配置"→"接警中心"。

⑫ 报警管理：对子系统做布/撤防、消警等处理，包括对防区做布/撤防、旁路等处理等。

(6) 网络设置。

① TCP/IP：设置网络参数前，应确认设备已经正确接入网络，确保设备和电脑处于同一个网段。登录 WEB 界面，选择"网络设置"→"TCP/IP"。

② 2G/4G 网络：设备通过各个运营商的拨号方式接入 2G/4G 网络，实现移动终端接收报警信息和设备状态。配置前需要先安装 2G/4G 网络。

③ 端口：配置设备可以连接的最大端口数量及各个端口值。登录 WEB 界面，选择"网络设置"→"端口"。

④ 基础服务：SSH(Secure Shell，安全外壳)协议是用于远程登录会话和网络服务提供安全保障的协议，通过设置系统服务，保障系统的安全管理，默认关闭，启用后鉴权实现安全管理，为数据传输提供加密服务。私有协议认证模式推荐选择"安全模式"。

(7) 系统管理。

① 用户管理：主要包括网络用户、键盘用户、遥控器用户、持卡用户、手机用户、key 用户、时间设置和设备维护的设置。

② 日志：包括对本地日志、远程日志和日志抓取的操作进行设置。

③ 安全中心：对设备安全状态检查，安全功能设置。

4. 实训成果

(1) 完成大华防盗报警控制器安装与连线。

(2) 完成大华防盗报警控制器 WEB 端的各类配置并展示。

评价与考核

一、任务评价

任务评价见表 3-9。

表 3-9　实训 3-4 任务评价

考核项目	评价要点	学生自评	小组互评	教师评价	小计
大华防盗报警控制器的安装接线	安装与接线的规范性与正确性				
	安装后测试的规范性与正确性				
大华防盗报警控制器 web 端配置	初始化的规范性与正确性				
	参数设置的规范性与正确性				

二、任务考核

1. 报警控制器的分类有哪些？
2. 小型报警控制器一般在什么情况下使用？
3. 为何报警输入端口需要接一个终端电阻？

拓展与提升

1. 如何看待不同方式的布防？
2. 举例说明报警控制器对探测器工作状态的控制是如何操作的。
3. 从实用化的角度如何认识报警控制器在智慧园区管控中的作用？

任务 3-4　熟悉入侵紧急报警传输及系统应用

任务情境

在入侵和紧急报警系统中，连接前端子系统与报警管控子系统的中间桥梁是传输子系统。传输子系统将整个入侵和紧急报警系统的前端与中心端关联起来，从而为实现大范围、多模式、立体化安全防范体系奠定了基础。然而，不同的传输方式，往往决定了系统的组成具有各自不同的特点。按照信号传输方式的不同，入侵和紧急报警系统的组建模式通常可分为一体式、分线制、总线制、无线制和公共网络式。

本次学习任务通过对比分析几种入侵和紧急报警系统的传输特点，使学习者能系统理解入侵和紧急报警系统在不同的信号传输模式下对应的应用类型，并且进一步巩固前面所学习的入侵紧急报警设备操作的相关技能。

学习目标

(1) 知晓一体式报警装置及其工作原理。
(2) 掌握分线制报警装置的工作流程。
(3) 熟悉总线制报警装置的工作流程。
(4) 了解无线制报警装置的工作流程。

(5) 理解公共网络式报警装置的基本特征。

(6) 具备对比分析入侵紧急报警系统的能力。

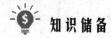 知识储备

一、一体式报警装置

一体式报警装置将前端设备(探测器或紧急报警装置)、传输设备、处理/控制/管理/显示/记录设备的功能整合在一起,由一个设备完成"探测—处理—报警"全部功能。

一体式报警装置是最简单的报警系统的构成方式。其传输功能直接由设备内部的电路完成,这种报警系统的设计与施工非常简单,当然其功能也非常简单,往往只能防范某一个地点,无法同时防范多个地点,因此适用于非常简单的应用场所。一体式报警装置的优点是结构清晰、紧凑,性价比高,数据采集、处理、发布均在一体化装置内完成,实施效率高,响应快。

二、分线制报警装置

分线制报警装置通过多芯电缆与报警控制主机之间采用一对一专线相连,其优点是可靠性高。由于报警信号通过各自独立的专线进行传输,因而相互之间即便出现故障也互不干扰,且传输信号为开关信号,抗外界干扰强。另外,通过连接电阻,其传输线路可获得优良的防破坏能力。但是当系统规模变大时,由于每个探测器都需要一根专用电缆连至报警控制主机,线材的使用量及铺设工程量增加,在主机端的线路接入也变得复杂,如图 3-50 所示。

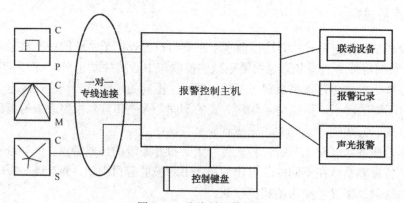

图 3-50　分线制报警装置

分线制报警装置的覆盖范围在半径 1000 m 左右,探测器传输线路数量控制在 20 路以下,比较适合单户家庭使用,并且其控制主机一般具有电话/短信/网络远程报警功能,可在此基础上实现区域联网报警服务。

三、总线制报警装置

总线制报警装置通过探测器相应的总线模块(编址模块)与报警控制主机之间采用报警

总线(专线)相连,其优点在于探测器共用一条传输线路(总线),从而极大降低了传输部分的复杂程度,特别是当系统探测器数量较多时更为明显。另外,总线中传输的编码信号可以表达更为复杂的信息(分线制传输的开关信号只能表达"正常/报警"信息),实现更高级的系统功能(如自检、心跳功能等),总线制报警装置的覆盖范围半径在 2.4 km 左右,探测器传输线路数量控制在 256 路以下。其劣势在于总线部分的脆弱性,一旦总线某处断路,在断点之后所连的探测器都将无法与报警控制主机通信;一旦总线某处发生短路,若没有分段安装短路保护装置,则全部探测器将无法与报警控制主机通信。

图 3-51 为采用总线制报警装置的报警系统,探测器只需连接两个总线端口和两个电源端口即可(若采用总线馈电技术,则只需连接两个总线端口),施工安装非常简单。但是,这种架构很难对铺设到前端的总线实现良好的保护,因此在不需要防人为破坏的弱电系统中使用较广泛。另外,探测器需要与报警控制主机有共同的通信协议,往往需要用户购买同一厂家的设备,在探测器的选用上会受到限制。

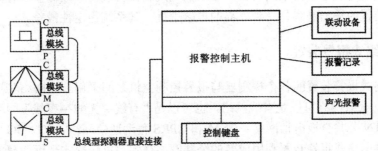

图 3-51　总线制报警装置的报警系统

总线制入侵和紧急报警系统一般选用探测器与总线模块分离的架构(见图 3-52),探测器与总线模块之间采用分线制的连接,总线模块再通过总线串接到报警控制主机,这样可以在前端利用分线制优良的防破坏能力,总线模块和总线可以通过设计与施工布置在安全的区域,提高了系统整体的安全性。同时,前端探测器可以选用通用型号,增加了探测器选用的灵活性。

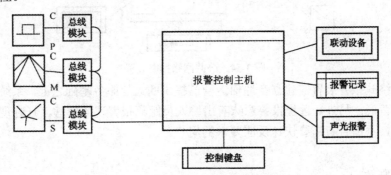

图 3-52　探测器与总线模块分离的报警系统

四、无线制报警装置

探测器、紧急报警装置通过其相应的无线设备与报警控制主机通信,无线制报警装置构成如图 3-53 所示。由于取消了工程管线的施工,这种系统的安装非常简单,适合于许多布线困难、需要移动或者临时性布设的场合。

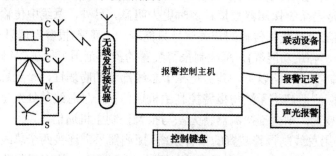

图 3-53　无线制报警装置

由于无线制报警装置取消了探测器的有线连接,探测器一般采用蓄电池供电(目前有采用太阳能电池供电的产品),因此为延长蓄电池使用时间(一般希望更换周期在一年以上),探测器的无线发射功率不会很高,目前家用的无线制报警装置一般覆盖半径为 20～30 m。无线制报警装置的缺陷是容易受到外界的电磁干扰,其系统稳定性最差。

五、公共网络式报警装置

公共网络式报警装置的各个探测器与报警控制主机之间采用公共网络相连,其构成如图 3-54 所示。公共网络可以是有线网络,也可以是"有线—无线—有线"网络,目前较为常见的有 PSTN 公共交换电话网络、GSM 和 GPRS 移动通信网络、4G、5G、局域网及因特网等。公共网络式报警装置利用成熟的公共网络技术,可轻松实现远距离的探测覆盖、远距离可移动的系统操作与管理、大规模的前端设备和用户数,是组建远程报警、区域联网报警系统的优先选择。

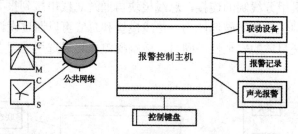

图 3-54　公共网络报警装置

公共网络式报警装置需建立在通信运营商提供的通信服务基础之上,系统运行的稳定性有赖于运营商。另外,远程报警意味着出警人员距离报警现场较远,赶赴现场进行处置的时间较长,不适合有需要快速反应要求的用户。

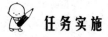　任务实施

实训 3-5　对比分析几种入侵紧急报警传输系统的特点

1. 实训目的

(1) 掌握一体式、分线制与总线制报警装置的功能与特点。

(2) 熟悉无线制报警装置与公共网络式报警装置的功能与特点。

2. 实训器材

(1) 设备：计算机、网络等。

(2) 工具：计算机制图软件、常用办公软件等。

3. 实训步骤

(1) 基于文献检索和头脑风暴法等方法，对比分析几种入侵紧急报警传输系统的特点。

(2) 在检索与讨论成果的基础上，制作 PPT 并进行讲解汇报。

4. 实训成果

完成文献检索报告并汇报 PPT。

 评价与考核

一、任务评价

任务评价见表 3-10。

表 3-10 实训 3-5 任务评价

考核项目	评价要点	学生自评	小组互评	教师评价	小计
文献检索	文献检索方法				
	文献资料收集				
PPT 汇报	PPT 版式及内容生动性				
	汇报的条理性与清晰程度				
	团队配合默契程度				

二、任务考核

1. 一体式报警装置的特点是什么？

2. 分线制报警装置与总线制报警装置的区别是什么？优缺点分别有哪些？

3. 对比分析采用无线制报警装置与公共网络式报警装置的实施条件。

 拓展与提升

通过调查分析，思考未来城市智慧园区中入侵紧急报警系统的发展趋势。

智智慧园区出入门禁控制设备操作与系统调试

在数字技术、网络技术、人工智能技术与大数据技术等飞速发展的今天，智慧园区出入门禁控制技术得到了迅猛发展。如今，智慧园区出入门禁控制系统早已超越了传统的门卡取销、电话对讲、按键开门等范畴，正发展成一套相对完善的园区人员出入安全防范智能联动管控系统。作为智慧园区控制与管理的重要组成部分，人员出入安全防范智能联动管控系统直接关系到整个园区的安全生产，是智慧园区实施智慧化、信息化和自动化安全监督防护的关键环节。

本项目以智慧园区出入门禁控制设备操作与系统调试为载体，通过设置三个典型工作任务，即知晓出入门禁控制系统的基本内容、熟悉出入门禁控制系统的关键设备和知晓出入门禁控制系统的应用模式，要求完成各任务相应的设备操作与系统调试实训工作。通过本项目任务的实践，使学习者能够在理解智慧园区出入门禁控制基本知识的基础上，具备出入门禁控制设备操作和系统调试的操作技能。项目四的任务点思维导图如图 4-1 所示。

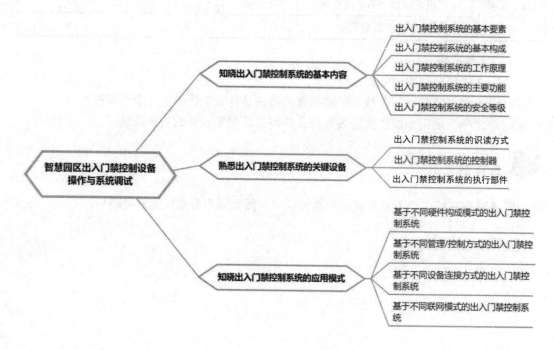

图 4-1　项目四的任务点思维导图

任务 4-1　知晓出入门禁控制系统的基本内容

 任务情境

　　出入门禁控制可追溯到"围墙""城门"等相关内容。自远古到近代的乡村聚落与院落围墙，到世界各地具有悠久历史的"门禁之城"，无不体现出出入门禁控制在人类社会生活中的重要作用。人类的定居场所通常始于聚落围合，围合的方式除了墙、堡垒、栅栏、木篱、壕沟和实体建筑等构成的"硬"边界外，也有由山体、水体等不易察觉的天然屏障围合而成的"软"边界。对于构成微观城市空间单位的"院落"而言，作为要素的"围墙"则是一个更普遍的存在，图 4-2 为清明上河图中(局部)所呈现的我国宋代城市主要街道"院落"及围墙构型。现代城市门禁社区中的院落根据城市用地性质的不同，则可分为工业区、商业区、居民区、园林区等诸多的实体区域；在这些区域中，门禁控制是其安全防范的基本要求，传统的锁具门禁手段早已被现代出入门禁控制系统所替代。

图 4-2　清明上河图(局部)

　　现代出入门禁控制系统是确保人员安全进出防区的重要屏障，也是整个防区安全防范体系的重要构成部分。如今，门禁控制系统已经成为智慧园区人员出入控制与管理的标准配置，一般采用密码、RFID 卡、指纹、虹膜(眼睛)、人脸识别等特征来进行人员身份的判别，同时这些特征也代表了人员出入园区的权限，特别是通过运用具有人脸识别功能的门禁一体机或人脸闸机等设备，可以极大地提高出入口通行效率，提升安全管理水平。

　　本次学习任务要求绘制出入门禁控制系统的基本结构图，使学习者能够较好地理解出入门禁控制系统的基本要素、基本构成、工作原理、主要功能、安全等级等知识，同时提高绘制系统结构图的职业技能。

学习目标

(1) 了解出入门禁控制系统的基本要素。
(2) 熟悉出入门禁控制系统的基本构成。
(3) 熟悉出入门禁控制系统的工作原理。
(4) 具备绘制出入门禁控制系统结构图的职业技能。

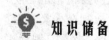 **知识储备**

一、出入门禁控制系统的基本要素

出入门禁控制系统的基本要素主要包括出入凭证、识读装置、出入门禁控制点执行装置、请求离开装置、出入门禁控制点传感器和出入门禁控制器，总体上可分为出入凭证、识读装置和执行机构三大类。

1. 出入凭证

出入凭证又被称为凭证(Credential)或特征载体，是指赋予目标或目标特有的、能够识别的，用于操作出入门禁控制系统、取得出入权限的自定义编码信息或模式特征信息和/或其载体。凭证所表征的信息可以具有表示目标身份、通行的权限、对系统的操作权限等单项或多项功能，包括个人记忆信息凭证(Personal Identification Number，PIN)、载体凭证(如 IC 卡、信息钮、RFID 标签)，模式特征信息等。出入凭证通常可分为密码、卡片和生物特征三类，其性能特点如表 4-1 所示。

表 4-1　三类出入凭证的特性对比

凭 证		优 点	缺 点
密码	数字输入型	操作方便，无须携带卡片，成本低	容易泄露，安全性很差
	乱序键盘型	操作方便，无须携带卡片，安全系数稍高	密码容易泄露，安全性不高；成本高
	二维码	用手机微信或专用 app 扫码，操作方便；成本低	需要网络支持
卡片	射频卡	IC 卡支持扇区加密,有一定安全性；CPU 射频卡安全性最高，有单独芯片算法加密，很难破解；成本较低	ID 卡的安全性低，可复制
生物特征		从识别角度看，安全性极好；无须携带卡片	识别率受使用者本身和环境的影响较大，比如指纹不能划伤，眼不能充血等；成本很高

(1) 密码。用于出入门禁所输入的密码信息，主要用于门锁开启前需要输入的数字或特殊符号，比如通过机械密码锁上的数字转盘输入，或通过电子屏输入。密码具有简单、易用等特点，但是也存在被破解的风险。

(2) 卡片。出入门禁控制系统所用的卡片内通常存储了持卡人的相关信息，相当于电子身份证。卡片按外形分为标准卡与异形卡；按工作原理分为磁卡和射频卡，其中射频卡根据其元器件及技术构成又分为 ID 卡、IC 卡和 CPU 射频卡；按读卡距离分为接触卡与非接触卡。随着出入门禁控制技术的飞速发展，卡片正逐步退出市场，目前尚在使用中的卡片绝大部分为非接触式 RFID 卡。

(3) 生物特征。常见的生物特征包括指纹、掌纹、脸面、视网膜图、声音、签名和 DNA 等多种信息。由于生物特征相对固定且具有个性化(即使双胞胎也是如此)，因此逐渐被用于替代(或至少扩展)计算机、手机以及房间和建筑物门禁的密码系统。虽然生物特征的使用非常方便，但存在个人隐私泄露的安全性问题。

2. 识读装置

识读装置是指能够读取、识别并输出凭证信息的电子设备。识读装置的类型包括编码识读设备、物品特征识读设备和生物特征识读设备等。

根据所识别的出入口特征载体的不同，读识装置分为密码读识装置、卡片读识装置和生物特征读识装置三大类。根据识别原理的不同，读识装置又被分为离线读识装置和在线读识装置两大类。其中，在线读识装置需要网络在线支持，其对特征载体的分析比对一般是在网络中心端完成，而读识结果也需要经由网络下发到读识装置中才能完成整个读识任务。

3. 执行机构

(1) 出入门禁控制点执行装置：与出入门禁控制器相连接，执行开放或保护出入口的操作，完成允许或拒绝目标通过出入口功能的设备。出入门禁控制点执行装置的类型包括阻挡设备、闭锁设备和出入准许指示装置等。出入门禁控制系统的安全性包括抗冲击强度，即抗拒机械力的破坏，这个性能主要是由系统的出入门禁控制点执行装置决定的。

(2) 请求离开装置：用以自由离开受控区的装置。如出门按钮就是典型的请求离开装置。

(3) 出入门禁控制点传感器：与出入门禁控制器相连接，用以探测出入口开放状态和/或出入门禁控制点执行装置启/闭状态的设备。

(4) 出入门禁控制器：能够按照预设规则处理从识读装置，请求离开装置和出入门禁控制点传感器等发来的信息，并通过出入门禁控制点执行装置对出入门禁控制点实施控制，同时记录相关信息的单个电子设备，或多个电子设备的组合。

二、出入门禁控制系统的基本构成

1. 出入门禁控制系统的逻辑构成

出入门禁控制系统主要由凭证、识读部分、传输部分、管理/控制部分和执行部分，其逻辑构成如图 4-3 所示。当然，系统可以有多种构建模式，需要根据系统规模、现场情况、安全管理要求等进行合理选择。

图4-3 出入门禁控制系统逻辑构成图

由图 4-3 可知,在出入门禁控制系统中,识读部分作为信息采集的单元,对出入口的各类凭证信息进行采集,然后将其传输到管理/控制部分,经过处理、分析后,将管理/控制信号发送到执行部分,完成整个系统的出入口管控功能。随着网络技术的发展,出入门禁控制系统越来越朝着网络化、智能化、复合联动型方向发展。

2. 出入门禁控制系统的典型结构

出入门禁控制系统的典型结构包括识读部分、管理/控制部分和执行部分(如图 4-4 所示),主要配置功能如下:

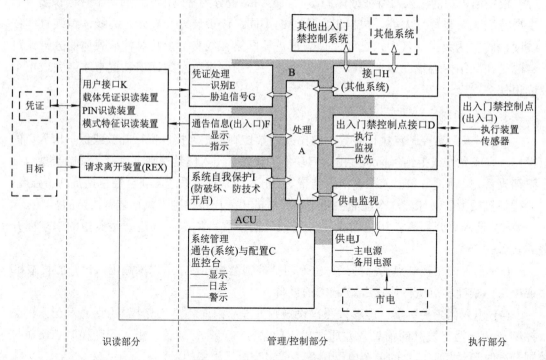

图4-4 出入门禁控制系统典型结构图

注:虚线框内的组件不包括在本标准范围;功能可能位于多于一个的说明框或集中在一个说明框;系统管理通告信息和配置可能只有软件应用来执行;硬件平台的最小要求应指明。

(1) 处理(A):系统预设规则与产生的预先定义的行为之间的变化比较。

(2) 通信(B):在出入门禁控制系统组件和确保预设规则应用之间的信号传递。

(3) 通信(系统)与配置(C):设置处理规则。

(4) 出入门禁控制点接口(D):包括执行、监视、优先控制功能。出入门禁控制点执行功能是根据预设规则对出入口开放和保护；出入门禁控制点监视功能是出入口的开/闭状态、和/或出入口锁闭装置的释放/锁定状态进行不间断的报告；出入门禁控制点优先功能：旁路预设规则，手动对出入口实施的释放/锁定。

(5) 识别(E)：对被授权目标出入请求的认可。

(6) 通告信息(出入口)(F)：报警、显示和/或记录日志的功能。警示—与激活一个指示器以提示人们评估有关的通告信息的子功能；显示—与系统内发生的可视的和/或可听的变化，展现有关的通告信息的子功能；日志—与系统日志和归档变化有关的通告信息子功能。

(7) 胁迫信号(G)：被授权目标强制性出入请求条件下的无声警示。

(8) (其他系统)接口(H)：系统内功能和/或变化的共享。

(9) 系统自我保护(I)：用于防止探测和/或报告有意和无意破坏和/或干扰系统工作行为的系统功能。

(10) 供电(J)：当一个出入门禁控制系统的一部分(如出入门禁控制点接口)形成入侵报警系统的一部分时，该部分的电源供给应与入侵报警系统相关标准中电源供给的相关要求相符。

(11) 用户接口(K)：用户要求出入的方法(如键盘或凭证识读装置)以及出入状态的接受指示。

三、出入门禁控制系统的工作原理

出入门禁控制系统主要针对各类大门(房门)、人行闸机通道、电梯等出入口的人员进入进行自动化控制与管理，一个标准的出入门禁控制系统可以大致划分为三个组成部分，即中心控制部分(包括服务器、管理软件和集中控制器)、数据传输部分和现场控制部分。图 4-5 为一个简单的出入门禁控制系统工作时的信号采集、传输、控制与管理流程图。其中，出入凭证信息被输入装置采集后，由识别器进行分析处理，结果被送入出入门禁控制器中与存储好的信息进行比对，与此同时，出入门禁控制器还接收由传感器发来的出入口开闭状态信号，经过综合判别后出入门禁控制器将结果传输给显示记录单元，同时也将是否放行的信号下发给执行机构或报警单元，从而完成整个出入门禁控制工作。

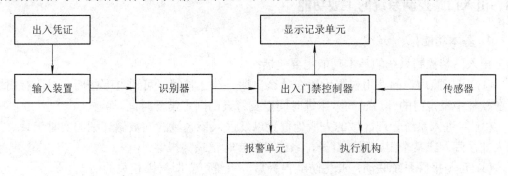

图 4-5　出入门禁控制工作流程

以浙江大华股份有限公司的某款出入门禁控制系统为例，对常见的出入门禁控制系统的组成及工作原理作进一步说明。该产品的拓扑结构如图 4-6 所示，其中硬件包括门锁、开门按钮、门禁读卡器、门禁控制器、闸机(含闸机头、读卡器)、交换机、人脸采集摄像机和大华 SmartPSS Plus 客户端，软件为大华 SmartPSS Plus 出入门禁控制平台。由此可见，该出入门禁控制系统除了对出入大门(或房门)的开闭进行控制外，还对人行闸机通道进行控制。

图 4-6　大华出入门禁控制系统基本原理示意图

该系统中的门禁控制器用于完成对信息的分析、计算和判断，储存人员权限和记录；门禁读卡器用于识读人员的信息；开门按钮采集开门信息，门锁、闸机用于开关门和开关闸；闸机头用于识别人脸、识别读卡器上传的卡信息、联动开闸/开门；SmartPSS Plus 出入门禁控制平台用于管理门禁控制器、闸机和闸机头，管理人员信息、门禁授权情况。另外，还有发卡器和人脸采集摄像机，发卡器用于给人员发卡时读取卡号信息，而人脸采集摄像机则用于现场抓取人脸图片，作为人脸识别时的判别比对依据。

四、出入门禁控制系统的主要功能

1. 基本功能

出入门禁控制系统的基本功能主要包括：

(1) 可依照用户的使用权限设置在什么日期、什么时间，可通过哪些门。对所有门均可在软件中设定门的开启时间、重锁时间以及每天的固定常开时间。

(2) 对进入系统管理区域的人所处位置以及进入该区域的次数做详细的实时记录。当有人非法闯入或某个门被强迫打开，系统可以实时记录并报警。

(3) 可与报警系统联动，产生防盗报警后，系统可立即封锁相关的门。

(4) 可与视频监控系统联动，当产生报警的同时，系统可联动视频录像或切换矩阵主机监视报警画面。

(5) 出入口系统可与消防系统联动，在发生火灾时，打开所有或预先设定的门。

(6) 系统还可控制电梯、保温、通风、紧急广播、空气调节和照明等系统。

(7) 系统可按用户要求在现有的基础上扩充其他子系统，如人事考勤管理、巡查、消费(食堂、餐厅收费)管理、停车管理，内部医疗、自动售货和资料借阅等子系统，充分发挥一卡多用功能。各应用子系统自成管理体系，同时通过网络互联，成为一个完整的一卡通管理系统。这种应用方式既满足各个职能管理的独立性，又能保证用户整体管理的一致性。

2. 管理功能

出入门禁控制系统的管理功能主要包括：

(1) 对通道进出权限的管理：包括进出通道的权限、方式和时段。进出通道的权限是对每个通道设置哪些人可以进出，哪些人不能进出。进出通道的方式是对可以进出该通道的人进行进出方式的授权，进出方式通常有密码、读卡(生物识别)、读卡(生物识别)加密码和扫描二维码等多种方式。进出通道的时段是设置可以进出该通道的人在什么时间范围内可以进出。

(2) 实时监控功能：系统管理人员可以通过计算机实时查看每个门区人员的进出情况(同时可有照片显示)、每个门区的状态(包括门的开关，各种非正常状态报警等)；也可以在紧急状态打开或关闭所有的门区。

(3) 出入记录查询功能：系统可储存所有的进出记录、状态记录，可按不同的查询条件查询配备相应考勤软件可实现考勤、出入口一卡通。

(4) 异常报警功能：在异常情况下可以实现计算机报警或报警器报警，如非法侵入、门超时未关等。

根据系统的不同，出入口系统还可以实现以下一些特殊功能：

(1) 反潜回功能：持卡人在刷卡进入后，必须在出的读卡器上刷卡后，才能再次刷卡进入。该功能避免了一张卡让多人进入的可能性，从而保证了一人一卡的使用权限。

(2) 防尾随功能：即多门互锁功能，具体互锁规则可根据实际场景自定义，一般用在银行与监所。假设在某门禁控制系统中，有 1、2、3、4 四道门具有防尾随互锁功能，可以定义第 1 门与第 2、3、4 门互锁，也可以定义第 1、2 门与第 3、4 门互锁。

(3) 消防报警监控联动功能：在出现火警时出入口系统可以自动打开所有电子锁让门里面的人随时逃生。与监控联动通常是指监控系统自动当有人刷卡时(有效/无效)录下当时的情况，同时也将出入口系统出现警报时的情况录下来。

(4) 网络管理监控功能：大多数出入口系统只能使用一台计算机进行管理，而具有此项功能的系统则可以在网络上任何一个授权的位置对整个系统进行设置、监控和查询管理，也可以通过 Internet 进行网上异地设置、管理、监控和查询。

(5) 多人开门功能：同一个门需要几个人同时刷卡(或其他方式)才能打开电控门锁。

(6) 电梯控制系统：在电梯内部安装读卡器，用户通过读卡/人脸等方式对电梯进行控制，无需按任何按钮。

3. 其他功能

出入门禁控制系统还包括以下功能：

(1) 脱机运行功能：控制器有存储功能，用于保存有用户资料，用户刷卡开门时将记录保存。不需要计算机 24 h 控制运行。

(2) 设定进出门的权限：对每个出入口进行设置，确定哪些卡可以进出。

(3) 设定每张卡进出门的时段：设置每个出入口上每张卡在什么时间范围内可以进出。

(4) 主动上传功能：监控时计算机不需要扫描，而控制器主动上传信号，保证刷卡。开关门等发生的动作在 0.2 s 内反映到屏幕上，异常情况时同时报警。

(5) 实时监控功能：系统管理人员可以通过监控计算机实时查看每个门的人员进出情况、每个门的状态(包括门的开关，各种非正常状态报警等)。紧急情况发生时会打开某一个门或所有的门。

(6) 出入记录查询功能：系统可储存所有的进出记录、状态记录，可按不同的查询条件查询信息，可将开门的数据转为考勤数据、巡查数据，这样巡查机就能完成考勤、巡查等工作。

(7) 异常报警功能：当门打开时间过长，非法闯入、门锁被破坏等情况出现时，可以实现计算机报警，另输出报警信号供防盗系统用。

(8) 消防报警监控联动功能：在出现火警时出入口系统可以由火警系统传来的信号打开门。监控联动通常是指监控系统自动当有人刷卡时(有效/无效)录下当时的情况，同时也将出入口系统出现警报时的情况录下来。

(9) 网络管理监控功能：出入口系统通常由一台计算机管理，具有此项功能的系统则可以在网络上任何一台有网络管理出入口软件的计算机上对整个系统进行设置、监控、查询、管理。

(10) TCP/IP 协议网络传输功能：出入门禁控制可通过 TCP/IP 协议在宽带网上与出入门禁控制系统管理计算机通信，实现计算机对出入门禁控制的管理。

(11) 每个门均可独立控制，并可接出门按钮、门磁等，同时接收各种传感器的开关信号输入，在触发后由指定继电器发出报警控制信号。

(12) 每张卡在每个出入门禁控制上可以进行独立的设定，每天可设三个开门时段，可设置每周有效开门日，可满足用户在门控时间上的较高要求。

五、出入门禁控制系统的安全等级

出入门禁控制系统按照保护对象面临的风险程度和对防护能力差异化的需求，通过对系统中各出入口的识别功能、出入门禁控制点执行功能、出入门禁控制点监测胁迫信号和系统自我保护等功能的配置，构建对应出入门禁控制点系统功能的安全等级。按其安全性分为四个安全等级，其中等级 1 为最低等级，等级 4 为最高等级。安全等级应限定到每个独立的出入门禁控制点。

> ### 等级 1：低安全等级

该等级防范的对手基本不具备门禁控制的基本知识，且仅使用常见有限的工具，当对手在面对最低程度的阻力时很有可能放弃攻击的念头。该等级通常可用于风险低、资产价值有限的防护对象，且防护的主要目的是阻止和拖延对手行动。

> ### 等级 2：中低安全等级

该等级防范的对手仅具备少量门禁控制的知识，懂得使用常规工具和便携式工具，当对手意识到可能已被探测之后很有可能放弃继续攻击的念头。该等级通常用于风险较高、资产价值较高的防护对象，且防护的主要目的是阻止、拖延和探测对手的行动。

> **等级 3：中高安全等级**

该等级防范的对手熟悉门禁控制，可以使用复杂工具和便携式电子设备。当对手意识到可能会被认出及抓获时，有可能放弃继续攻击的念头。该等级通常用于风险高、资产价值高的防护对象，且防护的主要目的是阻止、拖延和探测对手的行动，同时提供应对方法，帮助识别对手。

> **等级 4：高安全等级**

该等级防范的对手具备攻击系统的详细计划和所需的能力或资源，具有所有可获得的设备，且懂得替换出入门禁控制系统部件的方法。当对手意识到可能会被认出及抓获时，有可能放弃继续攻击的念头。该等级通常用于风险很高、资产价值很高的防护对象，且防护的主要目的是阻止、拖延和探测对手的行动，同时提供应对方法，帮助识别对手。

 任务实施

实训 4-1 绘制出入门禁控制系统的基本结构图

1. 实训目的
(1) 理解出入门禁控制系统的基本要素。
(2) 熟悉出入门禁控制系统的工作原理。
(3) 熟悉出入门禁控制系统的主要功能。
(4) 掌握出入门禁控制系统的安全等级。
(5) 熟悉出入门禁控制系统的结构。

2. 实训器材
(1) 设备：电脑。
(2) 工具：绘图软件。
(3) 材料：智慧园区出入门禁控制系统的相关资料。

3. 实训步骤
(1) 结合实训目的，拟定本次实训的工作计划。
(2) 根据不同功能分析出入门禁控制系统的结构。
(3) 利用绘图软件绘制出入门禁控制系统的基本结构图。

4. 实训成果
完成出入门禁控制系统的基本结构图及其相关说明。

 评价与考核

一、任务评价
任务评价见表 4-2。

表 4-2　实训 4-1 任务评价

考核项目	评价要点	学生自评	小组互评	教师评价	小计
出入门禁控制系统的基本结构图	系统构成情况				
	网络传输部分				
	管理/控制部分				
	门禁执行部分				

二、任务考核

1. 简述出入门禁控制的基本要素。
2. 绘制出入门禁控制系统结构图。
3. 描述出入门禁控制系统的工作原理。
4. 简述出入门禁控制系统的安全等级。

 拓展与提升

在文献调查与分析的基础上，简要论述出入门禁控制系统的技术发展方向。

任务 4-2　熟悉出入门禁控制系统的关键设备

 任务情境

出入门禁控制系统是为了对防区人员的进出进行安全控制与管理，主要涉及门禁及相关的设备与软件，具体功能包括对讲、开门、锁门、通道闸机开闭和及时对特定时间内的某一区域中人员活动进行监管等。

一般来说，安装出入门禁控制设备时，首先应该对所有需要安装的控制点进行安全等级评估，以确定系统的安全性。系统的安全性分为四个等级，如低安全等级、中低安全等级、中高安全等级和高安全等级。对于每一种安全级别，可以采取一种身份识别的方式。例如，一般场所可以使用进门读卡器、出门按钮的方式，特殊场所可以使用进出门均需要刷卡的方式；重要场所需要考虑采用进门刷卡加乱序键盘、出门单刷卡的方式，而对于要害场所则需要采用进门刷卡加指纹加乱序键盘、出门单刷卡的方式。这样可以使整个出入门禁控制系统更具有合理性和规划性，同时也充分保障了较高的安全性和性价比。

本次学习任务包括出入门禁控制系统磁力锁及读卡器的安装与接线，通过实训操作，使学习者对出入门禁控制设备及其工作原理、性能有深刻认识。

 学习目标

(1) 了解用于出入门禁控制系统的密码、卡片和生物特征的基本内容。

(2) 理解出入门禁控制系统的控制器的类别、主要功能及应用特点。

(3) 熟悉几种典型的出入门禁控制系统前端执行器的功能及特点。

(4) 具备实施出入门禁控制系统前端设备安装与调试的基本技能。

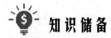 知识储备

一、出入门禁控制系统的识读方式

在出入门禁控制系统的前端设备中，识读设备是采集凭证信息的基本装置。根据不同形态的凭证，需要有对应的识读设备，比如针对卡片、指纹等设备，就需要相应的读卡器和指纹识别器。随着科学技术的迅速发展，目前用于出入口人员身份识读的方式和种类很多，主要有密码类识别方式、卡片类身份识别方式、生物识别类身份识别方式和二维码联网识别方式。

1. 密码识别

1) 密码的作用

密码的主要作用有三个：其一，通过施加密码可以对系统设备的设置值进行安全保护，更改设备的设置值时必须预先输入密码；其二，通过密码管理可以对系统设备的管理人员进行限定和授权操作，增加系统运行的安全性和保密性；其三，通过密码识别用于辨别用户的合法性，自动识别用户被赋予的权限。

2) 出入门禁控制系统密码配置

出入门禁控制系统主要使用三类密码，不同类型的密码有不同的功能和权限，具体如下：

(1) 客户码。该码相对应每个有效的客户密码。决定该客户密码持有者出入合法性(包括空间上和时间上的合法性)和被赋予权限等级的相关信息和资料被存储在系统数据库中，当客户输入密码后，等同于对这些相关信息和资料进行正确性验证。

(2) 主用码。该码除了具备客户码的功能外，还向管理人员提供系统设备的操作使用权限，在被授权范围内对系统设备进行管理与维护。

(3) 主管码。该码属于安全机制的主要密码，是启用密码。除具备客户码、主用码的功能外，主管码控制对出入门禁控制系统的特权模式的访问，即允许主管人员修改系统配置和进行系统测试等，属于最高级别的密码。

在系统配置中，主要用键盘来输入密码。键盘一般按 3×4 或 4×4 矩阵形式排列，有固定式键盘和乱序键盘两种。前者的各位数字因在键盘上位置排列是固定不变的，在输入密码时容易被人窥视而造成失密；后者的各位数字因在键盘上的位置排列是随机的，每次使用时在每个显示位置上的数字都不尽相同，这样可避免被人偷窥，从而提高安全性。

密码是进出出入口的"钥匙"，如果忘记了密码，就等于丢失了打开大门的钥匙。但是密码使用一段时间后，有可能失去它的安全性，因此有必要定期更改密码。

3) 出入门禁控制系统密码输入

用户输入密码后，如果系统判断输入密码正确，就可以驱动电机打开门锁放行，这种

控制方式无需人员携带其他凭证，实际使用时比较容易操作。但是人工输入密码至少需要好几秒钟，如果进出的人员过多，且输入错误再重新输入，则需要消耗较长时间，这种情况下容易引发其他排队人员产生不满情绪和密码泄露等问题。如今，密码门禁使用的场合越来越少，但在对安全性要求较低的场合仍在使用。

密码键盘主要有两类：一类是普通型密码键盘(如图 4-7 所示)，这种识别方式操作方便，无需携带卡片，成本低，但是存在密码容易泄露、安全性差等缺点；另一类是乱序密码键盘(键盘上的数字不固定，不定期自动变化，如图 4-8 所示)，这种识别方式操作方便，无需携带卡片，安全系数稍高，但仍存在密码容易泄露、成本相对较高等缺点。

图 4-7　普通型密码键盘　　　　　　　　图 4-8　乱序密码键盘

2. 卡片识别

卡片识别是指通过读卡或"读卡＋密码"的方式来识别持卡者在出入口的进出权限，可分为接触卡识别和非接触卡识别两大类。下面重点介绍磁记录卡(磁卡)和集成电路存储卡及其工作原理。

1) 磁记录卡

磁卡是在符合国际标准的非磁性基片上，用树脂粘贴一定宽度的磁条构成的卡片。其中，磁条由一层薄薄的按定向排列的铁性氧化粒子组成，一般而言，磁卡上的磁条有 3 个磁道(其物理结构如图 4-9 所示)，分别为磁道 1、磁道 2 及磁道 3。每个磁道都记录着不同的信息，这些信息有着不同的应用。此外，也有一些应用系统的磁卡只使用两个磁道，甚至只使用一个磁道。在应用过程中，根据具体情况，可以使用全部的三个或是二个、一个磁道。

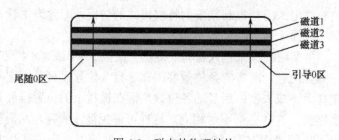

图 4-9　磁卡的物理结构

图 4-9 中，磁道 1、磁道 2 及磁道 3 的宽度相同，大约在 2.80 mm(0.11 英寸)左右，用于存放用户的数据信息。相邻的两个磁道之间约有 0.05 mm(0.02 英寸)的间隙。整个磁带宽度在 0.29 mm(0.405 英寸)左右(应用 3 个磁道的磁卡)，或是在 6.35 mm(0.25 英寸)左右(应

用 2 个磁道的磁卡)。银行磁卡上的磁带宽度会加宽 1～2 mm，磁带总宽度为 12～13 mm。

在磁带上，记录 3 个有效磁道数据的起始数据位置和终结数据位置不是在磁带的边缘，而是在磁带边缘向内缩减约 7.44 mm(0.293 英寸)为起始数据位置(即引导 0 区)。在磁带边缘向内缩减约 6.93 mm(0.273 英寸)为终止数据位置(即尾随 0 区)。这些标准是为了有效保护磁卡上的数据，使其不易被丢失。因为磁卡边缘上的磁记录数据很容易因物理磨损而被破坏。

磁卡上的 3 个磁道一般都是使用"位"(bit)方式编码。磁道 1 可以记录数字 0～9 及字母 A～Z 等，总共可以记录多达 79 个数字或字符(包含起始结束符和校验符)。由于磁道 1 上的信息不仅可以用数字 0～9 来表示，还能用字母 A～Z 来表示，因此磁道 1 上信息一般记录了磁卡的使用类型、范围等标记与说明类信息，如记录用户的姓名，卡的有效使用期限以及其他的一些标记信息。磁道 2 可以记录数字 0～9，但不能记录字母 A～Z，总共可以记录多达 40 个数字或字符(包含起始结束符和校验符)。磁道 3 可以记录数字 0～9，但不能记录字母 A～Z，总共可以记录多达 107 个数字或字符(包含起始结束符和校验符)。由于磁道 2 和磁道 3 上的信息只能用数字 0～9 等来表示，不能用字母 A～Z 来表示，因此磁道 2 和磁道 3 一般用于记录用户的账户信息、款项信息及一些特殊信息。

磁条上的 3 个磁道记录信息，分为只读磁道和读写磁道。把磁卡插入读卡器中，读卡器将磁条中的信息经识别后送入出入门禁控制器，出入门禁控制器根据出入规则进行判断、执行，或执行事件记录等功能。磁卡门禁控制系统的成本较低，采用一人一卡，但磁卡和读卡机之间磨损较大，寿命短，磁卡容易被复制，卡内信息容易因外界磁场影响而丢失，使卡片无法正常使用，因此安全系数不高。

2) 集成电路存储卡

集成电路存储卡是将一个集成电路芯片嵌入符合 ISO 7816 标准的卡基中制成的卡片，由法国人 Roland Moreno 于 1970 年发明，又被称为 IC 卡(Integrated Circuit Card)、智能卡(Smart Card)、智慧卡(Intelligent Card)、微电路卡(Microcircuit Card)或微芯片卡等。其中，芯片具有写入数据和存储数据的功能，可对 IC 卡存储器中的内容进行判定，从读卡方式可分为接触式 IC 卡和非接触式 IC 卡两种。在实际应用中，非接触式 IC 卡成功地将射频识别技术结合起来，解决了无源和免接触这一难题，因而得到了广泛应用。下面重点介绍非接触式 IC 卡的结构及工作原理。

非接触式 IC 卡又称射频卡或感应卡，由 IC 芯片、感应线圈和卡基构成，如图 4-10 所示。

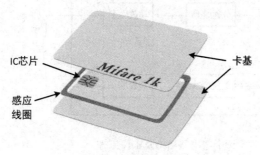

图 4-10 非接触式 IC 卡结构示意图

IC 芯片是存储识别号码及数据的核心部件,内部由一个高波特率的 RF 接口,一个控制单元和一个 EEPROM 组成。感应线圈又称感应天线,在接收识读信号后与本身的 L/C 会产生一个瞬间能量供给 IC 芯片进行数据的读写操作。卡基是一种用于封装 IC 芯片和感应天线的 PVC 材料。

非接触式 IC 卡与读卡器之间通过无线电波来完成读写操作。当读写器对 IC 卡进行读写操作时,读写器发出的信号由两部分叠加组成。一部分是固定频率的电磁波信号,该信号由射频卡接收,卡内感应天线与电容构成了 LC 串联谐振电路,因其谐振频率与射频感应卡读写器发射频率相同,故使得电路产生了共振,从而在 L/C 回路中产生一个较大的瞬间能量。该能量能在很短时间内被转换成直流电源,经过升压电路升压至 IC 芯片的工作电压,启动 IC 芯片电路进入工作状态。IC 芯片的最低启动电压为 2～3 V,电流仅 2 μA。另一部分则是指令与数据信号,指挥芯片完成数据的读取、修改和存储等,并且返回信号给读写器,完成一次读写操作。射频卡电路结构及工作原理如图 4-11 所示。

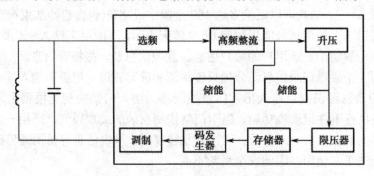

图 4-11　射频卡电路结构及工作原理

射频卡读卡器用于读取射频卡卡内的数据,其电路结构及工作原理如图 4-12 所示。射频卡读卡器(实物如图 4-13 所示)是通过晶体振荡器产生一个高度稳定的高频正弦等幅信号,经由分频器分频达到规定频率后,通过驱动放大和功率放大后由发射天线发射,向射频卡提供一个固定频率的激发磁场区,当射频卡一旦进入激发磁场区,卡中的 IC 芯片马上进入工作状态,卡内工作指令利用激发磁场区提供的工作能量,将芯片存储器内含有出入控制信息的数据编码等信息通过码发生器进行码型变换,再经过调制器调制后发射,由读卡器天线接收并通过解调器解调,最终送至识别器完成识别。

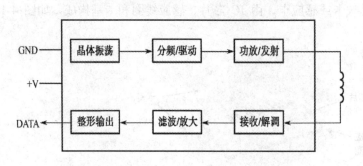

图 4-12　射频卡读卡器电路结构及工作原理　　　　图 4-13　射频卡读卡器

根据工作频率的不同,射频卡可分为高频、中频和低频三大系统。低频系统工作频率一般在 100～500 kHz；中频系统工作频率一般在 10～15 MHz；高频系统工作频率一般在 850～950 MHz，甚至达到 2.4～5 GHz 的微波段。

高频系统具有发射距离远、传输速率高的特点，适用于长距离读写和较高速读写的场合，如高速公路收费系统和停车场系统。中频系统适用于传送大量数据的出入门禁控制系统，而低频系统则适于短距离、低成本的普通门禁控制系统或一般收费系统，包括公交和食堂收费系统。

射频卡采用接收和发射频率不同的全双工工作方式，接收频率一般为发射频率的一半。当射频卡进入读卡器的有效范围时，可以立即发射返回信号，此返回信号和激发电磁场同时存在，并保证双向发送的频率偏差量维持在一定的范围内。

3. 生物识别

生物识别指利用相应的硬软件系统对人体生物特征如指纹、掌纹、虹膜、视网膜、脸型、声音、笔迹、DNA 和人体气味等自动进行的识读过程。由于生物识别需要比对很多特征参数，相比于密码与卡片识读一般需要较长的时间；另外，人体的某些生物特征会随着环境和时间的变化而变化，因此容易在识读时产生"拒识"现象。目前，生物识别技术的应用范围仍然有限，主要用在人数不多、安全性要求高、允许高成本等场合。尽管如此，随着近年来 AI 技术的快速发展，基于 AI 的生物识别技术已经在便捷性、安全性和性价比等方面取得了明显突破，将成为门禁控制系统与可视对讲系统采用的主流技术。

1) 指纹特征、指纹采集与指纹识别技术

在手指表面可以看到的突起的纹路一般称为嵴或嵴线，嵴线与嵴线之间称为峪，如图 4-14 所示。指纹就是由许多条嵴与峪组合而成的几何图案。

嵴线

峪线

指纹特征一般包括指纹的总体特征和局部特征。总体特征包括指纹纹形、核心点(或者称为中心点)、三角点和嵴密度(或者称为纹密度)。指纹纹形是指指纹整体走向形成的斗形、弓(拱)形、箕形三种类型，如图 4-15 所示。局部特征指指纹上的节点。指纹纹路并不是连续的、平滑笔直的，而是经常

图 4-14　指纹图案

出现中断、分叉或转折，这些断点、分叉点和转折点被称为"节点"。在进行指纹识别时，两枚指纹经常会具有相同的总体特征，但它们的局部特征却不可能完全相同。

(a) 斗形指纹

(b) 弓形指纹

(c) 箕形指纹

图 4-15　指纹纹形

指纹采集的过程本质上是指纹成像的过程。根据采集技术的不同，指纹采集大体上可分为两类：一类属于主动式采集，由指纹采集设备主动向手指发出探测信号，然后分析反馈信号，以形成指纹嵴与峪的图案，如光学采集和超声波采集；另一类属于被动式采集，是指手指放到采集设备上后，因指纹的嵴和峪的物理特性或生物特性不同，会形成不同的感应信号，采集设备通过分析感应信号的量值来形成指纹图案的方式，如热敏采集、半导体电容采集和半导体压感采集。

从用户的角度来看，指纹采集分为两种方式，分别是按压式指纹采集与滑动式指纹采集。按压式指纹采集是指将手指平放在设备上以便获取指纹图像。其优点是客户体验好，只用一次按压就可以采集图像，与客户在手机应用的操作习惯匹配；缺点是成本高，集成难度大，一次采集图像面积相对较小，没有足够的特征点，需要用复杂的图像比对算法进行识别。滑动式指纹采集是指将手指从传感器上划过，系统就能获得整个手指的指纹。其优点是采集成本低、易集成，可采集大面积的图像；缺点是需要客户有一个连贯规范动作采集图像，体验效果比较差。

总体来看，指纹采集一般需经过感知手指、图像拍照、质量判断与自动调整这四个过程。其中，图像拍照是指纹采集的关键步骤，指纹采集设备一般会以每秒几十帧甚至几百帧的速度产生指纹图像，因此对设备的性能有较高的要求。

指纹识别技术是实施指纹辨识与指纹验证的重要手段。指纹辨识是把现场采集到的指纹同指纹数据库中的指纹逐一进行对比，从中找出与现场指纹相匹配的指纹，即一对多的匹配过程。指纹验证通常是把一个现场采集到的指纹与一个已经在指纹数据库中登记好的指纹进行一对一比对。作为指纹辨识与验证的前提条件，有关的指纹均需在指纹库中已经注册。

指纹识别技术主要涉及四个方面的内容，包括读取指纹图像、提取特征、保存数据和指纹比对。通过这四个方面的处理，最终获得指纹的辨识与验证结果，如果验证成功，则表示通过，否则为不通过。指纹识别流程如图 4-16 所示。

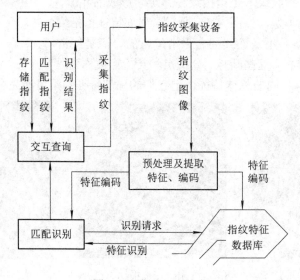

图 4-16　指纹识别流程

指纹采集器又被称为指纹传感器，是实现指纹自动采集的关键器件。根据指纹采集技术的不同，可分为光学指纹采集器、半导体指纹采集器和超声波指纹采集器，如图 4-17 所示。

(a) 光学指纹采集器　　　(b) 半导体指纹采集器　　　　(c) 超声波指纹采集器

图 4-17　常用的指纹采集器

(1) 光学指纹采集器主要基于光的全反射和光电转换原理获得指纹图像。当光线照到压有指纹的玻璃表面时，光线经玻璃照射到峪的地方后在玻璃与空气的界面发生全反射，光线被反射到 CCD，而射向嵴的光线被峪与玻璃的接触面吸收或者漫反射到别的地方，这样就在 CCD 上形成了清晰的指纹图像。

(2) 半导体指纹采集器基于多个微型晶体的平面感知技术获得指纹图像。根据材质及感知原理不同，又分为硅电容指纹图像传感器、半导体压感式传感器和半导体温度感应传感器。硅电容指纹图像传感器由多个电容构成阵列，阵列中的每一点是一个金属电极，充当电容器的一极。当手指按在传感器上时，其对应点则作为电容器的另一极，由于指纹的嵴和峪相对于另一极之间的距离不同，导致硅表面电容阵列的各个电容值不同，通过测量并记录各点的电容值，就可以获得具有灰度级的指纹图像。半导体压感式传感器表面顶层是具有弹性的压感介质材料，可以装饰指纹嵴峪分布(凹凸分布)转化为相应的电子信号，并进一步产生具有灰度级的指纹图像。半导体温度感应传感器是通过感应按压在设备上的指纹嵴和远离设备的指纹峪的温度的不同来获得指纹图像。

超声波指纹采集器被认为是现有的指纹采集设备中技术最好的一种，但因其成本较高，在指纹识别系统中还不多见。超声波指纹采集的基本原理是：利用超声波扫描指纹的表面，接收设备获取其反射信号，由于指纹的嵴和峪的阻抗不同，导致反射回接收器的超声波的能量不同，通过测量超声波的能量大小，从而获得指纹图像。

上述三种指纹采集器性能对比如表 4-3 所示。

表 4-3　三种指纹采集器对比

类别	光学指纹采集器	半导体电容指纹采集器	超声波指纹采集器
原理	图像对比	手指静电场	超声波阻扰
成本	较高	高	高
优点	穿透性强，安全性强，抗污渍和污染能力强	环境光抗干扰性强，极端环境下稳定性好	穿透性强，获得皮肤深层指纹，对用户手指的干湿度要求较低
缺点	成像质量低，识别准确率有待提升，受穿透距离限制	潮湿情况识别率低，指纹识别区域屏幕易老化，抗污渍能力差	体积大、识别率与识别速度较低

2) 虹膜比对识别技术

人的眼球正面外观分为巩膜、虹膜和瞳孔三部分。巩膜为白色，位于最外侧；瞳孔为黑色，居正中间；虹膜则位于巩膜与瞳孔之间，具有唯一性、稳定性、防伪性及便于信号处理等特性。图 4-18 为人眼球正面外观图，图 4-19 为人眼球纵剖面图。

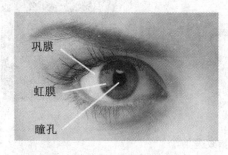

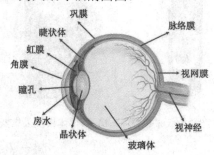

图 4-18　人眼球正面外观图　　　　　　　图 4-19　人眼球纵剖面图

虹膜内包含了丰富的纹理信息，如腺窝、皱褶、色素斑等。每一个虹膜都是一个独一无二的基于像冠、水晶体、细丝、斑点、结构、凹点、射线、皱纹和条纹等特征的结构，是人体中最具独特性的结构之一。虹膜的细部结构在出生之前就以随机组合的方式形成，主要由遗传基因决定，除极少见的反常状况或身体、精神上遭受较大的创伤才有可能造成虹膜外观上的改变外，虹膜的形貌可以保持数十年不变或少变。虹膜是外部可见的，同时又属于内部组织，位于角膜后。若要改变虹膜外观，需要非常精细的外科手术，而且要冒着视力损伤的危险。虹膜的高度独特性、稳定性及不可更改的特点，是虹膜可用作身份鉴别的重要物质基础。

虹膜的采集是通过一个距离眼睛 3 英寸的精密全自动相机来确定虹膜的位置。当相机对准眼睛后会自动寻找虹膜，如图 4-20 所示。当相机发现虹膜时，开始聚焦，根据算法规则逐渐将焦距对准虹膜左右两侧，以确定虹膜的外沿，同时也将焦距对准虹膜的内沿(即瞳孔)，并排除眼液和细微组织的影响。虹膜的定位可在 1 s 之内完成，产生虹膜代码的时间也仅需 1 s 的时间。

在直径 11 mm 的虹膜上，以一定的算法可将其划分成若干平方毫米大小的单位面积，如图 4-21 所示；用 3~4 个字节的数据来代表每平方毫米虹膜的信息。这样，一个虹膜约有 266 个量化特征点，而一般的生物识别技术只有 13 个到 60 个量化特征点，在算法和人类眼部特征允许的情况下，有些算法可获得 173 个二进制自由度的独立特征点。

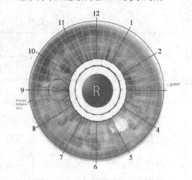

图 4-20　虹膜识别测试　　　　　　　　图 4-21　虹膜划分示意图

虹膜识别技术是基于人眼球中的虹膜进行身份识别的技术，被广泛认为是 21 世纪最具发展前途的生物认证技术。当虹膜信息在出入门禁控制系统中进行了注册后，服务器中会保存一个独一无二的虹膜代码。当人员通过出入口时，位于出入口处的特定摄像仪会对人的整个眼部进行拍摄，并将拍摄到的图像传输给虹膜识别系统，经过一系列处理后生成虹膜代码，然后由识别控制单元将此虹膜代码与预先注册的虹膜代码进行比较。如果两个代码相互一致，则表示验证通过。虹膜识别原理如图 4-22 所示。

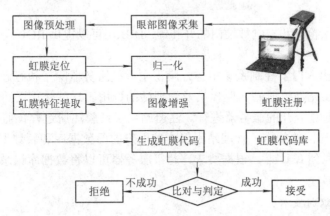

图 4-22　虹膜识别原理

一套用于出入门禁控制系统的虹膜识别系统涉及注册光学单元(EOU)、远程光学单元(ROU)、识别控制单元(ICU)、图像捕捉卡(FGB)、门接口卡(DIB)、服务器等设备。图 4-23 为 LG Iris Access3000 虹膜识别系统设备构成拓扑结构。

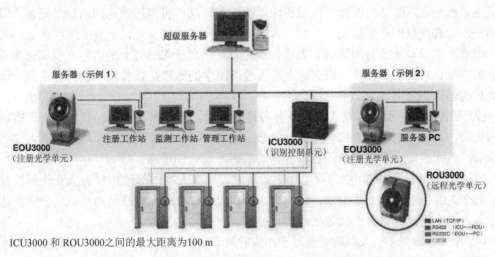

ICU3000 和 ROU3000之间的最大距离为100 m

图 4-23　LG Iris Access3000 虹膜识别系统设备构成拓扑结构

(1) EOU：放置在靠近服务器 PC 的桌面上，包含启动虹膜注册过程所需要的所有元件，通过照亮虹膜来获取虹膜图像，可以提供语音消息，并且会在虹膜注册过程结束时提供发光提示。

(2) ROU：安装在需要控制的门旁边，一般由 2 个部分组成，即带前部防护壳的光学成像器及后部防护壳，一般将后部防护壳安装在门旁边的墙中，将带前部防护壳的光学成像器安装在后部防护壳中，其包含用于获取虹膜图像的部件，提供语音和发光提示，用于指示用户是否被识别。

(3) ICU：安装在被控区内侧的墙中，以防有人破坏，可以将采集到的虹膜图像生成虹膜代码，并将该虹膜代码与所保存的虹膜记录进行比较，如果二者对比一致，则 ICU 会发出开门信号。通过加装图像捕捉卡 FGB 和门接口卡 DIB，ICU 可以控制多个门禁。

(4) FGB：可以采集黑白虹膜图像，并将模拟虹膜图像转换成数字化格式，以便在服务器中进行处理。

(5) DIB：用来检查和控制被控门的开和锁。DIB 还可以提供 ROU 与 ICU 母板之间的接口。

(6) 服务器：出入门禁控制系统中各虹膜识别系统服务器除了执行超级服务器与自身相关的功能外，还充当注册站、监控站及管理站的作用。这些作用既可以通过一台服务器进行，也可以通过分开的服务器进行。注册站负责虹膜注册过程，监控站监控 ICU、ROU、EOU 及被控门的状态，管理站不仅维护用户的旧数据库和新数据库，而且还可以将必要的数据下载到 ICU 上。根据要求，超级服务器可以将数据库记录从一个服务器传送到另一个服务器。

3) 人脸面部识别技术

人脸面部是日常生活中人们最为熟知的对象之一。相对于一般对象，人脸具有以下 6 个重要特性：

(1) 生理结构：人脸面部的生理结构十分复杂，包括表皮、肌肉、骨骼 3 层，基本形状由最内层的骨骼决定，肌肉属于生理结构中的皮下组织，其末端附着于骨骼上，其表层与表皮紧密相连，面部的表情变化由肌肉层决定和驱动，肌肉和表皮间由韧带相连。肌肉的缩张驱动表皮组织产生运动，从而导致面部表现形式发生变化，所有面部肌肉运动的综合作用就产生了丰富多彩的表情。表皮组织是直接映现于人们视野的内容，受肌肉驱动，会产生皱纹、舒展等各种表现形式。上述生理解剖学的原理是计算机人脸图像生成、识别和处理的基础和依据。

(2) 形态内容：面部形态表现为各种各样的表情，形态内容丰富。表情可以大概地分为六大类：高兴、生气、害怕、吃惊、厌恶、沮丧。所有的情绪表现都可以理解为这六者的合成，从而表现出纷繁复杂的各种各样的情感、气质、神态。

(3) 结构和表情上的共性：除生理上的缺陷，所有人物面部结构和表情变化都具有共性。每个人的生理结构上都由口、眼、鼻、耳和眉五官组成，头颅结构相似，表情表达上甚至动态的变化过程也有相似之处。

(4) 个性因素繁多：人眼睛虹膜近乎相同的概率是百万分之一，但人耳朵形状的差别更大。不同人具有不同的五官特征和五官位置，而且没有任何两个人笑容完全一样。

(5) 易受环境影响：摄取人物视频图像随周围光照环境的不同，差别很大。因为面部的形状不是严格的凸结构，所以有时会出现光照上的遮挡。人们有时会佩戴眼睛。

(6) 重要的信息传递媒介：人脸和人脸表情具有特性，能够通过它识别和区分人脸各种微妙的表情变化，这使得面部表情成为人们交流信息的重要传递媒介之一。目前，众多的系统都是基于面部模拟和处理进行的。

　　人脸面部识别系统是通过分析面部特征的唯一形状、模式和位置来辨识人的。人脸面部特征的采集处理方法主要是标准视频技术和热成像技术。标准视频技术是通过一个标准的摄像头摄取面部的图像或者一系列图像，在面部被捕捉之后，一些核心点将被记录。例如，根据人脸具有的六个重要特性，即具有识别特征的眼、鼻、口、眉、脸的轮廓、形状以及它们之间的相对位置，记录下来后形成模板。热成像技术则是通过分析由面部毛细血管流经的血液所产生的热线来产生面部图像，与视频摄像头不同，热成像技术并不需要在较好的光源条件下，因此即使在黑暗情况下也可以使用。

　　人脸面部识别技术包括在动态的场景与复杂的背景中对人脸面部的检测，判断是否存在人脸，并分离出这种人脸以及对被检测到的人脸进行动态目标跟踪。人脸的检测可以简明地描述为：给定一个静态图像或视频序列，要求定位和检测出一个或多个人脸面或其五官的位置。该问题的求解包括图像分割、脸的提取、特征的提取等几步。一个视觉的前后端处理器应该能适应光照条件、人脸朝向、表情、相机焦距的各种变化。其技术原理分三部分。

　　(1) 人体面部检测。

　　人体面部检测是指在动态的场景与复杂的背景中判断是否存在面相，并分离出这种面相。

　　(2) 人体面部跟踪。

　　人体面部跟踪是指对被检测到的面部进行动态目标跟踪。具体采用基于模型的方法或基于运动与模型相结合的方法。

　　(3) 人体面部比对。

　　人体面部比对是对被检测到的面相进行身份确认或在面相库中进行目标搜索。实际上就是将采样到的面相与库存的面相依次进行比对，并找出最佳的匹配对象。所以，面相的描述决定了面相识别的具体方法与性能。目前主要采用特征向量与面纹模板两种描述方法。

　　特征向量法是先确定眼虹膜、鼻翼、嘴角等面相五官轮廓的大小、位置、距离等属性，然后再计算出它们的几何特征量，这些特征量形成一个描述该面相的特征向量。

　　面纹模板法是在库中存储若干标准面相模板或面相器官模板，在进行比对时，将采样面相所有像素与库中所有模板采用归一化相关量度量进行匹配。

　　此外，还有采用模式识别的自相关网络或特征与模板相结合的方法。人体面貌的识别过程一般分为以下三步：

　　① 建立人体面貌的面相档案，即用摄像机采集单位人员的人体面貌的面相文件或取他们的照片形成面相文件，并将这些面相文件生成面纹编码储存起来。

　　② 获取当前的人体面像，即用摄像机捕捉当前出入人员的面相，或取照片输入，并将当前的面相文件生成面纹编码。

　　③ 用当前的面纹编码与档案库存的面纹编码比对，即将当前的面相的面纹编码与档案库存中的面纹编码进行检索比对。面纹编码方式是根据人体面貌脸部的本质特征来工作的。这种面纹编码可以抵抗光线、面部毛发、发型、眼镜、表情和姿态的变化，具有强大的可靠性，从而使它可以从百万人中精确地辨认出某个人。

　　用于安全防范的人像识别系统大多以 PC 和 Windows 操作系统为平台，人脸面部识别系统结构如图 4-24 所示。

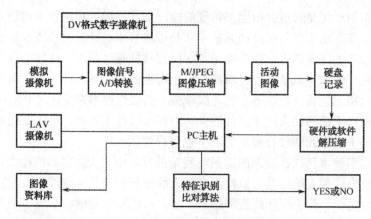

图 4-24　人脸面部识别系统结构

该系统在出入通道由正面隐蔽摄像机自动摄下多幅头部、脸部图像，其主要完成以下功能：

① 面孔侦测：发现单个或多个人员的面孔(即使背景很复杂)。

② 分割处理：从监视图像中，自动地将侦测到的多个人员头像分离、割取出来。

③ 跟踪能力：实时追踪现场人员的面孔，以捕捉其各个角度的头像。

④ 图像评估：对采集到的面孔图像进行评估和改善，选取出最适合的头像。

⑤ 压缩存储：经系统优化压缩后，将捕捉到的面孔照片依照时间顺序存入数据库。

⑥ 识别功能：通过真人识别功能判断摄像机获得的面相，是一个真人还是由一幅照片所产生。

面相识别的基本步骤如下：

① 首先进行用户注册，可以用摄像头实时或从照片采集用户的面相，生成面纹编码(即特征向量)，建立面相档案。

② 在进行用户识别时，用摄像头采集用户的面相，进行特征提取。

③ 将待确定的用户的面纹编码与档案中的面纹编码进行对比。

④ 确认用户的身份或列出面相相似的人脸供选择。

综上所述，指纹、虹膜比对和人脸三种生物识别技术各有特色，其性能对比如表 4-4 所示。

表 4-4　指纹、虹膜比对与人脸识别技术对比

性能对比	指　　纹	虹　　膜	人　　脸
误判率	0.4%	0.0001%	2.5%
稳定性	易磨损；年龄带来的皮肤老化，如皱褶、疤痕、干燥，都会影响指纹识别精度	婴儿出生6～10个月之后虹膜纹理已成形，此后终生保持不变	面部表情变化，不同观察角度，光照条件，遮盖物，年龄等
可复制性	断指，指纹套	不可复制；照片、视频无法识别；一旦眼球脱离身体，瞳孔对于任何光照刺激都不再有缩放反应，虹膜识别算法可以检测到这种反应	双胞胎，视频，照片
接触性	按压式	近红外灯照射，非接触采集	非接触采集

二、出入门禁控制系统的控制器

1. 门禁控制器

出入门禁控制系统的门禁控制器是系统的中枢，相当于计算机的 CPU，里面存储有大量被授权人员的卡号、密码等信息。门禁控制器担负着整个系统的输入、输出信息的处理和门禁控制任务，根据出入口的出入法则和管理规则对各种各样的出入请求作出判断和响应，并根据判断的结果，对执行机构与报警单元发出控制指令。其内部有运算单元、存储单元、输入单元、输出单元和通信单元等组成。门禁控制器性能的好坏将直接影响系统的稳定，而系统的稳定性直接影响客户的生命和财产安全。所以，一个安全和可靠的出入门禁控制系统，首先必须选择更安全、更可靠的门禁控制器。门禁控制器实物如图 4-25 所示。

(a) 集中控制器　　(b) 铁箱型门禁控制器　(c) 滑轨型门禁控制器(单门、　　(d) 分控制器
　　　　　　　　　　　(单门、双门、四门)　　　双门、四门)

图 4-25　门禁控制器实物

门禁控制器与读卡器之间需具有远距离信号传输能力，良好的门禁控制器与读卡器之间的距离应不小于 1200 m，集中控制器与分控制器之间的距离也应不小于 1200 m。门禁控制器机箱必须具有一定的防砸、防撬、防爆、防火、防腐蚀的能力，尽可能阻止各种非法破坏的事件发生。门禁控制器箱内部本身必须带有 UPS，并保证不会被轻易切断或破坏，在外部电源无法提供电力时，至少能够让门禁控制器继续工作几个小时，以防止有人切断外部电源导致出入门禁控制系统瘫痪。门禁控制器必须具有各种即时报警的能力，如电源、UPS 等各种设备的故障提示，机箱被非正常打开时发出警告信息，以及通信或线路故障等进行提示。门禁控制器输入不能直接使用开关量信号，由于开关量信号只有短路和开路两种状态，所以很容易遭到利用和破坏，会大大降低系统整体的安全性。因此，将开关量信号加以转换传输才能提高安全性，如转换成 TTL 电平信号或数字量信号等。

2. 人行出入闸机

人行出入闸机是园区写字楼、工厂等各种出入口的重要安全管控设备。人行出入闸机的基本组成部分包括箱体、拦阻体、机芯、控制模块和辅助模块。箱体用于保护机芯、控制模块等内部部件并起到支撑作用。拦阻体在不允许行人通过的时候起拦阻作用，允许行人通过时会打开放行。机芯由各种机械部件组成一个整体(包括驱动电机、减速机等)，利用机械原理控制拦阻体的开启和关闭动作。控制模块是利用微处理器技术实现各种电气部件和驱动电机的控制。辅助模块包括 LED 指示模块、计数模块、行人检测模块、报警模块、权限输入模块、语音提示模块等。

根据对机芯的控制方式的不同，人行出入闸机分为机械式、半自动式、全自动式三种类型，有些厂商会把半自动式称为电动式，把全自动式称为自动式。根据拦阻体和拦阻方式的不同，可以分为三辊闸、摆闸、翼闸、转闸等，图 4-26 为四种人行出入闸机实物图。

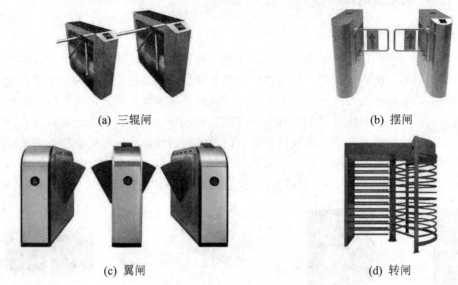

(a) 三辊闸   (b) 摆闸

(c) 翼闸   (d) 转闸

图 4-26   人行出入闸机实物图

20 世纪 80 年代人行出入闸机在国内得到快速应用，大多在地铁项目中出现，是自动售检票系统中的自动检票机的主要设备。到目前为止，人行出入闸机使用的识别方式包括刷卡(包括磁卡、ID 卡、IC 卡、各种异形卡等)、证件扫描(包括身份证、护照、军官证等)、条码/二维码、生物识别(包括指纹、虹膜、人脸等)。卡、证、条码/二维码识别方式的特点是只认卡、证、条码/二维码，不认人，优点是识别速度快、成功率高，但如果行人忘带或丢失卡、证、条码/二维码，就没有通行权限。指纹、虹膜的生物识别方式特点是针对通行的人本身的生物特征进行鉴别，可靠性较高且不用携带外在介质，但是指纹、虹膜的采集较容易，被伪装的可能性较大。人脸识别方式是利用可见光获取人脸图像，经过计算机快速检测、提取人脸特征并进行辨别，根据辨别结果确认行人的通行权限，该方式的优点是本人到场即可验证，没有强制性，不需要主动配合，不用接触，人脸也难以伪装，因而具有较高的安全性和可靠性。不同场所根据不同的安全防范等级，闸机使用的识别方式不太一样，有的单独使用某种识别方式，有的组合多种识别方式使用。比如地铁闸机常用刷卡识别，而高科技工业园区人行闸机则采用人脸、证件组合识别。图 4-27 为基于人脸识别加证件识别的大华人行出入闸机构成示意图。

人脸采集终端   管理平台   传输网络   闸机头   闸机

图 4-27   大华人行出入闸机构成

图 4-27 中，闸机头为先进的人脸识别加证件识别一体机，部署在出入口闸机上。当行人想要进入闸机通道时，需先将面部对准闸机头进行摄像，此时闸机头启动人脸识别功能

完成人脸识别，或将人脸采集终端采集的人脸图像实时上传管理平台进行人脸识别，识别结果会最终下发给闸机，以完成闸机的相关操作。如果使用身份证件，其识别流程与人脸识别基本一致。另外，为了保证人员安全通行，在闸机两端一般还安装有红外检测仪，用于确认行人是否已经进入和通过闸机通道。

三、出入门禁控制系统的执行部件

在出入门禁控制系统中，锁是重要的执行部件。用户应根据门的材料、出门要求等需求选取不同的锁具，主要有以下几种类型。

1. 电磁锁

电磁锁又叫磁力锁，是一种依靠电磁铁和铁块之间产生的吸力来闭合的电锁。电磁锁是一种断电开门的电锁。有些电磁锁带有门状态信号端子，即可以根据门的当前状态(门磁状态)输出信号。仔细观察磁力锁接线端可知，除电源接线端子外，还有 COM、NO、NC 三个接线端子。这些接线端子的作用是可以根据当前门的开关状态，输出不同的开关信号给门禁控制器。例如，非法闯入报警、门长时间未关闭报警等功能，都依赖这些信号作判断，如果不需要这些功能，门状态信号端子可以不接。

单门电磁锁(如图 4-28 所示)适于单向的木门、玻璃门、防火门和单开电动门等门禁使用，单门电磁锁安装位置如图 4-29 所示。

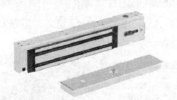

图 4-28 单门电磁锁

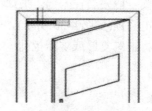

图 4-29 单门电磁锁安装位置

双门电磁锁如图 4-30 所示，适用于双开木门及双开玻璃门等门禁系统，双门电磁锁安装位置如图 4-31 所示。

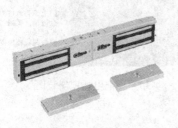

图 4-30 双门电磁锁

图 4-31 双门电磁锁安装位置

电磁锁的优点是性能比较稳定、返修率低、安装方便，不用挖锁孔，只用走线槽，用螺钉固定锁体即可。缺点是一般装在门外的门槛顶部，而且由于外露，美观性和安全性都不如隐藏式安装的阳极锁。但价格和阳极锁差不多，有的还会略高一些。

由于吸力有限，通常的型号是 280 kg 吸力，这种力度有可能被多人同时或者力气很大的人忽然用力拉开。所以，电磁锁通常用于办公室内部或安全级别不太高的场合。某些安全级别较高的场合，例如监狱，如果要安装电磁锁，需定做抗拉力 500 kg 以上。

2. 阳极锁

阳极锁是一种电子锁具，又被称为电插锁，是出入门禁控制系统中最常用的锁定机构之一。在磁片配合的前提下，电插锁通过电流驱动锁舌的伸出或缩回达到锁门或开门的功能。阳极锁实物如图 4-32 所示。

根据电线数量的不同，电插锁分为两线电插锁和四线电插锁等。其中，两线电插锁设计功能较为简单，只有两根线，一根线接电源 +12 V DC，一根线接 GND，断开任何一根线，锁头缩回，门被打开。四线电插锁有两条电线和两条信号线。两条电线分别为红色和黑色，其中红色线接电源 +12 V DC，黑色线接 GND；两条信号线为白色门磁信号线，反映门的开、关状态。在安装电插锁时门磁信号线可以不连接。四线电插锁一般采用单片机控制，发热良性，带延时控制，属于性价比较好的常用型电锁。其延时控制主要用于设置关门时长，通常可设置为 0 s、2.5 s、5 s、9 s，每个厂家的产品功能略有不同。电插锁的延时控制与门禁控制器和门禁软件设置的延时非一个概念，门禁控制器和门禁软件设置的是"开门延时"，或者称为"门延时"，是指电锁开门多少秒以后锁会自动合上。

电插锁的优点是通用性好、价格不高、安装方便、隐蔽性好、安全性高、不易被撬开，而且安装电插锁开门方向不限制，可以双向打开。但是也存在电插锁内部电子元件较多，产品质量受工艺加工影响较大，安装时需要在门框上挖孔等缺点。

电插锁一般安装在木门、玻璃门等门具上。如果玻璃门是上下无框的，则需要选用专用的无框电插锁(如图 4-33 所示)。安装前，一定要配合附件确定安装位置，因为锁孔一旦被挖开，将很难复原或重新挖孔。

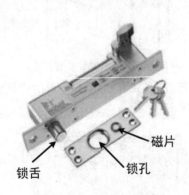

图 4-32　阳极锁实物图

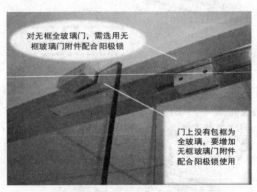

图 4-33　无框电插锁安装图

3. 阴极锁

一般的阴极锁为通电开门、断电锁门型电子锁具，因此适用于单向开门，且安装时一定要配备 UPS 电源，因为停电时阴极锁处于锁门状态。阴极锁实物如图 4-34 所示。

阴极锁是门禁控制系统的配套产品，工作原理和阳极锁相似，一般情况下安装在门框上，用于锁住机械锁舌。阴极锁可广泛适用于办公大楼、木门、不锈钢门、消防门、小区出入口大门，一般与阳极机械锁或球形锁配套使用。

阴极锁采用嵌入式安装(如图 4-35 所示)，外观优美。其电磁部分一般采用优质造磁材料和特殊工艺处理，可保证长时间正常工作而不产生剩磁。

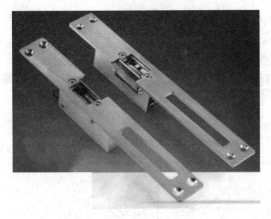

图 4-34 阴极锁实物

图 4-35 阴极锁安装

 任务实施

实训 4-2 出入门禁控制系统磁力锁及读卡器的安装与接线

1. 实训目的

(1) 掌握出入门禁控制系统磁力锁的安装方法。

(2) 掌握出入门禁控制系统锁具的接线方式。

(3) 熟悉出入门禁控制系统读卡器的安装方法。

(4) 熟悉出入门禁控制系统读卡器的接线方式。

2. 实训器材

(1) 设备：门禁控制器、磁力锁、读卡器、DC12 V 电源适配器。

(2) 工具：螺丝刀、六角扳手、内六角螺丝、膨胀螺钉、膨胀螺钉套管、信号线等。

3. 实训步骤

1) 磁力锁的安装

(1) 磁力锁在安装前必须将盖板和吊装条拆解，如图 4-36 所示。

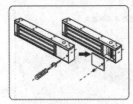
1.拧开螺丝掀开盖板

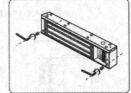
2.用六角扳手拧开防拆螺栓

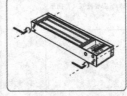
3.用六角扳手拧松底部螺栓

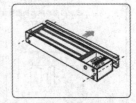
4.掀开锁的吊装条

图 4-36 磁力锁盖板与吊装条拆解

(2) 磁力锁安装步骤如下，如图 4-37 所示，具体操作步骤如下：

① 拿出安装贴纸，将纸板沿着虚线折叠把纸板放到所需装锁的位置，然后把需要打孔的地方做上记号后打孔。

② 将锁体吊装条用螺丝固定在门框上，然后用内六角螺丝插入磁体中，把锁体安装到吊装条上。

③ 使用锤子，轻轻拍打两个固定销到吸板上。

④ 把吸板纸固定到门框上，做上记号后打孔，把吸板安装在门扇上，先不要把螺丝拧紧，确保吸板可以活动。

⑤ 调紧锁体与吸板，保持锁体与吸板平行，且可以完全吸合到位。

⑥ 打开盖板，按照说明书指示接线，关门测试磁力锁是否能完全吸合。

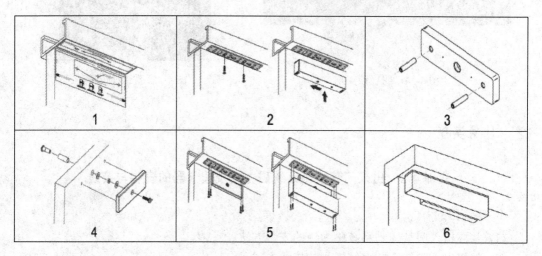

图 4-37　磁力锁安装步骤

(3) 磁力锁支架安装方法，如图 4-38 所示。

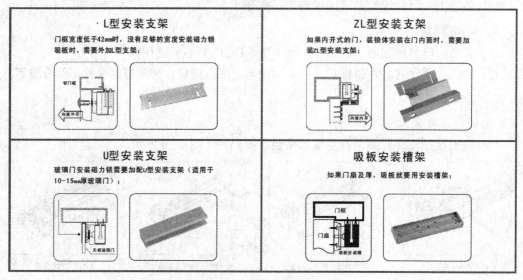

图 4-38　磁力锁支架安装方法

2) 门锁接线

在实际操作中，需要根据门锁的类型选择合适的接线方式，如图 4-39、图 4-40 和图 4-41 所示。

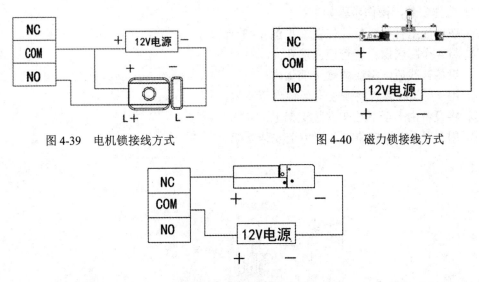

图 4-39 电机锁接线方式　　　　　　　图 4-40 磁力锁接线方式

图 4-41 电插锁接线方式

注：门锁电源接口(12V_LOCK)输出额定电压为 12 V，最大输出总电流为 2.5 A。若负载超出最大额定电流，需单独另配电源。

3) 读卡器安装

读卡器的推荐安装高度(设备中心到地面高度)为 130～150 cm，建议安装高度不高于 200 cm。

(1) 安装 86 盒款读卡器，如图 4-42 所示，操作步骤如下：

① 将 86 盒埋入墙体方孔内。

② 设备接线后，将线缆藏入 86 盒内部。

③ 用两颗 M4 螺钉将安装支架锁附至 86 盒。

④ 将设备由上至下挂在安装支架上。

⑤ 用两颗 M2 螺钉将设备锁附至安装支架上。

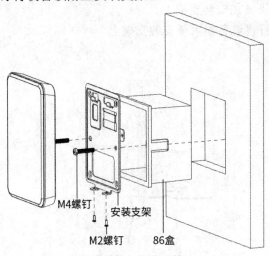

图 4-42 86 盒款读卡器安装示意图

(2) 壁挂安装，操作步骤如下：

① 在墙面上打孔，打孔位置参见图 4-43 所示。

② 将 4 个膨胀螺钉套管埋入墙孔。

③ 设备接线后，将线缆藏进墙体内。

④ 用 4 颗 M3 螺钉将安装支架锁附至墙体。

⑤ 将设备由上至下挂在安装支架上。

⑥ 用 2 颗 M2 螺钉将设备锁附至安装支架上。

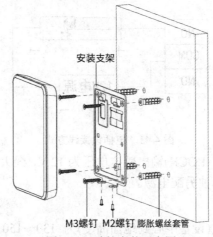

图 4-43　壁挂安装示意图

(3) 安装窄款读卡器，操作步骤下：

① 在墙体上打孔，打孔位置参见图 4-44 和图 4-45。

② 将 3 个膨胀螺钉套管埋入墙孔。

③ 设备接线后，将设备线缆穿过安装支架出线孔。

④ 将线缆藏至墙体(可选)。

⑤ 用 3 颗 M3 螺钉将安装支架锁附至墙体。

⑥ 将设备由上至下挂在安装支架上。

⑦ 用 1 颗 M2 螺钉将设备锁附至安装支架上。

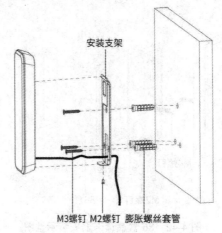

图 4-44　窄款明线安装示意图

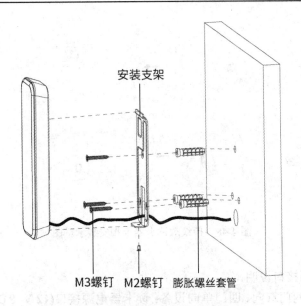

图 4-45　窄款暗线安装示意图

(4) 安装指纹款读卡器，操作步骤如下：

① 在墙体上打 3 个螺栓孔和 1 个线缆孔，打孔位置参见图 4-46 和图 4-47 所示。

② 将 3 个膨胀螺钉套管埋入墙孔。

③ 用 3 颗 M3 螺钉将安装支架锁附至墙体。

④ 为设备接线。

⑤ 将线缆藏至墙内(可选)。

⑥ 将设备由上至下挂在支架上。

⑦ 将设备按箭头方向用力压下，听到"咔哒"一声，说明安装成功，如图 4-48 所示。

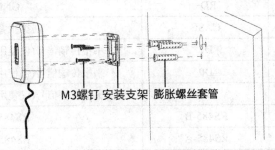

图 4-46　指纹款明线安装示意图

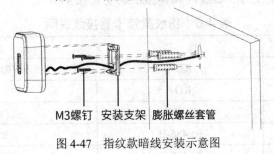

图 4-47　指纹款暗线安装示意图

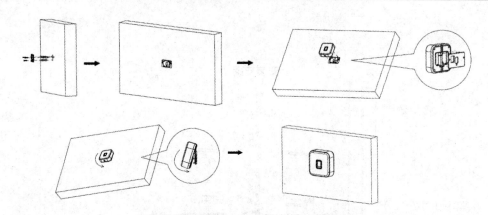

图 4-48　指纹款读卡器卡扣安装示意图

4) 读卡器接线

(1) 读卡器电源接口说明。

① 单门双向、两门双向、四门单向设备：读卡器电源接口(12 V_RD)额定电压为 12 V，最大输出总电流为 1.4 A。

② 四门双向、八门单向设备：读卡器电源接口(12 V_RD)额定电压为 12 V，最大输出总电流为 2.5 A。

(2) 接线说明。

86 盒款读卡器和窄款读卡器的接线为 8 芯线，具体接线说明见表 4-5。

表 4-5　86 盒和窄款读卡器接线说明

颜　色	接　口	说　明
红	RD+	PWR(DC +12 V)
黑	RD−	GND
蓝	CASE	防拆报警信号
白	D1	韦根传输信号(仅使用韦根协议时有效)
绿	D0	韦根传输信号(仅使用韦根协议时有效)
棕	LED	韦根应答信号(仅使用韦根协议时有效)
黄	RS485-B	RS485-B
紫	RS485-A	RS485-A

指纹款读卡器的接线为 5 芯线，具体接线说明见表 4-6。

表 4-6　指纹款读卡器接线说明

颜　色	接　口	说　明
红	RD+	PWR(DC + 12 V)
黑	RD−	GND
蓝	CASE	防拆报警信号
黄	RS485-B	RS485-B
紫	RS485-A	RS485-A

读卡器接线时，RS485 接线和韦根接线二选一即可。

(3) 读卡器线缆说明。

读卡器线缆的连接方式和长度说明见表 4-7。

表 4-7　读卡器线缆要求

读卡器类型	连接方式	长度
RS485 读卡器	RS485 连接，单根线束阻抗要求 10 Ω 内	100 m
韦根读卡器	韦根连接，单根线束阻抗要求 2 Ω 内	80 m

4. 实训成果

(1) 完成出入门禁控制系统磁力锁的安装。

(2) 完成出入门禁控制系统不同类型锁具的接线。

(3) 完成出入门禁控制系统不同读卡器类型的安装。

 评价与考核

一、任务评价

任务评价见表 4-8。

表 4-8　实训 4-4 任务评价

考核项目	评价要点	学生自评	小组互评	教师评价	小计
出入口门禁控制系统磁力锁及读卡器的安装与接线	磁力锁在安装前的操作				
	磁力锁支架安装方法				
	门锁接线与测试				
	读卡器的安装方法				
	读卡器接线与测试				

二、任务考核

1. 简述密码识别中密码的主要作用。

2. 简述非接触 IC 卡的工作原理。

3. 对比分析目前常见的指纹识别、人脸识别与虹膜识别技术。

4. 对比分析门禁控制系统中电磁锁、阳极锁与阴极锁的特点。

 拓展与提升

运用调查法与文献检索法，对比当前出入门禁控制系统中使用的一些主流的识读设备的性能，并且分析该领域的未来发展趋势。

任务 4-3　知晓出入门禁控制系统的应用模式

 任务情境

出入门禁控制系统产生于 20 世纪 80 年代，由于其使用简单，实用性强，在我国迅速得到推广应用。早期的出入门禁控制系统的应用模式较为简单，主要采用人防模式或模拟视频监控模式，其中人防模式不仅效率低下，而且安全性较低，而模拟视频监控模式则受制于图像处理，难以在出入门禁控制系统中发挥其应有的作用。后来，随着出入口识读技术、网络传输技术及控制技术的不断完善，出入门禁控制系统的应用模式有了根本性的改变，以往单一的出入门禁控制模式正逐步转变为高集成度的智能出入门禁控制与管理平台，其中除了传统的门禁控制系统，管理平台中还集成了包括楼宇对讲系统、停车管控系统、考勤系统、巡更管理系统、梯控系统等在内的多个安全管理系统，各系统之间可以方便、快捷地进行联动处置，技术性能更趋成熟，安全性、方便性、易管理性等方面均有了长足的进步。

本次学习任务主要完成出入门禁控制系统中门禁控制器的安装与接线，使学习者能够进一步巩固出入门禁控制系统的工作原理，同时提升对出入门禁控制系统的操作技能。

 学习目标

(1) 理解一体型与分体型出入门禁控制系统的结构。

(2) 理解独立控制型、联网控制型、数据载体传输控制型出入门禁控制系统的特点。

(3) 理解单出入门禁控制设备连接与多出入门禁控制设备连接出入门禁控制系统的特点。

(4) 掌握基于现场总线网络型式、以太网网络型式、单级网络型式和多级网络型式的出入门禁控制系统的特点。

(5) 具备熟练完成入门禁控制系统平台软件设置与使用的操作技能。

 **知识储备**

一、基于不同硬件构成模式的出入门禁控制系统

1. 一体型出入门禁控制系统

将出入门禁控制系统中的各个组成部分通过内部进行连接、组合或集成在一起，从而实现出入门禁控制的所有功能的系统被称为一体型出入门禁控制系统，该系统结构如图 4-49 所示。

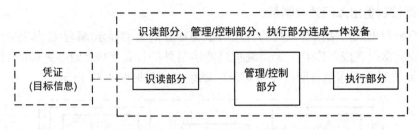

图 4-49　一体型出入门禁控制系统结构

2. 分体型出入门禁控制系统

分体型出入门禁控制系统的各个组成部分在结构上有分开的部分，也有通过不同方式组合的部分。分开部分与组合部分之间通过电子、机电等手段连接成为一个系统，实现出入门禁控制的所有功能。分体型出入门禁控制系统结构见图 4-50 和图 4-51。

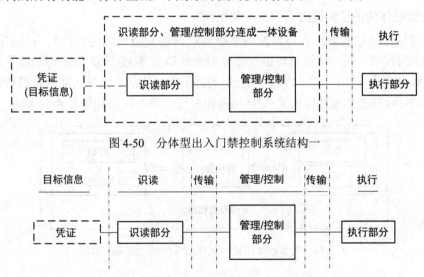

图 4-50　分体型出入门禁控制系统结构一

图 4-51　分体型出入门禁控制系统结构二

二、基于不同管理/控制方式的出入门禁控制系统

1. 独立控制型出入门禁控制系统

对于管理与控制部分的全部显示/编程/管理/控制等功能均在出入门禁控制器内完成的应用系统，被称为独立控制型出入门禁控制系统。该系统结构如图 4-52 所示。

图 4-52　独立控制型出入门禁控制系统结构

2. 联网控制型出入门禁控制系统

联网控制型出入门禁控制系统的管理与控制部分的全部显示/编程/管理/控制功能不在出入门禁控制器内完成。其中，显示/编程功能由另外的设备完成，设备之间的数据传输通过有线和/或无线数据通道及网络设备实现。该系统结构如图 4-53 所示。

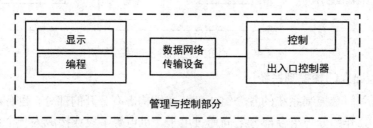

图 4-53　联网控制型出入门禁控制系统结构

3. 数据载体传输控制型出入门禁控制系统

数据载体传输控制型出入门禁控制系统与联网控制型出入门禁控制系统的区别仅在于数据传输的方式不同。其管理与控制部分的全部显示/编程/管理/控制等功能不是在出入门禁控制器内完成。其中，显示/编程功能由另外的设备完成，设备之间的数据传输通过对可移动的、可读写的数据载体的输入/导出操作完成。该系统结构如图 4-54 所示。

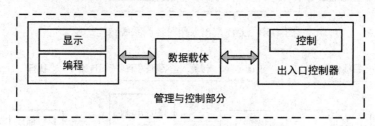

图 4-54　数据载体传输控制型出入门禁控制系统结构

三、基于不同设备连接方式的出入门禁控制系统

1. 单出入门禁控制设备连接出入门禁控制系统

仅能对单个出入口实施控制的单个出入门禁控制器所构成的控制设备连接方式被称为单出入门禁控制设备连接出入门禁控制系统，该系统结构如图 4-55 所示。

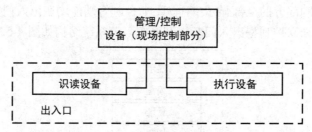

图 4-55　单出入门禁控制设备连接出入门禁控制系统结构

2. 多出入门禁控制设备连接出入门禁控制系统

能同时对两个以上出入口实施控制的单个出入门禁控制器所构成的控制设备，构成了

多出入门禁控制设备连接出入门禁控制系统。该系统结构如图4-56所示。

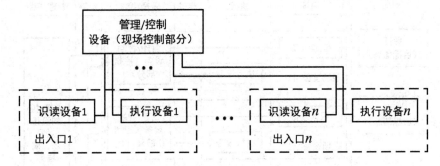

图 4-56　多出入门禁控制设备连接出入门禁控制系统结构

四、基于不同联网型式的出入门禁控制系统

1. 基于现场总线网络型式的出入门禁控制系统

基于现场总线网络型式的出入门禁控制系统分为普通总线制和环形总线制两种出入门禁控制系统，比如基于 RS485/RS422 现场总线或 CAN 总线等。

(1) 普通总线制：出入门禁控制系统的现场控制设备通过联网数据总线与出入口管理中心的显示、编程设备相连，每条总线在出入口管理中心只有一个网络接口，此类出入门禁控制系统被称为普通总线制出入门禁控制系统，该系统结构如图 4-57 所示。

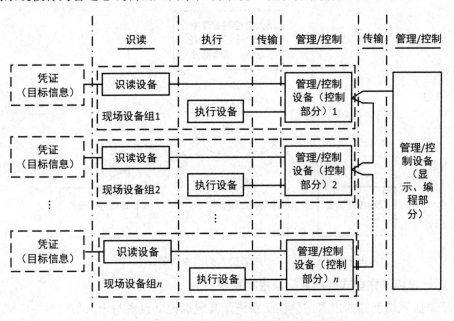

图 4-57　普通总线制出入门禁控制系统结构

(2) 环形总线制：出入门禁控制系统的现场控制设备通过联网数据总线与出入口管理中心的显示、编程设备相连，每条总线在出入口管理中心有两个网络接口，当总线有一处发生断线故障时，系统仍能正常工作，并可探测到故障的地点，此类出入门禁控制系统被称为环形总线制出入门禁控制系统，该系统结构如图 4-58 所示。

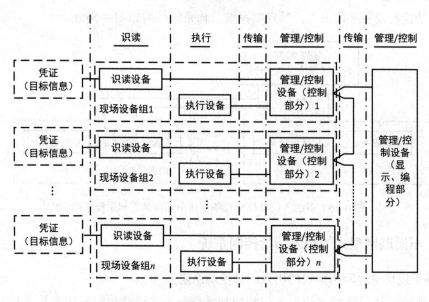

图 4-58　环形总线制出入门禁控制系统结构

2. 基于以太网网络型式的出入门禁控制系统

基于以太网网络型式的出入门禁控制系统，其现场控制设备与出入口管理中心的显示、编程设备的连接采用以太网的联网结构，如图 4-59 所示。

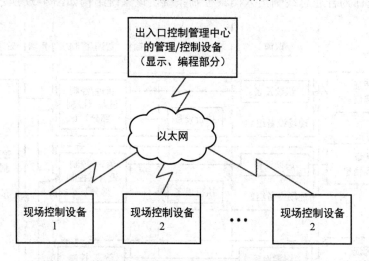

图 4-59　基于以太网网络型式的出入门禁控制系统结构

3. 基于单级网络型式的出入门禁控制系统

基于单级网络型式的出入门禁控制系统，其现场控制设备与出入口管理中心的显示、编程设备的连接采用单一联网结构，如图 4-60 所示。

图 4-60　基于单级网络型式的出入门禁控制系统结构

4. 基于多级网络型式的出入门禁控制系统

基于多级网络型式的出入门禁控制系统，其现场控制设备与出入口管理中心的显示、编程设备的连接采用两级以上串联的联网结构，且相邻两级网络采用不同的网络协议，如图 4-61 所示。

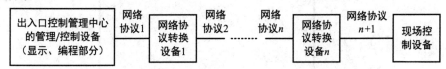

图 4-61　基于多级网络型式的出入门禁控制系统结构

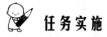

任务实施

实训 4-3　出入门禁控制系统中门禁控制器的安装与接线

1. 实训目的

(1) 掌握出入门禁控制系统门禁控制器的安装方式及步骤。

(2) 熟悉出入门禁控制系统门禁控制器的接口说明。

(3) 熟悉出入门禁控制系统门禁控制器接线要点。

(4) 掌握出入门禁控制系统门禁控制器的常见运维方式。

2. 实训器材

(1) 设备：门禁控制器。

(2) 工具：钻孔器、锤子、起子、十字螺丝刀、自攻螺丝、DC12V 电源适配器。

3. 实训步骤

1) 门禁控制器的安装

(1) 准备安装工具。安装机箱前应确认箱内物品和自行准备工具，如图 4-62 和图 4-63 所示。机箱背面打孔尺寸如图 4-64 所示。

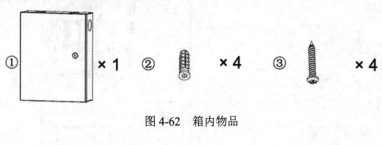

图 4-62　箱内物品

图 4-63　自行准备工具

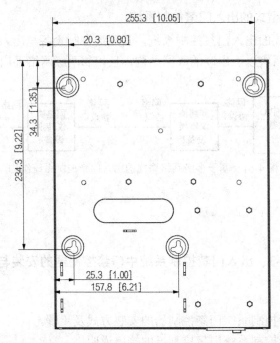

图 4-64 机箱背面打孔尺寸(单位：mm)

(2) 门禁控制器的安装方式。门禁控制器有暗线安装和明线安装两种安装方式。暗线安装的具体操作流程：用钻孔器在墙体上钻四个孔，钻孔位置参考图 4-65 所示，用锤子将膨胀螺丝管敲进孔内，之后用起子将机箱背面的留孔金属片敲落，将设备线缆从敲落孔穿出并穿入墙内，再用自攻螺钉将机箱固定在墙上，最后完成设备接线，关闭机箱门。

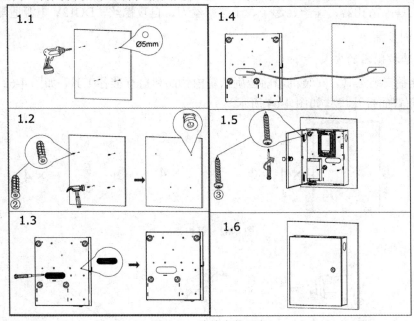

图 4-65 暗线安装示意

明线安装的具体流程：用钻孔器在墙体上钻四个孔，钻孔位置参考图 4-66 所示，用锤子将膨胀螺钉管敲进孔内，之后用起子将机箱侧面的留孔金属片敲落，将设备线缆从敲落孔穿出，再用自攻螺钉将机箱固定在墙上，最后完成设备接线，关闭机箱门。

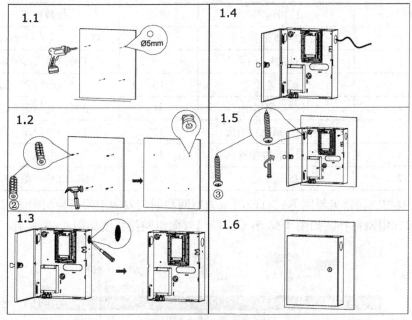

图 4-66　明线安装示意

2）门禁控制器的接口与接线要点

（1）接口说明。门禁控制器的工作原理及接口如图 4-67 所示，其相关接口说明见表 4-9 所示。

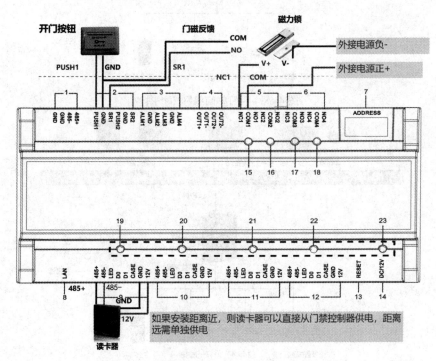

图 4-67　门禁控制器工作原理及接口

表 4-9　门禁控制器相关接口说明

序号	接口说明	序号	接口说明
1	RS485 通信	8	TCP/IP，软件平台接口
2	出门按钮、门磁	9	1 号门进门读卡器
3	外部报警输入	10	1 号门出门读卡器
4	外部报警输出	11	2 号门进门读卡器
5	1 号门门锁控制输出	12	2 号门出门读卡器
6	2 号门门锁控制输出	13	重启键
7	拨码开关	14	DC 12 V 电源接口

(2) 门禁控制器常见组网方式有四门单向组网和四门双向组网两种组网方式。四门单向组网拓扑图如图 4-68 所示。四门双向组网拓扑图如图 4-69 所示。

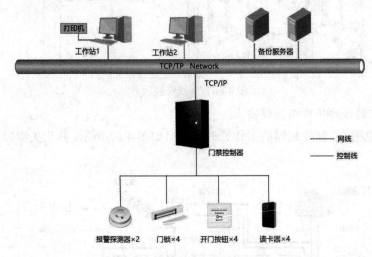

图 4-68　四门单向组网拓扑图

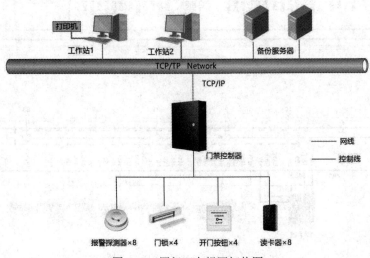

图 4-69　四门双向组网拓扑图

(3) 接线注意事项。严禁带电插拔接线端子；确保系统中 220 V 交流三角插座中的地线真实接地；门锁电源接口(12 V_LOCK)输出额定电压为 12 V，最大输出总电流为 2.5 A，若负载超出最大额定电流需单独另配电源；单门双向、两门双向、四门单向设备的读卡器电源接口(12 V_RD)额定电压为 12 V，最大输出总电流为 1.4 A；四门双向、八门单向设备的读卡器电源接口(12 V_RD)额定电压为 12 V，最大输出总电流为 2.5 A。

3) 门禁控制器常见的运维操作

(1) 电源指示灯说明。

- 绿色常亮代表正常工作状态；
- 红灯常亮代表异常状态；
- 绿灯闪烁代表蓄电池充电状态；
- 蓝灯常亮代表设备进入 Boot 模式。

(2) 拨码开关说明。通过拨码开关来执行对应的操作，如图 4-70 所示。其中，▯开关在上表示 1；▮开关在下表示 0。其中，1～8 全部为 0 说明设备上电后，系统正常启动；1～8 全部为 1 说明设备启动后进入 Boot 模式；1、3、5、7 为 1，其他为 0 说明设备重启后系统恢复出厂状态；2、4、6、8 为 1，其他为 0 说明设备重启后系统恢复出厂状态，但保留用户信息。

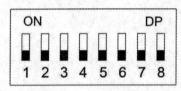

图 4-70　拨码开关

(3) 重启说明。按一下 Restart(重启)键即可重启控制器。但仅重启设备，不更改配置。

4. 实训成果

(1) 完成门禁控制器的安装。
(2) 完成门禁控制器的接线。

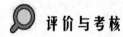 评价与考核

一、任务评价

任务评价见表 4-10。

表 4-10　实训 4-2 任务评价

考核项目	评价要点	学生自评	小组互评	教师评价	小计
出入门禁控制系统中门禁控制器的安装与接线	安装工具准备情况				
	门禁控制器暗线安装情况				
	门禁控制器明线安装情况				
	门禁控制器接线情况				
	门禁控制器的运维内容				

二、任务考核

1. 简述一体型出入门禁控制系统与分体型出入门禁控制系统的适用条件。

2. 简述独立控制型、联网控制型和数据载体传输控制型出入门禁控制系统的区别。

3. 简述基于现场总线网络型、以太网网络型、单级网络型和多级网络型出入门禁控制系统的特点。

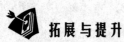 拓展与提升

在调查分析的基础上，从产业、技术、管理及典型应用案例等角度，较细致地阐述智慧园区出入门禁控制系统的发展方向。

智慧园区楼寓对讲设备操作与系统调试

楼寓(也被称为楼宇)对讲技术是智慧园区安全防范技术体系的重要组成部分。基于楼寓对讲系统,可以实现对出入楼寓的人员进行全面、准确、可靠的安全认证、管控和高效服务。在智慧园区整个安全防范系统中,楼寓对讲系统作为保障入室安全的最后一道屏障,被喻为楼寓人员安全生活与工作的"守护神"。

楼寓对讲系统一般关联机房、保安室、单元楼(别墅),分别由管理机、综合管理平台、平台客户端、核心交换机、门口机、室内机、楼道交换机等设备组成,这些设备通过网线与信号线共同构成一个相对完整的信息收集、传输、处理与反馈系统。系统的基本功能包括双向呼叫、可视通话、门口机监视、遥控或远程开锁、SOS、报警、监视喊话等功能,随着技术发展及应用需求的增加,对讲系统还衍生出图像抓拍、存储、留影、留言、通话录音录像、户户通、梯控、智能家居、云服务(手机)等功能,并且还能与视频监控、入侵和报警、出入口控制等其他子系统进行集成,实现整个智慧园区安防系统的综合联动管控功能。

本项目以智慧园区楼寓可视对讲设备操作与系统调试为载体,通过设置两个典型工作任务,即知晓智慧园区楼寓对讲系统、熟悉楼寓对讲系统设备及应用,要求完成各任务相应的实训工作,包括楼寓对讲系统方案拓扑结构设计、楼寓对讲系统典型设备的安装与接线、楼寓对讲系统业务配置。通过本项目任务的实践训练,使学习者能够在理解智慧园区楼寓对讲系统基本知识的基础上,具备楼寓对讲系统设备操作和系统调试的操作技能。项目五的任务点思维导图如图5-1所示。

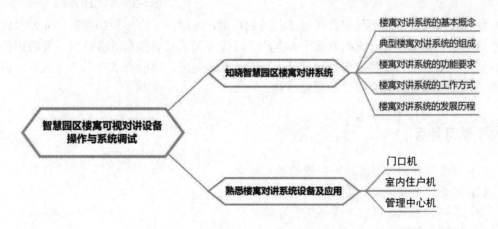

图 5-1 项目五的任务点思维导图

任务 5-1　　知晓智慧园区楼寓对讲系统

 任务情境

　　楼寓对讲系统是在现代多层或高层建筑中实现访客、住户和物业管理中心相互通话、进行信息交流并实现对小区安全出入通道控制的管理系统，其前身可追溯到旧时宅院大门上的门环或门铃。旧时有钱的大户人家，多在大门上安装具有装饰性的门环(如图 5-2 所示)，叫门的人可用门环拍击环下的门钉，从而发出较大的响声，起到叫门对讲的作用。门铃(如图 5-3 所示)也是客至的一种信息传递工具，访客敲打门铃，主人听闻铃声后开门纳客，这在我国古代已成为一种文明行为。关于门铃的起源，据《江南余载》记述，我国第一个使用门铃的是五代时期的陈致光。此人在厅内曾悬一大铃，以绳系之，另一端则悬于门旁，并在门上贴有一张告示曰："无钱雇仆，客至，请挽之。"后来不少人竞相仿效，被视为雅致之极，并传至宫中。时至今日，虽然门铃一直沿用下来，但其构成早已被电子门铃所取代。

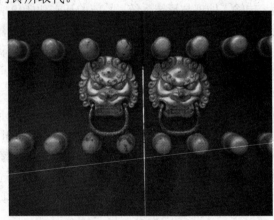
图 5-2　古代的门环

图 5-3　古代的门铃

　　现代楼寓对讲系统不仅包含了电子门铃的功能，还增加了许多新的功能，成为现代安防系统的重要组成部分。在此背景下，本次学习任务要求完成楼寓对讲系统方案的拓扑结构设计，在系统学习楼寓对讲系统的基本概念、基本组成、功能要求、工作方式等知识的基础上，进一步提升方案设计的职业技能。

 学习目标

　　(1) 理解智慧园区楼寓对讲系统的基本概念。
　　(2) 熟悉智慧园区典型楼寓对讲系统的组成。
　　(3) 掌握智慧园区楼寓对讲系统的功能。
　　(4) 理解智慧园区楼寓对讲系统的工作方式。

(5) 具备一定的系统方案设计的职业技能。

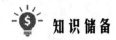

知识储备

一、楼寓对讲系统的基本概念

随着智慧园区的高速发展，园区内楼寓进出人员的安全管理工作显得日趋重要。传统的访客登记及值班看门的管理方法，已经不适合快捷、方便、安全的现代化管理需求。在此背景下，基于先进的信息技术的楼寓对讲系统应运而生。现行的国家标准 GB/T 31070《楼寓对讲系统》将楼寓对讲系统定义为：用于住宅及商业建筑，具有选呼、对讲、可视(如有)等功能，并能控制开锁的电子系统。

由此可见，楼寓对讲系统是集微电子技术、计算机技术、通信技术、多媒体技术等为一体的楼寓出入口管理系统，主要由门口主机、室内分机、UPS 电源、电控锁和闭门器等设备及专用网络组成，以实现访客与住户对讲，住户可遥控开启防盗门，各单元梯口访客再通过对讲主机呼叫住户，对方同意后方可进入楼内，从而限制了非法人员的进入。同时，若室内住户受到抢劫或突发疾病，可通过该系统通知保安人员以得到及时的支援和处理。根据目前的应用类型，楼寓对讲系统可分为直按式、数码式、数码式户户通、可视对讲、非可视对讲等类型。

随着科技的进步，楼寓对讲系统正快速向数字化、网络化、智能化的方向发展，可视对讲系统对于楼寓门户管理的最大特点是安全、便捷。在室内通过可视对讲器即可对来访者进行识别，既可免除烦扰，又可简化开门程序。

二、典型楼寓对讲系统的组成

1. 单地址楼寓对讲系统

单地址楼寓对讲系统(以下简称单地址系统)由访客呼叫机、用户接收机、电源及可能需要的辅助装备组成，如图 5-4 所示。访客呼叫机和用户接收机均可以是一台或多台，所有用户接收机共享同一个地址。

图 5-4　单地址楼寓对讲系统

2. 多地址楼寓对讲系统

多地址楼寓对讲系统(以下简称多地址系统)由访客呼叫机、用户接收机、电源及可能需要的辅助设备组成，如图 5-5 所示。访客呼叫机可以是一台或多台，每一个地址可以有一台或多台用户接收机共享。

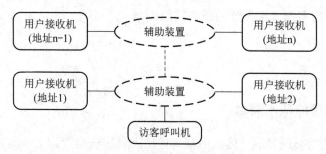

图 5-5　多地址楼寓对讲系统

3. 组合楼寓对讲系统

组合楼寓对讲系统(以下简称组合系统)由单地址系统和/或多地址系统与管理机组成，必要时增加相应的辅助装置，如图 5-6 所示。

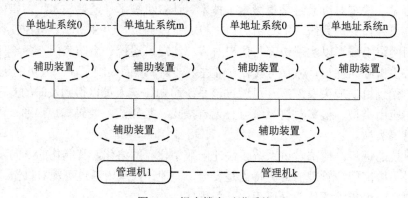

图 5-6　组合楼寓对讲系统

注： m 为单地址系统个数，n 为多地址系统个数，k 为管理机台数。m、n 不能同时为 0。

三、楼寓对讲系统的功能要求

1. 基本功能要求

未配置管理机的楼寓对讲系统应具有以下基本功能：

(1) 呼叫。访客呼叫机应能呼叫用户接收机。呼叫过程中，访客呼叫机应有听觉和/或视觉的提示。用户接收机收到呼叫信号后，应能发出听觉和/或视觉的提示。

(2) 对讲。系统应具有双向通话功能，对讲语音应清晰，连续且无明显漏字。系统应限制通话时长以避免信道被长时间占用。

(3) 开锁。系统应具有电控开锁功能，用户应能通过用户接收机识别访客并手动控制开锁。系统也可以通过以下方式实现开锁。

① 访客呼叫机可以提供一种方法让有权限的用户直接开锁，如通过密码、感应卡或其他方式。

② 出门按键或开关所发出的信号。根据不同等级的安全防范要求，出门按键可以是简单的开关或是复杂的密码开关等。

③ 其他信号，如火灾告警信号、楼寓疏散信号等。

(4) 夜间操作。访客呼叫机应能提供夜间按键背光、摄像头自动补光等功能，以方便使用者在夜间操作。

(5) 可视。具有可视功能的用户接收机应能显示由访客呼叫机摄取的图像。

(6) 操作指示。系统应有操作信息的提示。访客呼叫机应有明确的呼叫操作指示或标识，访客呼叫机在操作过程中和开锁时应能提供听觉和/或视觉的提示。

(7) 防窃听功能。访客呼叫机和用户接收机建立通话后，语音不应被系统中其他用户接收机窃听。

(8) 门开超时告警。当系统电控开锁控制的门体开启时间超过系统预设的时间时，应有告警提示信息。

(9) 防拆。当访客呼叫机被人为移离安装表面时，应立即发出本地听觉告警提示。

2. 扩展功能要求

除了以上未配置管理机的楼寓对讲系统应具有的基本功能外，对于配置了管理机的楼寓对讲系统，还应具有以下扩展功能：

(1) 管理机应能选呼用户接收机，访客呼叫机和用户接收机应能呼叫管理机，多台管理机之间应能正确选呼。所有呼叫应有相应的呼叫和应答提示信号，提示信号可以是听觉和/或视觉的。

(2) 管理机应具有与访客呼叫机，用户接收机对讲功能，多台管理机之间应具有对讲功能。

(3) 管理机应能控制访客呼叫机实施电控开锁。

(4) 具有可视功能的管理机应能显示访客呼叫机摄取的图像。

(5) 当管理机与访客呼叫机、用户接收机通话时，语音不应被系统中其他用户接收机窃听。

(6) 当访客呼叫机处于非安全状态(如门开超时、防拆开关触发等)超过预设时间时，管理中心发布告警提示信息。

(7) 管理中心具有发送图文信息到用户接收机的功能。

(8) 管理机具有记录访客呼叫机通行事件的功能，记录应至少包括时间、日期和事件内容，应具有权限管理功能。

四、楼寓对讲系统的工作方式

近年来，随着数字化、网络化和智能化技术的快速发展及其在楼寓对讲系统中的广泛应用，楼寓对讲系统在设备构成及工作方式上也发生了许多变化。比如，基于视频及人脸识别技术的可视对讲系统正迅速得到市场青睐和用户欢迎，从而彻底改变了传统的基于语音、闹铃等设备的楼寓对讲系统的工作方式。尽管如此，从楼寓对讲系统的核心工作流程来看，其实各类对讲系统并未有实质性的改变，总体上均可分为对讲前、对讲中和对讲后的控制与管理三大环节。

来访者可通过楼下单元门前的主机方便地呼叫住户并与其进行对话。住户在户内控制单元门的开关，园区的主机可以随时接收住户报警信号，并将其传给值班主机，并通知园区的保卫人员。楼寓对讲系统不仅增强了高层楼室的安全保卫工作，而且大大方便了住户，减少许多不必要的上下楼麻烦。在楼寓对讲系统的管控下，平时楼寓大门会总是处于闭锁状态，这样可以避免非本楼寓人员在未经允许的情况下进入楼内，而本楼内的住户则可以利用管控设备如钥匙、门卡等自由出入大楼。当有客人来访时，客人需要在楼门外的对讲主机键盘上输入欲访住户的房间号，呼叫欲访住户的对讲分机。分机接通后，被访住户的主人通过对讲设备与来访者进行双向通话或可视通话，通过来访者的声音或图像确认来访者的身份。当确认可以允许来访者进入后，住户利用对讲分机上的开锁按键，控制大楼入口门上的电控门锁打开大门，来访客人方可进入楼内。来访客人进入楼后，楼门会立即自动闭锁。

另外，住宅小区物业管理的安全保卫部门可以通过小区安全对讲管理主机，对小区内各住宅楼安全对讲系统的工作情况进行监视。如有住宅楼入口门被非法打开、安全对讲主机或线路出现故障，小区安全对讲管理主机会发出报警信号、显示出报警的内容及地点。小区物业管理部门与住户或住户与住户之间可以用该系统相互进行通话。如物业部门通知住户交各种费用、住户通知物业管理部门对住宅设施进行维修、住户在紧急情况下向小区的管理人员或邻里报警求救等。

五、楼寓对讲系统的发展历程

楼寓智能化建设在我国虽然起步较晚，但发展日新月异。随着 Internet 的普及，很多楼寓都已实现了宽带接入，信息高速公路已铺设到园区并进入家庭。楼寓智能化系统的运行基础正由园区现场总线向 Internet 转变，由分散式管理向集中式管理转变。从楼寓对讲系统发展的各个阶段可以看出，数字对讲是楼寓对讲的必然发展趋势。

1. 第一代楼寓对讲系统

最早的楼寓对讲产品功能单一，只有单元对讲功能。20 世纪 80 年代末期，国内已开始有单户可视对讲和单元型对讲产品面世。系统中仅采用发码、解码电路或 RS485 进行园区单个建筑物内的通信，无法实现整个园区内大面积组网。这种分散控制的系统，互不兼容，不利于园区的统一管理，系统功能相对较为单一。1993—1997 年是国内市场第一个发展期，广东地区出现了数家专业生产厂家，如深圳白兰、宝石等，这些厂家产品开始规模生产，技术不断进步，单元楼寓型对讲及可视对讲用户呈现持续增长势头，集中在房地产市场启动较早的广东、上海等经济发达城市。

2. 第二代楼寓对讲系统

随着国内人们需求的逐步提升，没有联网和不可视已经不能满足人们的需求，于是进入联网阶段。20 世纪 90 年代初的产品以我国台湾地区品牌占据较多，如肯瑞奇等。20 世纪 90 年代中后期，尤其是 1998 年以后，组网成为智能化建筑最基本的要求。因此，园区的控制网络技术广泛采用单片机技术中的现场总线技术，如 CAN、BACNET、LONWORKS 以及国内的 AJB-BUS、WE-BUS 和一些利用 RS485 技术实现的总线等。采用这些技术可以把园区内各种分散的系统进行互联组网、统一管理和协调运行，从而构成一个相对较大的区域系统。现场总线技术在园区中的应用使楼寓对讲系统向前迈出了一大步。楼寓对讲产品进入第二个高速发展期，大型社区联网及综合性智能楼寓对讲设备开始涌现。

2000 年以后，我国各省会城市楼寓对讲产品的需求量发展迅速，相应生产厂家也快速增加，形成了珠三角与长三角区域两个主要厂家集群地。珠三角以广东、福建两地为主，主要厂家有广东安居宝、深圳视得安和福建冠林等；长三角以上海、江苏两地为主，主要厂家有弗曼科斯(上海)和杭州MOX等。从市场需求来看，楼寓对讲产品已进入需求平台期。

经过大量的应用，第二代楼寓对讲系统表现出以下局限性：

(1) 抗干扰能力差。常出现声音或图像受干扰而不清晰的现象。

(2) 传输距离受限。远距离传输时需增加视频放大器，园区较大时联网较困难且成本较高。

(3) 采用总线控制技术，占线情况特别多。同一条音视频总线上只允许两户通话，不能实现户户通话。

(4) 功能单一。大部分产品仅限于通话、开锁等功能，设备使用率极低。

(5) 由于技术上的局限性，产品升级或功能扩充困难。

(6) 行业缺乏标准，系统集成困难。不同厂家之间的产品不能互联，同时，可视对讲系统也很难和其他弱电子系统互联。

(7) 不能共用园区综合布线，工程安装量大，服务成本高，也不能很好地融入园区综合网络系统。

3. 第三代楼寓对讲系统

2001年到2003年，随着Internet的普及应用和计算机技术的迅猛发展，人们的工作、生活均发生了巨大变化。数字化、智能化园区的概念已经被越来越多的人所接受，楼寓对讲产品进入第三个高速发展期。在这一时期，多功能楼寓对讲设备开始涌现，基于ARM或DSP的局域网技术开发产品逐渐推出，数字对讲技术有了突破性的发展。网络传输模糊了传统意义上的"距离"的概念，使传输能力得到了无限扩展。这种基于网络的楼寓对讲系统突破了传统观念，可提供网络增值服务(如可以提供可视电话、广告等功能，且费用低廉)。将安防系统集成到楼寓对讲设备中，提高了设备的实用性。第三代楼寓可视对讲系统的主要优点如下：

(1) 适合复杂、大规模及超大规模园区的组网需求。

(2) 数字室内机通过一根网线传输数字、语音、图像等数据，不需要再布设数据总线、音频线和视频线，只要将数字室内机接入室内信息点即可。

(3) 可以实现多路同时互通而不会存在占线的现象。

(4) 对于行业的中高档市场冲击很大。

(5) 接口标准化，规范标准化。

(6) 组建网络费用较低，便于升级及扩展。

(7) 可利用现有网络，免去工程施工。

(8) 便于维护及产品升级。

4. 第四代楼寓对讲系统

截至2005年，广域网数字可视对讲系统已经在全国范围内悄然出现，并且系统运行稳定、可靠，数字可视对讲时代真正来临。2004—2005年，市场上出现了数字可视对讲产品。广域网可视对讲系统是在因特网的基础上构成的，数字室内机作为园区网络中的终端设备起到两个作用：其一是利用数字室内机实现园区多方互通的可视对讲；其二是通过园区以太网或互联网同网上任何地方的可视IP电话或计算机之间实现通话。

随着整个产业步入良性循环，一个全新的宽带数字产业链正逐步清晰，基于宽带的音频、视频传输和数据传输的数字产品是利用宽带基础延伸的新产品。它既包括宽带网运营商和宽带用户驻地网接入商，也包括未来以视频互动为特征的宽带网内容提供商。如今，在人工智能、高速互联网及 5G 移动通信技术等的支持下，数字化、网络化和智能化正以看得见的发展趋势成为当前楼寓对讲系统的主流应用成果。

 任务实施

实训 5-1　典型楼寓对讲系统方案拓扑结构设计

1. 实训目的

能够设计多层楼寓对讲系统方案拓扑结构图。

2. 实训器材

(1) 设备：电脑。

(2) 工具：绘图软件。

(3) 材料：智慧园区楼寓对讲系统的相关资料。

3. 实训步骤

(1) 结合实训目的，拟定本次实训的工作计划。

(2) 根据不同功能分析、设计多层楼寓对讲系统的拓扑结构。

(3) 利用 VISIO 绘图软件绘制多层楼寓对讲系统拓扑结构图。

4. 实训成果

完成多层楼寓对讲系统方案拓扑结构图的制作。

 评价与考核

一、任务评价

任务评价见表 5-1。

表 5-1　实训 5-1 任务评价

考核项目	评价要点	学生自评	小组互评	教师评价	小计
多层楼寓对讲系统方案拓扑结构图	楼寓对讲设备构成情况				
	各设备之间的连接关系				
	拓扑结构图的规范性与正确性				

二、任务考核

1. 楼寓对讲系统的定义是什么？

2. 楼寓对讲系统有哪些类型？

3. 楼寓对讲系统有哪些基本功能？

4. 简要描述楼寓对讲系统的工作方式。

拓展与提升

查找资料，思考影响我国城市智慧园区楼寓对讲系统发展的主要因素。

任务 5-2　熟悉楼寓对讲系统设备及应用

任务情境

在楼寓对讲系统中，对讲机是其中的一个关键设备。人们通常将功率小、体积小的手持式无线电话机称为"对讲机"。自从贝尔发明有线电话之后，这一通信工具使人们充分享受到了现代信息社会的方便，但这远远不能满足人们渴望无拘无束、随时随地无线沟通的需求。1978 年，贝尔实验室的科学家们在芝加哥成功试验了世界上第一个蜂窝移动通信系统，这是移动通信发展史上的重大发明。此后，基于蜂窝移动通信的相关理论，迅速推出了第一代模拟蜂窝移动电话系统、第二代数字蜂窝移动电话系统直至现在的 5G 移动无线通信系统。由于对讲领域的技术进步与发展非常迅速，人们的生活因此而发生了巨大的变化，尤其是人与人之间的联系与交往变得越来越轻松而便捷。

本次学习任务需要完成楼寓对讲系统典型设备的安装与接线、楼寓对讲系统业务配置。通过本项目任务的实践训练，使学习者能够深入理解智慧园区楼寓对讲系统基本知识，特别是系统中所涉及的主要设备，包括门口机、室内住户机、管理中心机、楼层分配器、联网控制器等，具备楼寓对讲系统关键设备和业务配置的操作技能。

学习目标

(1) 了解门口机的外观结构和主要功能。
(2) 知晓室内住户机的功能。
(3) 了解管理中心机的组成与基本功能。
(4) 具备楼寓对讲系统关键设备的操作和装调工作技能。

知识储备

一、门口机

1. 外观结构

来访者可通过楼下单元门前的门口机方便地呼叫住户并与其对话，门口机实物外形如图 5-7 所示。

(a) 未运行的门口机实物图　　　　　　(b) 对讲中的门口机实物图

图 5-7　门口机外形图

图 5-8 为大华楼寓对讲门口机 VTO9531D 的外观结构。图 5-8(a)为该设备的前面板，包括摄像头、喇叭、红外补光灯、光敏传感器、白光补光灯、显示屏、接近感应传感器和麦克风；图 5-8(b)为该设备的后面板，包括防拆开关和多个功能接口。

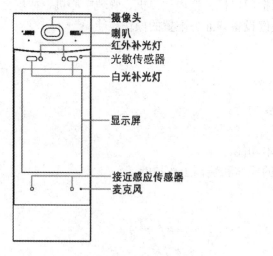

(a) 门口机的前面板　　　　　　　　(b) 门口机的后面板

图 5-8　大华楼寓门口机 VTO9531D 的外观结构

图 5-9 为大华楼寓对讲门口机 VTO9531D 后面板的功能接口，该设备包括 LAN 网络接口、USB 接口、电源接口、门控锁接口、复位孔、485 设备接口、电源输出 DC 12V/100mA 接口、报警输入设备接口、报警输出设备接口、门禁控制器或韦根读卡器接口等。

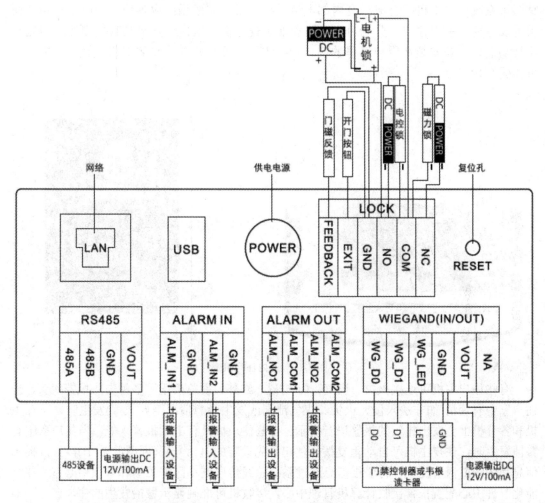

图 5-9　大华楼寓对讲门口机 VTO9531D 后面板的功能接口

2. 主要功能

楼寓对讲系统中的门口机至少应具备门禁开锁、音视频对讲、报警输入等功能。

住户在户内控制单元门的开关，小区的主机可以随时接收住户报警信号并传给值班主机，然后通知小区保卫人员。楼寓对讲系统不仅增强了高层住宅安全保卫工作，而且大大方便了住户，减少了许多不必要的上下楼麻烦。门口机是楼寓对讲系统的控制核心部分，每一户分机的传输信号以及电锁控制信号等都通过主机控制，它的电路板采用减振安装，并进行了防潮处理，抗震防潮能力极强，同时带有夜间照明装置，外形美观大方。

二、室内住户机

室内住户机是安装在住户室内的一个控制中心，它接收各种信号，如门前铃呼叫信号、烟感探测器等传来的警情信号等。这些信号经过室内住户机处理后，向各执行设备发出命令信号，如开锁、报警等，还有通过层间分配器和联网器等设备与外部设备进行通信等功能。室内住户机是一种对讲机，一般都是与主机进行对讲，但现在的户户通楼寓对讲系统则与主机配合成一套内部电话系统，可以完成系统内各用户的电话联系，使用更加方便。室内住户机分为可视分机和非可视分机。室内住户机具有电锁控制功能和监视功能，一般安装在用户家里的门口处，主要方便住户与来访者对讲交谈。室内住户机如图5-10所示。

图 5-10　室内住户机

有些住户主机可连接火灾、煤气、门/窗磁、红外、紧急按钮等多种安防报警探头，当住户家中有警情(如非法入侵、火灾、煤气泄漏或发生紧急情况需要救援)发生时，可在主机和各分机上会发出相应的报警语音提示。有些住户机具有电话报警功能，当住户家中有警情发生时，住户主机可自动重复拨打住户预先设定的电话号码(可设定 2 个)，并且提示信息是清晰的语音提示，将警报信息通过系统总线传送到小区警卫室和管理中心室，在智能化管理中心配置报警接收计算机管理中心，接收机可准确显示警情发生的住户名称、地址及报警方式等信息，并提示保安人员迅速确认警情，及时赶赴现场，以确保住户安全。

三、管理中心机

管理中心机是楼寓对讲系统的中心管理设备，可以安装在管理中心机房或值班室内。其主要功能有接收住户呼叫、与住户对讲、报警提示、开单元门、呼叫住户、监视单元门口情况、记录系统各种运行数据、连接电脑等。

管理中心机实时监控可视对讲系统网络的数据信息，接收室外主机和小区门口机广播的打卡信息，接收室外主机、室内住户机和小区门口机的报警信息，给出文字和声音的提示;与室外主机、小区门口机、室内住户机或其他管理中心机进行可视对讲信令交互，实现与室外主机和小区门口机可视对讲，与室内住户机对讲，或者监视、监听小区门口和单元门口。

管理中心机的组成包括听筒，用于进行通话;键盘，用于选通住户及编程;黑白(彩色)显示屏，用于显示各单元主机视频图像;功能按键，用于给各单元主机发送指令、查询住户报警信息、编程等;各种接线端口，用于连接管理员机与各单元主机、电脑;LED(LCD)

显示屏,用于显示时间、住户房号等字符,通常的管理中心机采用 LED 数码管显示时间及房号等信息。由于 LED 数码管显示有一定的局限性,目前很多厂家出现了使用 LCD 液晶显示屏显示的管理中心机。LCD 液晶显示屏可以显示中文字符,对于管理员进行编程、呼叫等操作非常方便。在报警联网系统中,还可以显示住户的警情信息,提升了管理员机的实用性及方便性。存储住户的警情信息是管理中心机必备的功能,内部存储部分主要存储住户的报警信息,主要包括警情类型、住户房间号码、报警时间等。

管理中心机一般具有呼叫、报警接收的基本功能,是小区联网系统的基本设备。使用电脑作为管理中心机极大地扩展了楼寓对讲系统的功能,很多厂家不惜余力在管理机软件上下功夫,使其集成如三表(水表、电表和气表的简称)、巡更等系统。除此之外,有些系统采用电脑连接管理中心,可以实现信息发布、小区信息查询、物业服务、呼叫及报警记录查询功能、设防与撤防记录查询功能等功能。

管理中心机与单元主机、室内分机、小区门口机(可选)和联网器等设备构成可视对讲系统。系统通过数据总线和音视频信号线连接在一起,数据总线在单元外采用 CAN 总线,单元内采用 H 总线相连。音视频线连接采用两种模式,对于小型社区采用手拉手总线连接方式,对于大型社区采用矩阵交换连接方式,将大型社区根据地理位置划分成多个小的区域(其中每个管理中心机和小区门口机占用一个独立的区),在区内采用手拉手的连接方式,在区外通过矩阵切换器将各个区和管理中心机、小区门口机连接在一起组成社区音视频矩阵交换式网络系统。

管理中心机实时监控可视对讲系统网络数据信息,接收室外主机和小区门口机广播的打卡信息,接收室外主机、室内分机和小区门口机的报警信息,给出文字和声音的提示;与室外主机、小区门口机、室内分机或其他管理中心机进行可视对讲信令交互,实现与室外主机和小区门口机的可视对讲,与室内分机的对讲,或者监视、监听小区门口和单元门口。此外管理中心机还扩展了 232 接口,可以连接电脑,能够将报警和打卡信息实时送往上位机,实现更加智能化的巡更、报警等。

 任务实施

实训 5-2　楼寓对讲系统关键设备的安装与接线

1. 实训目的

(1) 掌握大华单元门口机的安装步骤。

(2) 掌握大华室内机的安装步骤。

(3) 掌握大华单元门口机的接线要求与规范。

(4) 掌握大华室内机的接线要求与规范。

(5) 掌握大华管理机的接线要求与规范。

2. 实训器材

工具:十字螺丝刀、手套、螺钉、明装盒、沉壳、86 盒、单元门口机、别墅门口机、室内机、交换机、管理机、网线、电源线等。

3. 实训步骤

1) 单元门口机的安装

(1) 单元门口机(明装)。单元门口机明装流程及安装示意图如图 5-11 和图 5-12 所示。

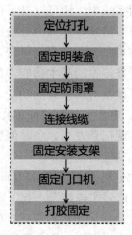

图 5-11 单元门口机明装流程

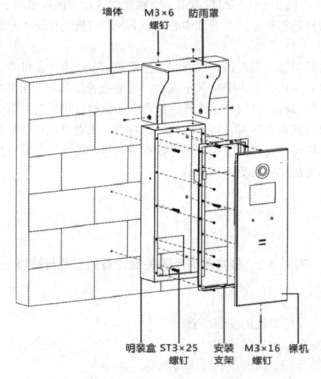

图 5-12 单元门口机安装示意图

单元门口机(明装)的推荐安装高度(以镜头中心到地面高度)为 1.4～1.6 m。安装时需要注意：尽量避免将单元门口机安装于不良环境，如冷凝及高温环境、油污及灰尘环境、化学腐蚀环境、强光直射环境、完全无遮挡环境等；工程的安装、调试需由专业团队施行，如遇设备故障，请勿自行拆卸维修；设备安装前请准备十字螺丝刀，手套等工具。

(2) 单元门口机(暗装)。单元门口机暗装流程及安装示意图如图 5-13 和图 5-14 所示。

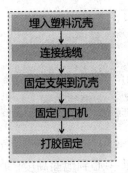

图 5-13　单元门口机暗装流程

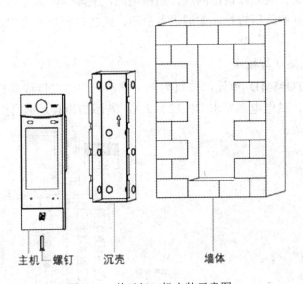

图 5-14　单元门口机安装示意图

单元门口机(暗装)的推荐安装高度(以镜头中心到地面高度)为 1.4～1.6 m。安装时需要注意事项参考明装部分。

(3) 别墅门口机。别墅门口机安装流程及安装示意图如图 5-15 和图 5-16 所示。

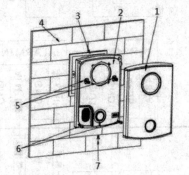

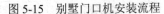

图 5-15　别墅门口机安装流程　　　　图 5-16　别墅门口机安装示意图

别墅门口机的推荐安装高度(以镜头中心到地面高度)为 1.4～1.6 m。安装时需要注意事项参考明装部分。

2) 室内机的安装

室内机安装流程如图 5-17 所示。

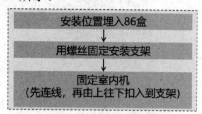

图 5-17　室内机安装流程

室内机的推荐安装高度(以镜头中心到地面高度)为 1.4～1.6 m。安装时需要注意：通电后如发现异常现象，应立即拔出网线，切断电源，故障排除后方可再次接通电源；工程的安装、调试须由专业队伍施行，如遇设备故障，请勿自行拆卸维修，应与产品售后部门联系。

3) 单元门口机接口与接线

以大华 DH-VTO9541D 单元门口机为例，该单元门口机接线端口与接线示意图如图 5-18 所示，接线时，供电电源要求 DC 12 V 2 A，若添加锁具，锁具要求必须单独供电。

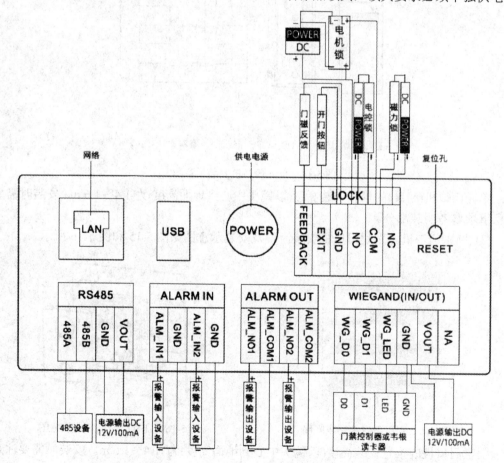

图 5-18　大华 DH-VTO9541D 单元门口机接线端口与接线示意图

4) 室内机接口与接线

以大华 DH-VTH2521CH 室内机为例,该室内机接线端口与接线示意图如图 5-19 所示,大华室内机可以支持大华交换机 PoE 供电或者 DC 12 V 1 A 直流电源供电。

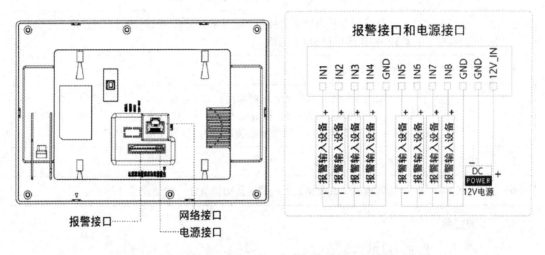

图 5-19 大华 DH-VTH2521CH 室内机接线端口与连接示意图

5) 管理机接口与接线

以大华 DH-VTS5240 管理机为例,该管理机接线端口与接线示意图如图 5-20 所示,接口说明如表 5-2 所示,该管理机支持 DC 12 V 2 A 直流电源供电。

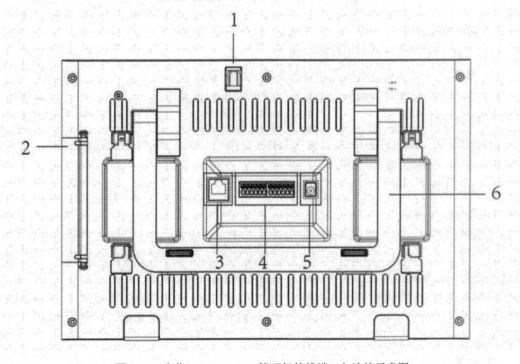

图 5-20 大华 DH-VTS5240 管理机接线端口与连接示意图

表 5-2　管理机接口说明

序号	接口	接 口 说 明
1	摄像头	通过上下拨动调节，可调整摄像头到合适角度
2	接口	打开后面盖从上到下的接口依次为：HDMI 视频传输接口(仅用于传输视频)、USB 接口和 SD 卡插槽
3	网络接口	插入 RJ45 网线
4	12 芯接口	从左到右的接口分别为：电源输出接口；接地；报警输入接口 1；报警输入接口 2；报警输入接口 3；报警输入接口 4；电源输入接口；接地；RS485-A 接口；RS485-B 接口；报警输出接口 NO；报警输出接口 COM
5	电源接口	DC 12 V/2A 电源
6	支架	将管理机平放在桌面上，通过拨动调节杆，调整管理机至合适位置

4. 实训成果

(1) 完成大华单元门口机的安装。

(2) 完成大华单元室内机的安装。

(3) 完成大华单元门口机的接线。

(4) 完成大华室内机的接线。

实训 5-3　楼寓对讲系统业务配置

1. 实训目的

(1) 了解大华楼寓对讲系统的配置模式。

(2) 掌握大华楼寓对讲系统无平台配置模式的配置流程。

(3) 掌握大华楼寓对讲系统无平台模式下的业务配置操作。

2. 实训器材

(1) 设备：门口机(VTO)、室内机(VTH)、交换机、PC(安装 Config Tool 软件)。

(2) 工具：网线、电源线等。

3. 实训步骤

1) 业务配置模式

楼寓对讲系统业务配置可分为有平台模式和无平台模式。有平台模式需要结合智能物联综合管理平台(SmartPSS Plus)使用，当需要多栋单元楼统一管理时，必须要使用智能物联管理平台，该模式适用于整个小区可视对讲系统。无平台模式指的是方案不使用楼寓平台即可实现可视对讲功能，门口机当作平台，从而实现单元和住户的可视对讲，该模式适用于独栋单元楼管理场景。本实训任务以无平台模式为例，讲解楼寓系统门口机呼叫室内机以及室内机监视门口机的基本业务配置。

2) 配置步骤

(1) 设备 Config Tool 端初始化及配置。

① 设备初始化。打开 Config Tool(见图 5-21)，勾选同类型设备，单击"初始化"。因为部分设备初始化后会有额外设置，如果一起初始化，可能会跳过，比如室内机初始化完成后需要选择语言。

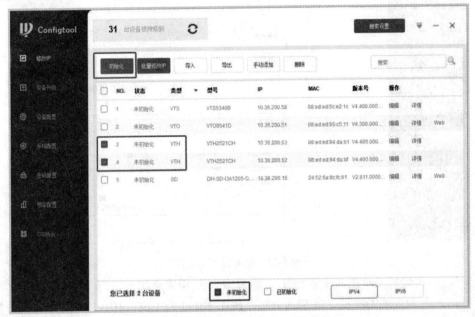

图 5-21　ConfigTool 运行界面

② 门口机设置。单击"设备配置"，选择"门口机"，修改 SIP 服务器。操作过程如图 5-22 所示。

图 5-22　门口机设置

服务器类型选择"VTO"，服务器地址填写 VTO 的 IP 地址，服务器端口为 5060，勾选"启用状态"，单击"保存"。操作过程如图 5-23 所示。

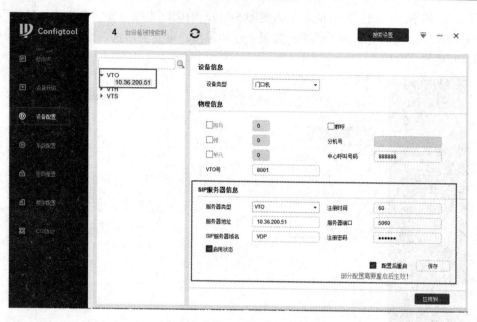

图 5-23　服务器类型选择

③ 室内机设置。单击"设备配置",选择室内机,设置房间号,当一个房间内有多个室内机时,后缀为 0 的为主机,其余为分机,比如 101-0 为主机,101-1、101-2 等为分机。设置 SIP 服务器 IP 地址为 VTO 的 IP 地址,端口为 5060,用户名、密码为 VTO 账号密码,其余保持默认即可,操作过程如图 5-24 所示。

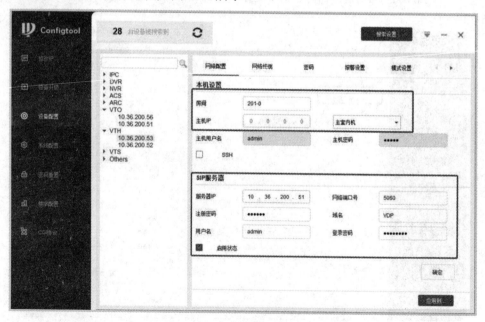

图 5-24　室内机设置

④ 单击"网络终端",填写主门口机 IP 地址、用户名和密码,勾选"启用状态",单击"保存"。操作过程如图 5-25 所示。

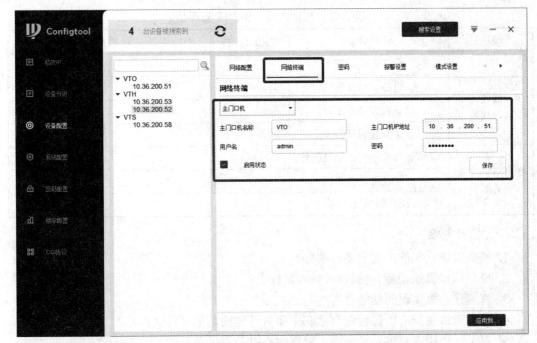

图 5-25　网络终端设置

(2) 门口机 Web 端添加室内机。

登录 VTO 的 Web 端，登录账号密码为 Config Tool 端初始化时候设置的账号和密码，进入后选择"房间号设置→室内机管理"。单击"添加"，系统显示"添加"界面；填写"房间号"，该房间号必须与计划连接的室内机房间号一致，比如在 Config Tool 端设置的两个室内机的房间号为 101、201，在门口机 Web 端添加的房间号需要与这两个室内机的房间号保持一致。

如果添加的房间号过多，也可批量添加，按照相关字段的要求设置好相关参数点击添加即可。

(3) 联调验证。

① 门口机呼叫室内机。在门口机上拨室内机房间号(如：101)，呼叫室内机。室内机弹出监视画面和操作按键，表示调试成功。

② 室内机监视门口机。在室内机主界面单击"监控"，选择需要监视的门口机，进入监视画面。

4. 实训成果

完成大华对讲系统无平台模式下的门口机呼叫室内机业务和室内机监视门口机业务配置操作。

 评价与考核

一、任务评价

任务评价见表 5-3。

表 5-3　实训 5-2、5-3 任务评价

考核项目	评价要点	学生自评	小组互评	教师评价	小计
楼寓对讲系统典型设备的安装与接线	设备安装流程				
	设备安装位置				
	设备接线是否正确				
	设备安装调试结果				
楼寓对讲系统业务配置	Config Tool 端初始化及配置				
	网络设备设置情况				
	设备联调验证效果				

二、任务考核

1. 楼寓对讲系统的主要设备有哪些？

2. 单元门口机的功能有哪些？其特点是什么？

3. 室内住户机实现的功能有哪些？

4. 楼寓对讲系统应用过程中有哪些主要信号传输？都是什么信号？

5. 对于一个楼寓对讲系统来说，管理中心机是否是必备的？

6. 一个基本完整的楼寓对讲系统通常应由哪几部分组成？它具备哪些扩展功能？

 拓展与提升

试结合所学知识和文献检索结果，分析如何实现楼寓对讲系统的主要功能。

智慧园区停车安全管理设备操作与系统调试

　　伴随智慧园区入驻企业数量的增加，以及机动车保有量的快速增长，对园区进出车辆实施有效管控成为园区面临的重要工作内容之一。停车场安全管理系统作为智慧园区控制与管理系统的一个重要组成部分，主要利用先进的车辆号牌识别技术、自动控制技术、网络通信技术等，对车辆出入园区和在停车场内的活动进行全程自动监控管理。该系统将机动车在园区的出入行为统一纳入到整个智慧园区的安全防范体系，便于随时了解园区内的车辆出入动态，具备高度的自动操作与安全监管功能。由于系统同时具备完善的财务监控和统计报表，因此还能有效管控资金流失和发现财务上的漏洞，最大限度地减少园区的运营成本，避免人为失误造成的损失，大大提高园区内车辆使用的安全性与运营效率。

　　本项目以智慧园区停车安全管理设备操作与系统调试为载体，通过设置两个典型工作任务，即知晓智慧园区停车安全管理系统、熟悉智慧园区停车管理的主要设备，并完成智慧园区停车安全管理系统调查、车行出入系统安装接线和车行出入系统调试三个实训，使学习者对智慧园区车辆出入及停放管理的相关知识、设备操作与系统调试有全面的认识。项目六的任务点思维导图如图 6-1 所示。

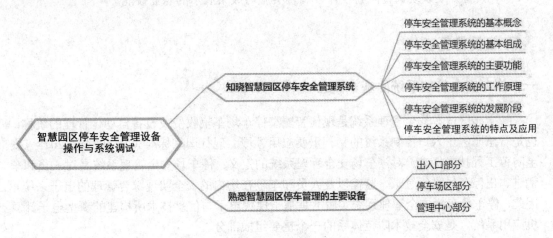

图 6-1　项目六的任务点思维导图

任务 6-1　知晓智慧园区停车安全管理系统

 任务情境

随着经济的发展，汽车的数量不断增加，停车场系统在住宅小区、大厦、机关单位的需求和应用越来越普遍，而人们对停车场管理、智能化程度的要求也越来越高。在停车区域的出入口处安装自动识别装置，目的是有效地控制车辆与人员的出入，记录所有详细资料并自动计算收费额度，实现对停车场内车辆与收费的安全管理。

停车场系统集感应式智能卡技术、计算机网络、视频监控、图像识别与处理及自动控制技术于一体，对停车场内的车辆进行自动化管理，包括车辆身份判断、出入控制、车牌自动识别、车位检索、车位引导、会车提醒、图像显示、车型校对、时间计算、费用收取及核查、语音对讲、自动取(收)卡等一系列科学、有效的操作。

本次学习任务通过完成智慧园区停车安全管理系统的调查与分析，使学习者能够准确理解停车安全管理系统的基本概念、基本组成、主要功能、工作原理、发展阶段、技术特点及应用等内容。

 学习目标

(1) 理解停车安全管理系统的基本概念。
(2) 掌握停车安全管理系统的基本组成。
(3) 掌握停车安全管理系统的主要功能。
(4) 理解停车安全管理系统的工作原理。
(5) 熟悉停车安全管理系统的发展阶段及特点。
(6) 具备开展系统调查问卷设计、调查实施与成果展示的职业技能。

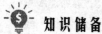 **知识储备**

一、停车安全管理系统的基本概念

智慧园区停车安全管理系统是现代智能型停车场车辆收费及设备自动化管理的统称，也是智慧园区出入口控制系统的又一重要应用领域。现行国家标准 GB 50348—2018《安全防范工程技术标准》对停车场安全管理系统的定义：停车场安全管理系统是对人员和车辆进、出停车场进行登录、监控以及人员和车辆在场内的安全实现综合管理的电子系统。因此，停车场车辆安全管理系统实质上是基于现代电子与信息技术所构建的新型电子计算机应用系统，是安全技术防范体系的一个重要组成部分。

智慧园区车辆安全管理的主要目的是规范场区车辆(机动车)停放，维持停车场的良好秩序，加强停车场的卫生、交通、治安及消防等的综合管理。所有车辆进出时应服从停车安全管理系统指挥，遵守停车场的管理规定，履行机动车进出场地的有关手续。车辆停放时，必须按指定的车位整齐有序停放。车辆停放后，驾驶人员须配合停车安全管理系统做好车辆的检查记录。进场车辆和驾驶员要保持区域内的清洁卫生，禁止在场区内乱丢垃圾与弃置废杂物，禁止在场区内吸烟，必须严格遵守安全防火规定，禁止在场区内以超过限速的速度行驶。

二、停车安全管理系统的基本组成

停车安全管理系统框架如图 6-2 所示，主要由车辆入口部分、车辆出口部分、停车场部分和车辆管理中心组成。

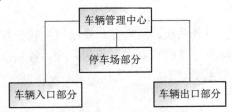

图 6-2　停车安全管理系统的组成

车辆入口部分通常设置在小区及园区大门口、地下车库入口等处，对所有的临时用户和长期用户开放。系统通过车辆入口部分采集车辆基础信息，利用网络将车辆信息数据发送至后端车辆管理中心，再基于车牌识别技术进行号牌数据比对，确保车辆进出状态可查、可控，保障车位合理利用，特别是固定用户能直接通过系统内部白名单识别通过，临时用户则通过记录其出入场的时间信息作为出场时的缴费凭证，通过不同的权限设置提高入场安全级别，使合法车辆能够快速通过道闸，从而加强出入口的高效和安全管理。

1. 车辆出入口部分

车辆出入口部分一般由道闸、车牌识别一体机、地埋线圈与线圈车检器、防砸雷达、岗亭等设备组成，负责完成车辆进出园区的信息采集、车牌识别与车辆管理中心的信息核对、出入权限管理等。只有符合放行条件的车辆才被予以放行，否则车辆将被拒绝进入园区。车辆出入口部分的设备构成如图 6-3 所示。

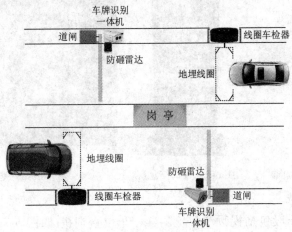

图 6-3　车辆出入口部分的设备构成

道闸一般安装在停车场的出入口安全岛上，通过其挡车闸杆的起落实现对车辆的放行。车牌识别一体机一般安装在出入口道闸附近，主要实现对进出车辆的车牌识别，完成与车辆管理中心的信息交流。地埋线圈与线圈车检器构成车辆检测系统，用于判断是否有车辆经过地埋线圈，当检测到有车辆存在或经过时，检测信号将被及时输出给道闸。防砸雷达作为车辆与行人检测的补充设备，可以增强整个出入口车辆检测系统的准确性、可靠性和有效性，保证出入口处不发生砸车、砸人事故。岗亭是传统的人工车辆出入口管控系统的标准配置设备之一。作为工作人员的办公场所，岗亭内一般装有计算机、监控设备、发卡器、空调、UPS 等设备。如今随着先进的车辆管控技术的应用，岗亭正逐步被无人值守车辆出入口收费系统所取代。

2. 停车场部分

停车场部分一般由车位引导系统、反向寻车系统、视频安防监控系统、紧急报警系统等部分组成，应根据安全防范管理的需要选用相应系统，各系统宜独立运行。以下主要介绍车位引导系统与反向寻车系统。

1) 车位引导系统

车位引导系统一般包括视频车位检测器(图 6-4 所示)、入口信息屏(图 6-5 所示)、室内引导屏(图 6-6 所示)等设备，采用该系统可实现引导车辆场内通行，监视车辆数量，进行车位管理等功能。

视频车位检测器一般安装在车位的上方，采用视频识别技术判断当前车位状态、车位上的车辆信息等，统计当前车场的停车信息。视频车位检测器还集成了车位状态指示灯，车位空闲则绿灯亮；车位占用则红灯亮。

入口信息屏一般安装在入口安全岛上或车库入口处，用于显示当前停车场内的剩余车位数量等信息。

室内引导屏一般安装在停车场道路拐角、分岔口等位置，方便车主了解相关方向区域的空余车位情况，若有空车位，则指示箭头亮，并且显示剩余的车位数量；若无空车位，则显示车位数为零。

图 6-4　视频车位检测器　　　图 6-5　入口信息屏　　　图 6-6　室内引导屏

2) 反向寻车系统

反向寻车系统一般包括视频车位检测器、车位查询机(如图 6-7 所示)和反向寻车管理软件。视频车位检测器实时检测当前车位的状态，为车位查询机提供当前车位的车辆信息。车位查询机上安装有反向寻车管理软件，一般安装在停车场内各电梯口或楼道口，车主可在车位查询机上输入自己车辆的车牌或车位号等信息，查询车辆的停放位置，同时车位查询机可根据当前位置规划出方便、快捷的寻车路线，使车主快速找到车辆停放位置。

图 6-7　车位查询机

3. 车辆管理中心

车辆管理中心是停车场系统的管理和控制中心，主要包括收费岗亭或控制室、收费管理设备及停车管理软件等。车辆管理中心应能实现对系统操作权限、车辆出入信息的管理功能对车辆的出/入行为进行鉴别及核准，对符合出/入条件的出/入行为予以放行，并能实现信息比对功能。

收费岗亭或控制室主要用于管理临时车辆和进行车辆收费，对于一些临时车辆停车场，也可以不设立收费岗亭或控制室。收费岗亭或控制室的位置一般设立在出入口处，方便车辆收费操作。收费岗亭或控制室内一般安装有数据交换机、计算机等管理设备，会有工作人员在里面办公，面积要求在 $4m^2$ 以上。收费管理设备由收费管理计算机(内配图像捕捉卡)、IC 卡台式读写器、报表打印机、对讲主机系统和收费显示屏组成。收费管理计算机除负责与自动发卡机及出口读卡机通信外，还负责对报表打印机和收费显示屏发出相应的控制信号，同时完成同一卡号的进场车辆图像和出场车辆号牌的对比、停车场数据自动采集下载、读取 IC 卡信息、查询或打印报告、统计分析、系统维护和月租卡发售等功能。停车管理软件一般包括车牌识别管理软件、车位引导管理软件、反向寻车管理软件等，能实现对停车的智能管理功能。

随着移动通信网络技术、智能终端设备及移动支付技术等新一代信息技术在车辆出入、停放等管理中的应用，传统的车辆收费管理模式正在发生重大的变化。其中，最突出的改变是发卡的管理系统已经基本被车道二维码取代，车辆在出入口处经过车牌智能识别后便能取得通行权，或者通过扫码(如微信、支付宝)支付停车费以后便可离场。

三、停车安全管理系统的主要功能

停车安全管理系统通常包括以下基本功能：

(1) 图像识别功能。车辆进入园区时，系统通过摄像机摄取车辆的外形、颜色、号牌等图像信息，离开园区时将出口图像和入口图像进行比较，从而确保车辆出入安全。

(2) 语音提示功能。对重要信息、误操作或非法操作等做出语音提示。

(3) 多种报表输出。输出车辆信息、收费信息、通行记录、车辆信息，用户信息等相关报表。

(4) 适用多种停车卡。停车卡包括停车 IC 卡、停车 ID 卡、非接触式 IC 停车卡、ID/IC 复合停车卡、智能停车卡等。

(5) 具有防砸车功能。当车辆停在道闸下，道闸不会下落；当车辆离开后，道闸自动下落。

(6) 临时卡发放。采用自动出卡机配合按键出卡，无车或车位满时禁止出卡。

(7) 脱机运行功能。各出入口具有联网功能，以保证数据一致性，当网络断开处于脱机状态时，系统正常运行，网络接通时，数据自动恢复。

(8) 多种收费管理方式。系统具有长期卡、月租卡、临时卡、管理卡等多种收费或不收费管理方式。

(9) 具有 LED 中文显示屏。显示屏可以显示时间、收费金额、实时车位数、车位满、卡有效期等。

(10) 对讲功能。系统可通过对讲功能保证各出入口和管理中心的联络。

停车安全管理系统通常还包括以下扩展功能：

(1) 车位引导功能。利用超声波来检测某车位是否处于占用或空闲状态，并将检测到的车位状态变化信息通知车位引导控制器，从而对车辆发生引导信息。

(2) 防砸人、砸车功能。除了采用防砸雷达技术外，还可选用压力电波或红外线技术实现防砸人、砸车功能。

(3) 多区域车位记数功能。对多区域或地下多层停车场，可利用车辆检测器及计数控制器实现对各区域车辆数量的统计，同时通过车位记数显示屏实时显示。

四、停车安全管理系统的工作原理

车辆进出园区的一次完整的活动过程主要包括车辆进场、车位引导、停车入位、反向寻车、车辆出场等，其各活动的主要工作原理如下。

1. 车辆进场

当车辆到达园区车辆入口处，一旦进入车辆进入抓拍区，则车辆检测设备对车辆存在情况进行检测，这一环节通常由地埋式线圈车检器完成，但随着高清数字摄像机及辅助设备在车辆抓拍、检测、识别等技术的日趋成熟与广泛应用，入口处车辆检测判断大多直接通过入口识别摄像机完成，此时计算机将记录检测时间与抓拍的图像，同时将储存识别后的车牌信息报送到车辆管理系统，进行车辆类型判别并被确认是否有资格进入，如园区内已经注册的月卡用户有资格直接进入，非注册用户则需要通过扫描入口处道闸旁边张贴的车道码或 LED 显示屏显示的由停车安全管理系统下发二维码入场。如果能够进入，则显示欢迎入场，道闸开启，接着防砸车辆检测器工作(一般采用防砸雷达进行检测)，当车辆通行完毕，道闸关闭，车辆离开抓拍区，完成泊车任务。车辆进场管控流程如图 6-8 所示。

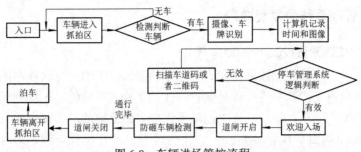

图 6-8　车辆进场管控流程

2. 车位引导

一般通过在车位上方安装视频车位检测器检测当前车位是否被占用，并据此精确统计出相关车位的使用信息。

进入的车辆可根据入口信息屏的剩余车位信息，选择进入停车场的相应区域，再根据场内引导屏及视频车位检测器的状态指示灯等信息，快速寻找到可停放车辆的车位。

3. 停车入位

当车辆驶入某个停车位时，视频车位检测器会及时检测到有车辆入库，并将车辆相关信息发送至车辆管理中心，告知系统车位已被占用。

4. 反向寻车

驾驶员可在就近的车位查询机上输入车辆的车牌或车位号等信息，查询车辆的停放位置，然后根据系统规划的最优路线能够快速找到目标车辆。

5. 车辆出场

车辆驶出车位时，视频车位检测器检测到车辆驶离，会立即将相关车位信息发送至车辆管理中心，告知系统车位未被占用。

当车辆行驶至出口处，进入出口识别摄像机的识别范围，摄像机开始识别车辆信息，并在服务器管理软件上显示，等车辆走到触发线时，摄像机抓拍车辆出场照片，并向出口道闸发出触发信号。如果是非临时停车，则启用相应的收费规则进行扣费，扣费成功后道闸开启；如果是属于临时停车，则需要驾驶者扫描收费二维码进行缴费，缴费成功后道闸开启。在防砸雷达的支持下，车辆未离开之前道闸将一直处于抬起状态，从而防止砸车事件的发生，同时显示屏会显示车辆信息，并发出语音提示，最后车辆驶出完成出场。车辆出场管控流程如图 6-9 所示。

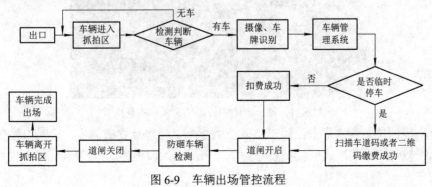

图 6-9　车辆出场管控流程

五、停车安全管理系统的发展阶段

1. 人工停车管理阶段(20 世纪 80 年代)

改革开放之后，随着汽车数量在我国的逐步增多，出于维护公共秩序的需要，停车场成了一项新的建筑设施，其主要任务是保管停放的车辆。早期的停车场规模很小，一块场地一般只能容纳十几辆车，唯一能跟"停车场设施"沾上边的，大概也就只有看车人的那一张"板凳"而已(如图 6-10 所示)。一个人、一个包、一个板凳，就是当时停车管理的真实写照。随着改革开放的深入，汽车的数量不断增加，我国的停车管理行业也在快速发展。

图 6-10　早期的人工停车场

2. 出入口车辆管理阶段(20 世纪 90 年代—21 世纪初)

20 世纪 90 年代初，国外的停车管理系统开始进入我国。国内一些做门闸的企业开始进军停车场行业，模仿国外的停车收费系统，结合门闸设施，在停车场出入口设置管制设备，出入口停车管理模式开始出现。图 6-11 为一个简单的停车场出入口实景图，从图中可以看出，该出入口通过道闸对车辆进行管控。

图 6-11　基于道闸的停车场出入口实景图

这个阶段的停车管理需求仅限于出入口的控制、收费及安防需要。出入口控制设备的自动化水平较低，产品形式以机械设备为主，包括出入口道闸、出票/卡机等，收费仍以人工方式为主。

3. 智能停车管理阶段(21世纪初至今)

随着我国经济的飞速发展，汽车的数量不断增加，汽车在给人们带来便利的同时，停车管理不善、停车难等问题日益突出，原有的停车出入口控制已经不能满足日常的管理需求。出入口设备逐渐向高端化、无人化发展，在新一代信息技术支持下，逐渐出现了智能化的车辆安全管理设备，例如，基于ETC、非接触式IC卡、RFID卡、蓝牙远距离读卡、车牌识别、二维码支付等技术的城市停车收费系统，以及停车场内车位智能引导、反向寻车系统等。停车管理行业进入了快速发展、更新换代的智能化阶段。图6-12为一个无人值守的车辆出入口管理实景图。从图中可知，该出入口已经取消了人工收费岗亭，车辆出入检测及收费完全实现了无人化。

图6-12　无人值守的车辆出入口管理实景图

随着云计算、移动互联网等技术的快速发展，停车管理行业将继续向智能化和无人化方向迈进，例如，全视频快速通行、无人值守的停车管理系统、停车大数据联网等。基于"云端＋移动端"的停车应用将在未来迅速普及，基于停车大数据的运营也将成为停车管理行业的重要发展方向。

六、停车安全管理系统的特点及应用

1. 停车安全管理系统的特点

停车安全管理系统有效地解决了停车场人工收费中容易发生争执、费用流失、车辆被盗、服务效率低、管理形象差等问题，是现代交通、物业、安保管理的理想解决方案。停车安全管理系统具有如下特点：

(1) 严格的收费管理。对于人工现金收费方式，不仅劳动强度大、效率低，而且容易在财务上造成一定的漏洞。停车安全管理系统对收费过程有严格的统计和记录，可以有效避免失误和作弊等现象，保障投资者的利益。

(2) 高度的安全管理。停车管理中采用人工操作，容易产生疏漏，或者出现无记录可查的问题，如果发生丢车或谎报丢车的现象，会给停车管理带来诸多不便。停车安全管理系统对车辆的相关信息都有详细的记录，同时配有图像对比功能，因此可以保障停放车辆的安全。

(3) 先进的技术应用。停车安全管理系统采用多种先进技术，可以实现车辆出入的无人化管理，提高管理工作效率，同时系统的操作过程自动化程度高，能大量节约人力与时间成本。

(4) 完善的停车管理。停车安全管理系统具备完善的管理系统，软件操作简单，车主和管理人员都能方便地使用系统，为人们的生活带来了很大的便利。

2. 停车安全管理系统的应用

随着智慧园区车辆出入控制与管理需求的不断增长，以及停车安全管理系统技术的快速发展，出现了各种类型的停车安全管理系统，常见的类型有以下几种：

1) 小区停车管理系统

小区停车场一般有两种类型。一种是在小区门口直接设立停车场(如图 6-13 所示)，用于管理出入小区的车辆，这种停车场设备往往采用露天安装，可方便小区车辆的出入管理。另一种是在小区内部设立的地下停车场，可以充分利用地下空间，改善小区地面活动条件。

2) 收费站车辆管理系统

收费站车辆管理系统是停车安全管理系统的一项特殊应用，如图 6-14 所示。它的作用是对路过车辆进行停车收费，所有车辆必须在交费后才能通过。

图 6-13　小区门口的停车场　　　　　　图 6-14　收费站车辆管理系统

3) 地下停车管理系统

地下停车管理系统是应用最为广泛的一种停车安全管理系统。在现代小区、办公大楼等来往车辆较多的场所，一般都会修建地下停车场。地下停车场有出口和入口设立在一起的，也有出口、入口分开设立的。图 6-15 为地下停车场入口处道闸，图 6-16 为地下停车场的内部环境。

图 6-15　地下停车场入口处道闸　　　　　图 6-16　地下停车场的内部环境

4) 室外停车管理系统

室外停车管理系统是在露天场所规划停车位，车辆按照规划的停车位进行停车。早期的室外停车场多为人工管理收费，如图 6-17 所示，现在已逐渐发展为专门的室外停车管理系统进行收费管理。

　　5) 立体停车管理系统

　　立体停车管理系统是一种新型的停车安全管理系统，一般为多层立体结构，又被称为立体停车库，如图 6-18 所示。立体停车库的优点是大大节约了场地空间，使场地的利用率提高了 3~4 倍。整个停车库的升降系统通过单独的停车模块组合在一起，车辆的进出需要通过控制停车模块进行水平或垂直移动操作来实现。

图 6-17　室外停车场　　　　　　　　　　图 6-18　立体停车库

 任务实施

实训 6-1　智慧园区停车安全管理系统调查

1. 实训目的

(1) 了解智慧园区停车安全管理系统的发展阶段。

(2) 掌握智慧园区停车安全管理系统的主要构成及基本功能。

(3) 理解智慧园区停车安全管理系统的应用现状。

(4) 能胜任资料收集、分析、报告撰写与展示的工作要求。

2. 实训器材

(1) 设备：电脑。

(2) 工具：办公软件。

(3) 材料：智慧园区停车安全管理系统的相关资料。

3. 实训步骤

(1) 根据实训目的、要求和材料，设计调查所需要的关键词。

(2) 根据设计的关键词，运用多种方法收集智慧园区停车场安全管理相关资料。

(3) 根据调查目的和要求，设计本次实训所需要的调查问卷。

(4) 采用线上、线下两种手段开展智慧园区停车管理专项问卷调查。

(5) 运用办公软件整理基于关键词调查所得资料和基于调查问卷所得资料。

(6) 根据调查结果，撰写调查报告，制作汇报 PPT。

4. 实训成果

完成智慧园区停车场安全管理调查报告并汇报 PPT。

 评价与考核

一、任务评价

任务评价见表 6-1。

表 6-1　实训 6-1 任务评价

考核项目	评价要点	学生自评	小组互评	教师评价	小计
智慧园区停车场安全管理调查报告	调查关键词				
	网上调查资料				
	问卷调查资料				
	调查报告格式				
	调查报告内容				
智慧园区停车场安全管理调查成果汇报 PPT	PPT 版式设计				
	PPT 内容制作				
	PPT 汇报仪态				

二、任务考核

1. 简述停车安全管理系统的主要发展阶段及其特点。
2. 停车安全管理系统出入口部分主要包括哪些设备?具有哪些主要功能?
3. 车位引导系统主要包括哪些设备?简述设备的主要功能特点。
4. 简述停车安全管理系统的主要工作原理。
5. 简述停车安全管理系统的特点及应用。

 拓展与提升

随着大数据、云计算、物联网和人工智能等新一代信息技术的广泛应用，城市停车管理模式在新一代信息技术支持下也在不断创新发展，请结合调查结果，对当前城市智慧园区车辆出入控制、引导、停放和监控等环节的管理与控制模式进行总结分析，并对未来的发展趋势进行展望。

任务 6-2　熟悉智慧园区停车管理的主要设备

 任务情境

在中国古代，拴马桩是一类用于马车停放管理的重要器具，通过把马拴在桩上发挥停

车管理的作用。拴马桩石雕(如图 6-19 所示)是我国北方独有的民间石刻艺术品，在陕西省
渭北高原上的澄城县分布尤为密集，其数量和品种可称得上在全国"独一无二"。它原本
是过去乡绅大户等殷实富裕之家拴系骡马的雕刻实用条石，以坚固耐磨的整块青石雕凿而
成，一般通高 2～3 m，宽厚相当，约 22～30 cm 不等，常栽立在农家民居建筑大门的两侧，
不仅成为居民宅院建筑的有机构成，而且和门前的石狮一样，既有装点建筑的作用，同时
还被赋予避邪镇宅的意义，因此人们称它为"庄户人家的华表"。

图 6-19　拴马桩石雕

　　自 1886 年现代汽车诞生以来，人们的生活发生了根本性的变化，特别是人们的出行
距离不断延长、出行需求不断增长。伴随现代城市规模的不断扩张，整个社会经济体系高
速运转，反过来又推动了以汽车为代表的城市机动化快速发展，由此引发了包括城市车辆
安全管理在内的一系列问题。在现代电子、控制、网络、监控及人工智能等先进技术的支
持下，车辆安全管理的技术手段也不断推陈出新，在保障人们的日常出行和车辆安全存放
方面发挥了巨大作用。

　　本次学习任务要求完成车行出入系统的安装与接线、车行出入系统调试两个典型实训
项目，通过实践训练，进一步巩固停车控制与管理的主要知识，提升对系统安装与调试的
操作技能。

 学习目标

(1) 理解车牌识别一体机、车辆道闸、地感线圈、防砸雷达的主要功能与工作原理。
(2) 理解车位探测器、入口信息屏、场区引导屏与车位查询机的主要功能及工作原理。
(3) 了解收费岗亭的结构与性能特点。
(4) 具备车行出入系统的安装接线与系统调试能力。

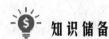 **知识储备**

一、出入口部分

1. 车牌识别一体机

车牌识别一体机又名车牌识别一体化摄像机，是计算机视频图像识别技术在停车场出

入口车辆牌照识别中的一种应用，即从图像信息中将车牌号码提取并识别出来，其主要包括识别摄像机和信息显示等部分，集成了自动采集识别和显示车牌信息、语音提示、图像采集、控制道闸等功能。图 6-20 为常见的车牌识别一体机，图 6-21 为车牌识别一体机工作场景。

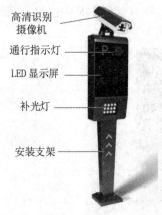

图 6-20　车牌识别一体机　　　　　　　　图 6-21　车牌识别一体机工作场景

1) 高清识别摄像机

高清识别摄像机是专门针对停车场系统推出的，基于嵌入式的智能高清车牌识别一体机产品，设备选用 200 万像素以上高清宽动态摄像机，采用宽动态技术，通过可调角度的专用支架固定在识别一体机顶部，摄像机外部安装专用护罩，如图 6-22 所示。

高清识别摄像机内部主要包括高清车牌识别抓拍单元、镜头和内置补光灯，并配套有安装支架、护罩、万向节等。高清车牌识别抓拍单元是高清识别摄像机的核心部件，图 6-23 为高清识别摄像机主要背面接口实物照片。

图 6-22　高清识别摄像机　　　　　　图 6-23　高清识别摄像机背面接口实物照片

2) 信息显示部分

信息显示部分集成安装在车牌识别一体机的箱体中，包括 LED 显示屏、语音模块、控制主板、补光灯等。

(1) LED 显示屏主要有智能红绿灯通行提示、车牌信息显示等功能，绿灯亮表示车辆允许通行，同时显示车牌号码等相关车辆信息。

(2) 语音模块通过控制板实现语音提示播报，可根据用户需求自定义语音内容，如"欢迎光临""一路平安"等。

(3) 控制主板是信息显示部分的控制核心，通过与高清识别摄像机的信息交流，智能控制各组成部分。

(4) 补光灯会在夜间或者光线较暗的环境下打开，完成对高清识别摄像机的补光操作。

图 6-24 为信息显示部分的控制主板实物照片，图 6-25 为其接口示意图。各个接口分别对应的含义及相关指标如下：

(1) 绿灯、地、红灯：输出红绿灯信号给红绿灯显示板。

(2) 喇叭：输出语音信号给语音模块。

(3) A、B：RS485 信号接口，连接接收高清识别摄像机的采集信息。

(4) 12 V、GND、5 V：主板的电源接口，本装置的配置为 DC 5 V。

图 6-24　控制主板实物照片

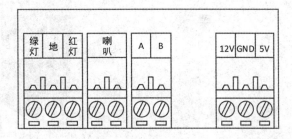

图 6-25　控制主板接口示意图

2. 车辆道闸

车辆道闸又称挡车器，最初从国外引进，英文名为 Barrier Gate，是专门用于道路上限制机动车行驶的通道出入口管理设备，现广泛应用于公路收费站、停车场系统管理车辆通道等场所，作用是管理车辆的出入。车辆道闸可单独通过无线遥控实现起落杆，也可以通过停车场系统实行自动管理状态，入场时自动识别放行车辆，出场时收取停车费后自动放行车辆。根据车辆道闸的使用场所，道闸可分为直杆、栅栏及曲臂杆等，如图 6-26 所示。

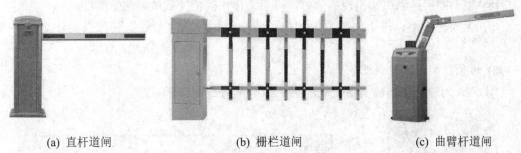

(a) 直杆道闸　　　　　　　(b) 栅栏道闸　　　　　　　(c) 曲臂杆道闸

图 6-26　常见的车辆道闸

不同厂家的车辆道闸在外形结构上会有所差别，但功能基本相同，下面对该设备的基本内容进行介绍。

1) 主要结构及其功能

车辆道闸主要由机箱、闸杆、一体化机芯、电动机、传动机构、平衡弹簧、道闸控制板、手动摇把、无线接收器等部分组成，如图 6-27 所示。

(1) 机箱：用于安装道闸系统的相关部件，要求其结构坚实、牢靠，耐风雨、耐擦洗，外观色彩要鲜明。机箱的外壳能用钥匙打开和拆下，方便操作和维修。

(2) 闸杆：安装在道闸机箱背面的杆把座上，随着主轴的转动实现水平到垂直的 90° 运行。

(3) 一体化机芯：将变速器、变矩机构等部件集成于一体，大大减少了机箱内部部件数量，大幅度提升了设备的整体可靠性。

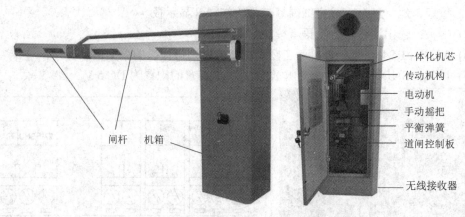

图 6-27　车辆道闸的结构

(4) 电动机：用于驱动道闸的升降起落，具备开、关、停等控制功能。

(5) 传动机构：用于道闸动力的传输，进而实现对闸杆的动作控制，包括弹簧挂壁、连接杆、电动机轴连接件、法兰等部件。

(6) 平衡弹簧：可以根据闸杆的长度来改变弹簧与主轴之间的力臂大小，从而改变弹簧的受力大小，使道闸达到平衡。

(7) 道闸控制板：一种采用数字化技术设计的智能型多功能控制设备，具有良好的智能判定功能和很高的可靠性，是智能道闸的控制核心，用于实现道闸系统的自动控制。

(8) 手动摇把：当道闸出现故障时，可手动操作摇把控制道闸的抬落杆。

(9) 无线接收器：用于遥控器控制信号的接收和传送，一般安装在机箱外部背面的下方。

2) 道闸控制板接口说明

图 6-28 为道闸控制板实物照片，图 6-29 为其接线端口示意图。

图 6-28　道闸控制板实物照片　　　　　图 6-29　道闸控制板接线端口

道闸控制板各个接口的含义如下：

(1) 公共：信号线的公共端，用于连接识别摄像机和车辆检测器的公共端信号线。

(2) 开、关、停：用于连接识别摄像机的动作信号线，识别摄像机的"起闸"端口与"开"端口连接。

(3) 地感：用于连接车辆检测器由地感线圈触发的动作信号线。

(4) 防砸：红外对射防砸接口，可外接红外对射器。

(5) 开限、关限、V+：闸杆的限位接口。

(6) 接收：无线接收器的信号接口，实现遥控器对道闸的无线控制。

(7) 限位：限位开关接口，用于连接安装在一体化机芯上的霍尔限位开关。

3. 线圈检测器

线圈检测器由地感线圈、馈线与线圈车检器构成，馈线可以被看作地感线圈的延伸部分，通常情况下认为线圈检测器主要包括地感线圈和线圈车检器两部分。地感线圈与线圈车检器一起构成 LC 振荡电路，基于电磁感应原理实现车辆检测。线圈检测器上电后，当车辆通过地感线圈或者停在该线圈上时，车辆自身的金属材质将会改变线圈内的磁通，引起线圈回路电感量的变化，线圈车检器通过检测该电感量的变化来判断是否有车辆经过。

地感线圈与线圈车检器一般同道闸配合使用，可以高精度地感知车辆，为道闸闸杆的抬起与落下提供触发信号，可起到防砸车和车过自动落闸的作用，目前在停车领域仍有广泛应用。

1) 地感线圈

地感线圈一般安装在道闸附近车道的路基下。在地面上先开出一个圆角矩形的沟槽，再在这个沟槽中埋入四到六匝导线，通过检测卡提供一定工作电流，构成一个典型的地埋式感应线圈车辆检测系统。由于地感线圈安装在室外路面环境下，故要求其具有耐高温、抗老化、耐酸碱、防腐蚀等特点，常用的地感线圈线材为铁氟龙高温镀锡线缆，线径一般为 0.5 mm、0.75 mm、1.0 mm、1.5 mm 等。图 6-30 为已敷设完成的地感线圈施工现场。

图 6-30　已敷设完成的地感线圈施工现场

2) 线圈车检器

如图 6-31 所示，线圈车检器内部安装有控制主板、继电器等模块，实现车辆检测和控制功能。线圈车检器外部通过伸出的触头插接在接线底座上，接线底座将触头合理分配在上下两端，方便设备接线。线圈车检器一般固定在道闸箱体内部，地感线圈的引出线接入道闸机箱与其连接。

图 6-32 为线圈车检器外部指示灯及开关。图 6-33 为线圈车检器接线示意图。

继电器 K1(包括 5、6、10 引脚)、继电器 K2(包括 3、4、11 引脚)的输出方式由主板上的拨码开关决定，可实现不同方式的延时操作。该装置连接的输出方式为继电器 K2 存在输出，连接到了道闸的"地感"接口，即如有车辆经过时，继电器 K2 的 3、4 引脚吸合导通，保持闸杆处于抬起状态，直至车辆离开地感线圈后，3、4 引脚断开，输出关闸信号，车过落杆。

图 6-31　线圈车检器

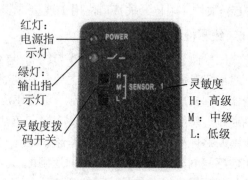

图 6-32　线圈车检器外部指示灯及开关

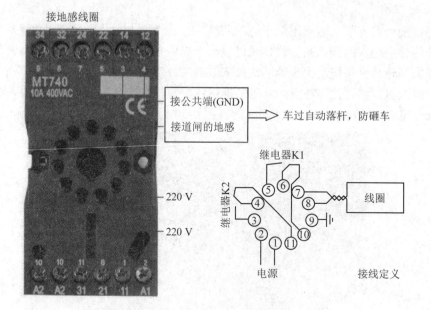

图 6-33　线圈车检器接线示意图

4. 防砸雷达

　　尽管地感线圈可以高精度地检测车辆，为道闸闸杆的升起、落下提供判断依据。但是在实际工作中，一方面，由于地感线圈浅埋于地表下，容易在车辆挤压下受到损坏；另一方面，地感线圈覆盖范围有限，难以为道闸下落提供高可靠性的控制信号。为此，一般会另外增加防砸雷达或其他防砸设备，来提高车辆检测的冗余信息，确保车辆能够安全地、可靠性通过出入口区域。图 6-34 为防砸雷达实物图，防砸雷达安装在道闸箱体上。

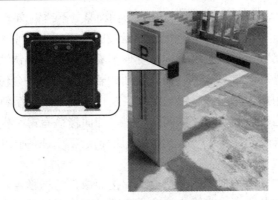

图 6-34 防砸雷达实物图

防砸雷达基于特殊频段的电磁波进行目标探测。按照雷达的工作原理,不论发射波的频率如何,只要是通过辐射电磁能量和利用从目标反射回来的回波对目标进行探测和定位,都属于雷达系统工作的范畴。常用的雷达工作频率范围为 220~35000 MHz,但实际上各类雷达工作的频率都超出了上述范围。例如,天波超视距(OTH)雷达的工作频率为 4 MHz 或 5 MHz,而地波超视距的工作频率则低到 2 MHz。在频谱的另一端,毫米波雷达可以工作到 94 GHz,激光雷达则工作于更高的频率。

当车辆驶入防砸雷达的微波范围,防砸雷达在探测到有车辆进入后,触发车牌识别一体机完成车牌识别及其出入合法性判别,通过判别通知闸机升起闸杆放行车辆,直到车辆完全驶离后,闸杆才会放下,从而避免发生砸车事件。在雷达从探测到车辆直到车辆完全离开雷达探测范围,期间防砸雷达如果识别到闸杆范围内有车或行人的存在,会始终保持闸杆的抬起状态。相比于地感线圈防砸技术,防砸雷达除去安装、维护更加方便之外,还能识别出人和非机动车,有效避免砸人事件的发生。

5. 收费岗亭

收费岗亭俗称收费亭,是停车场管理人员收取停车费的工作场所。除了车场专用的收费岗亭外,根据功能不同,还有治安岗亭、物业岗亭、景区岗亭等几种类型。根据安装特点,收费岗亭可以分为固定式岗亭和移动式岗亭两大类;根据外观特点,收费岗亭可以分为椭圆收费岗亭、半椭圆收费岗亭、圆形收费岗亭和方形收费岗亭(如图 6-35 所示)等类型。

图 6-35 方形收费岗亭实物图

　　根据结构及材料的不同，收费岗亭又分为彩钢岗亭、不锈钢岗亭、铝塑板岗亭等类型。其中，彩钢岗亭是由复合板内墙和彩钢板外墙组成的。不锈钢岗亭不会产生腐蚀、点蚀、锈蚀或磨损，具有耐腐蚀、增强强度、钢材变形不易破裂和不易锈蚀等优点，适用于恶劣环境下使用的一些公共环境硬件设施，而且表面如若喷涂上色，会使附着力强度更高，但在表面锌层破损后其耐腐蚀性消失。铝塑板岗亭是指主要采用铝塑料板制作而成的收费岗亭型式。铝塑料板又名铝塑复合板，中间是塑料，外面覆盖有薄铝板并且热压在一起的复合板。由于材质的特殊性，铝塑料板无法使用金属焊接工艺，所制作的墙体容易起鼓变形，没有不锈钢岗亭坚固耐用。

　　目前，收费岗亭的底座一般采用碳钢方通焊接而成，结构稳定。收费岗亭的墙体材料多采用优质环保彩钢夹芯板，美观大方、防火防潮，窗户通常采用不锈钢门窗，也有塑钢门窗等不同材料，地面为防潮板加木地板铺装，或者采用防静电活动地板。收费岗亭内通常安装有收费台、显示器、电脑、摄像机、衣帽钩、UPS、空调、吸顶灯、开关插座及配电系统等器件，线路一般采用暗铺设，并配备有空调进出口。收费岗亭的结构应根据电气性能、机械性能和设备使用环境等要求，确保具备良好的刚度、强度及保护、接地、隔噪、通风等性能。此外，收费岗亭还应该具备较好的抗振动、冲击、腐蚀以及防尘、防辐射等特性，拥有良好的安全防护设施，以保证收费岗亭内的人员及财产安全。

二、停车场区部分

1. 车位探测器

　　停车场车位探测器主要有地感线圈车位探测器、超声波车位探测器和视频车位探测器，分别如图 6-36(a)、(b)、(c)所示。下面重点介绍超声波车位探测器与视频车位探测器。

(a) 地感线圈车位探测器　　　　(b) 超声波车位探测器　　　　(c) 视频车位探测器

图 6-36　车位探测器

1) 超声波车位探测器

　　超声波车位探测器是一种非接触式测量仪器，一般安装在停车位的正上方来对车辆进行探测。其工作原理是从上往下对照车位发出超声波，超声波车位探测器可以实时捕获发射信号与接收回波信号的时差，然后据此测算超声波的运动距离。如果探测器在某一时刻探测到距离值达到了预置值，则探测器输出车辆探测结果的开关量信号，由此完成车位上是否有车辆存在的判别任务。

为了更加准确、可靠地进行车辆探测，超声波车位探测器芯片内部一般还设计了前置放大、限幅放大与整形电路，以便微芯片能够快速检测与判断回波数据是否正确，并且能够正确计算出距离数值。超声波车位探测器的功能原理如图 6-37 所示。

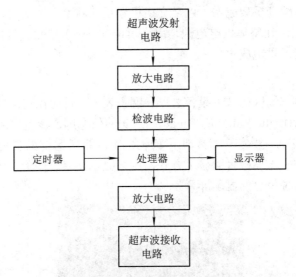

图 6-37 超声波车位探测器的功能原理

在对超声波车位探测器进行安装调试时，超声波探头表面严禁用手及其他物体触摸，以免产生信号滞后及损坏，在测距中应保证测距器与被测物体距离为定值，并且使设备与被测物体尽量对中，从而保证所测距离的准确性。相比于地感线圈车位探测器，超声波车位探测器通过检测车顶和地面的反射波，能够正确地检测出每个车位是否有车辆存在。但是，超声波车位探测器对安装环境要求较高，且不适用于室外停车场。

2) 视频车位探测器

视频车位探测器是车位引导系统中的重要组成部分。近年来，随着视频检测技术的快速发展，以及视频车位探测器性价比的不断提升，该产品有逐步替代其他车位探测器的发展趋势。视频车位探测器一般由图像采集、图像处理、网络通信、显示、控制及电源五个模块组成，各模块之间的拓扑结构如图 6-38 所示。

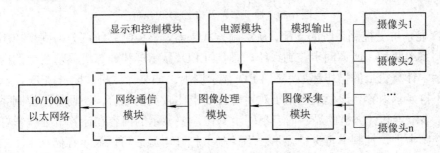

图 6-38 视频车位探测器结构

视频车位探测器可自动完成车位图片抓拍，车牌识别、车脸识别、车位识别，并控制车位状态指示灯。其中，红灯代表对应车位全部被占用；绿灯代表对应车位中还有空车位。以大华 DH-ITC304-PVRB4A/B5A/D4A 双目智能视频车位探测器为例，该产品搭配了两个摄像头(又被称为"双目"),均为 2.8 mm 的百万像素定焦镜头。摄像机采用双网口设计,支持网络级联,并可实现设备手拉手串联的组网方式。该产品采用吸顶式安装,能支持 6 个车位的检测识别,在保证视频和图片同时传输的前提下可串接 20 个摄像机,从而减少现场线缆布设成本,配套桥架成本,以及交换机数量和施工人力费用。同时,摄像机采用 DC 8～26 V 宽压设计,在整体供电电源功率许可情况下,可串联大量视频车位探测器,可以最大程度地减少现场供电成本。

2. 入口信息屏

入口信息屏是停车场区的常见设备之一。调查表明,目前在室内外停车区域应用较多的是基于发光二极管(Light Emitting Diode,LED)的信息屏,少量采用液晶显示器(Liquid Crystal Display,LCD)。图 6-39 为某地下车库入口 LED 信息屏的实物图。LED 信息屏是一种通过控制半导体发光二极管的显示方式,用来显示文字、图形、图像、动画、行情、视频、录像信号等各种信息的显示屏幕。

图 6-39　地下车库入口 LED 信息屏

LED 显示屏受控制系统的支配,从实施方式来看,该控制系统可分为同步控制系统和异步控制系统两种。所谓同步控制系统,是指 LED 显示屏和计算机显示器上的内容完全同步显示,计算机上的操作都显示在 LED 显示屏上。如果计算机关闭,LED 显示屏也将关闭,不再显示内容。该模式适用于对实时性要求比较高的场合。所谓异步控制系统,是指 LED 显示屏和计算机的显示内容不同步变化,要显示的内容在计算机上编辑好以后,发送到控制卡上,控制卡再进行显示。当控制卡打开电源后可以显示存储在卡上的内容,即使此时计算机已经关闭也可以进行显示。这种模式适用于对实时性要求不高的场合。

从实际应用来看,LED 全彩同步控制系统具有高性能、实时显示、节能环保等优点,已成为当前停车场入口信息屏的主流技术。一般采用并行多根总线传送数据的方式,既节省了成本也提高了传输效率和传输质量。另外,入口信息屏通过使用高集成度现场可编程门阵列(Field Programmable Gate Array，FPGA)作为主控制模块，使用大容量同步动态随机存取内存(Synchronous Dynamic Random-Access Memory，SDRAM)代替高成本的等容量静态随机存取存储器(Static Random-Access Memory，SRAM)，采用信号包复用技术同步传送显示数据和控制数据，采用高效率的灰度切片算法等等，确保了 LED 全彩同步控制系统显示稳定可靠和较高的刷新率，成为目前市面上非常有竞争力的入口信息屏显示控制系统。

3. 场区引导屏

场区引导屏是停车场区车位引导系统的重要构成设备之一，主要用于车位引导信息的发布，辅助车主快速实现车辆停放任务。目前，停车场区引导屏主要采用液晶显示屏或者 LED 显示屏两种类型。

场区引导液晶显示屏(如图 6-40 所示)可以高亮显示基于地图的各类数据，比如电子地图、剩余车位数据等，以便管理中心精确管理车位的占用状态。另外，该类设备一般还具有多种通信接口，采用 4G/以太网 B/S 应用架构，能够支持云或本地部署。

场区引导 LED 显示屏(如图 6-41 所示)可实时显示车位剩余数量，按显示模组不同可分为双色 LED 显示屏和 RGB-LED 显示屏。其中，双色 LED 显示屏可按需显示 1～4 个分区，拥有多种通信接口(如 4G、以太网等)，外观有黑色、黄色或蓝色等多种样式。RGB-LED 显示屏一般采用高亮度、大尺寸，自带控制和散热系统，同时也拥有多种通信接口(如 RS485、4G、以太网等)。

图 6-40　液晶显示屏

图 6-41　LED 显示屏

作为车位引导系统的终端设备之一，场区引导屏的主要功能是用于引导车主快速找到停车位。因此，在实际安装使用中，场区引导屏要保证合适的安装角度、高度与亮度。与入口信息屏不同的是，场区引导屏主要安装在室内停车场。设备安装前，需要结合停车场内的交通组织方案，进行充分的现场踏勘，从使用者的角度来进行安装点位设计。另外，还要考虑网络与供电条件，以及防水、防潮、防腐蚀、防浪涌等特殊要求，采取针对性的防护措施。

4. 车位查询机

车位查询机(如图 6-42 所示)是停车场区域反向寻车系统的重要终端设备，一般放置于商场、购物中心等大型停车场内。当车主返回停车场时，往往由于停车场空间大、环境及标志物类似、方向不易辨别等原因，容易在停车场内迷失方向，寻找不到车辆。利用车位查询机可以直接查询车辆所在位置，引导车主快速找到停放的车辆，减轻焦虑情绪，节省时间。近年来，随着国内大型、立体、复杂停车场越来越多，大型停车场内寻车需求日益突出，车位查询机的作用正逐步得到市场的认可。

图 6-42　车位查询机

　　车位查询机是一种图形化设备，通常具备人机交互功能，用于车主离场时进行车辆位置的查找和扫描二维码缴费。一般通过车牌号码、车位编号(如 A012)、停车时间(如上午10:00-12:00)等关键词对车辆的停放信息进行查询，除了支持精确查询功能，绝大部分产品还支持模糊查询功能。查询结果一般在停车场电子地图上显示出来，同时输出导航寻车的导航路线，使整个找车过程变得轻松而便捷。另外，车位查询机需要具备联网运行能力，且拥有良好的网络扩展性；需要配备 LCD/液晶显示屏以及电容触摸屏，提供操作提示和个性化的查询结果，同时支持空闲状态下加载广告播放等功能。

　　目前，车位查询机主要基于车牌识别技术、刷卡定位技术与取票定位技术。车牌识别技术基于计算机视觉技术，利用前端摄影机实时回传视频图像，获得车辆的车牌号码信息，进行车辆定位。刷卡定位技术利用分布于停车场各个区域的刷卡定位终端，进行刷卡定位，定位精度更高，可靠性高。取票定位技术利用在停车场各个区域的条码出票机上取出的条码票，通过票上打印中文车辆位置信息，取车时在车位查询机上读取此票从而完成查车定位功能。

三、管理中心部分

　　管理中心又被称为数据管理中心，一般包括数据交换机、计算机及停车场管理软件等。

　　数据交换机用于连接停车场系统各部分的数据采集设备，包括高清识别摄像机、视频车位检测器、查询机和计算机等，统计停车场的车位信息以及与上层主机或者停车场服务器进行数据交互。

　　计算机是停车场系统的控制中心，其作用是协调和控制停车场所有设备的协调运行，实时监控、显示停车场设备当前的工作状态，如来车情况、道闸杆上下位置、车位使用情况等信息。计算机安装有停车场管理软件，能实现对系统操作权限、车辆出入信息的管理功能，对车辆的出入行为进行鉴别及核准，并能实现信息比对功能。同时，数据处理中心处理识别结果，统计车位数量以及发布车位信息，存储车牌信息供查询机查询车辆位置。

　　停车场管理软件一般包括车牌识别管理软件、车位引导管理软件、反向寻车管理软件等实现对停车场系统的智能管理。

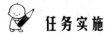 **任务实施**

实训 6-2 车行出入系统安装接线

1. 实训目的

(1) 了解车行出入口交付场景的整体架构以及应用。

(2) 熟悉车行出入口交付场景的产品清单以及产品参数。

(3) 掌握车行出入口交付场景的安装接线和施工规范。

2. 实训器材

(1) 设备：道闸、杆式一体机、防砸雷达。

(2) 工具：电源线、网线、信号线、电脑等。

3. 实训步骤

1) 安装设备

(1) 明确道闸安装流程(如图 6-43 所示)。

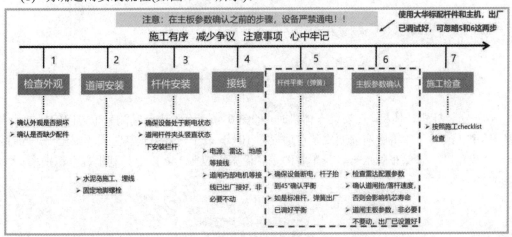

图 6-43　安装流程

　　(2) 确认道闸安装高度。对于不同的应用场景，道闸的安装高度要求不同，本场景以小车较多的停车场为例，道闸安装底部安全岛高度需要距离路面 10～15 cm，如图 6-44 所示。

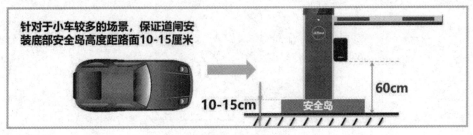

图 6-44　安装高度

(3) 安装防砸雷达。在安装防砸雷达时，首先需要注意的是雷达的型号与闸杆的类型，24G 雷达不适用于栅栏闸，本实验以 79G 雷达为例，安装的高度为 0.6～0.7 m(适用于普通车辆，大车通行应适当调整架设的高度、数量)，如图 6-45 所示。

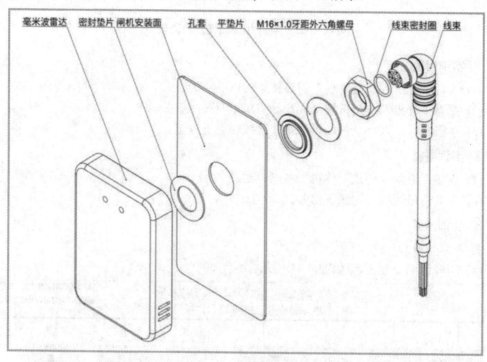

毫米波雷达　密封垫片　闸机安装面　　孔套　平垫片　M16×1.0牙距外六角螺母　　线束密封圈　线束

图 6-45　安装防砸雷达

(4) 安装杆式一体机。在安装一体机时，如图 6-46 所示，需要勘测来车方向的抓拍线(距离一体机 4 m)，一体机底座需要安装在边界内 10 cm 以上，避免安装时损坏安全岛。同时要调整相机角度，确保车牌水平，且车牌的宽度像素点应在 140 以上，利于提升识别率。

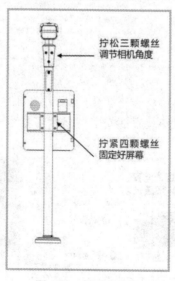

拧松三颗螺丝
调节相机角度

拧紧四颗螺丝
固定好屏幕

图 6-46　杆式一体机

2) 设备接线

(1) 明确整体接线拓扑，如图 6-47、图 6-48 所示。

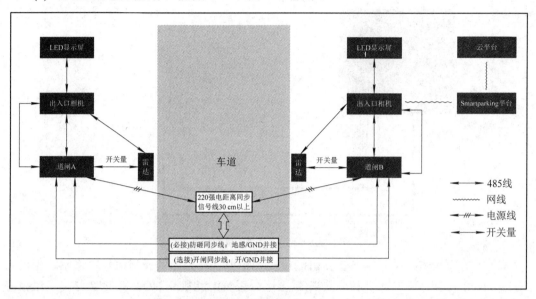

图 6-47 整体接线拓扑结构图一

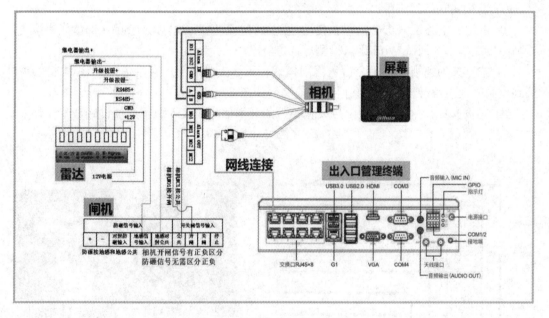

图 6-48 整体接线拓扑结构图二

(2) 杆式一体机&屏幕接线步骤。

① 杆式一体机和屏幕分别接入 220 V AC，部分道闸可以进行供电则无需单独连接适配器。

② 显示屏与相机通过 RS485 连接通信，如图 6-49 所示。

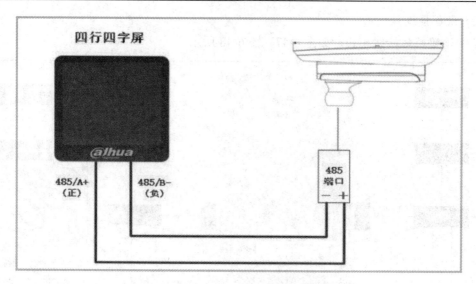

图 6-49　杆式一体机&屏幕接线

③ 本方案为纯视频开闸、雷达落闸模式，相机只需要提供开闸信号给道闸，相机的NO1 和 NC1 接到道闸的起杆和公共端(需要区分正负)，相机的 NO2 和 NC2 是另一组报警输出，备用接口。

(3) 防砸雷达接线步骤。

① 雷达的电源 12 V DC 需单独使用适配器，电流 700 mA 以上，禁止从旧款闸机取电，否则易出现砸车、调试 WiFi 无法检测等问题。

② 本方案为纯视频开闸、雷达落闸模式，雷达提供关闸信号给道闸，雷达的蓝和绿接到道闸的地感信号输入和地感信号公共端，如图 6-50 所示。

(4) 道闸接线。将雷达防砸信号线和相机的开闸信号线接入道闸面板，如图 6-51 所示。

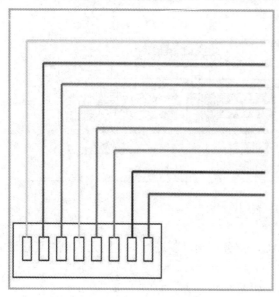

图 6-50　防砸雷达接线

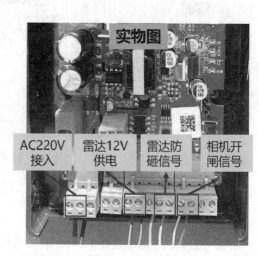

图 6-51　道闸接线

4. 实训成果

(1) 完成大华车行出入设备的安装。

(2) 完成道闸、杆式一体机、屏幕、雷达的接线。

实训 6-3　车行出入系统调试

1. 实训目的

(1) 掌握车行出入系统相机端相关调试内容。

(2) 掌握车行出入系统雷达相关调试内容。

(3) 熟悉车行出入系统道闸相关调试内容。

(4) 掌握车行出入系统 SmartParking 软件调试相关内容。

2. 实训器材

(1) 设备：道闸、杆式一体机、防砸雷达、电脑(安装 SmartParking 软件)。

(2) 工具：电源线、网线、信号线等。

3. 实训步骤

1) 相机调试

(1) 相机场景划线。目前，大华出入口相机已实现全局识别，无需进行识别区域的确定，只需确定抓拍位置即可完成抓拍。抓拍车牌位于视频下半区，抓拍图片尽可能覆盖全车轮廓，车牌水平像素≥140，如图 6-52 所示。

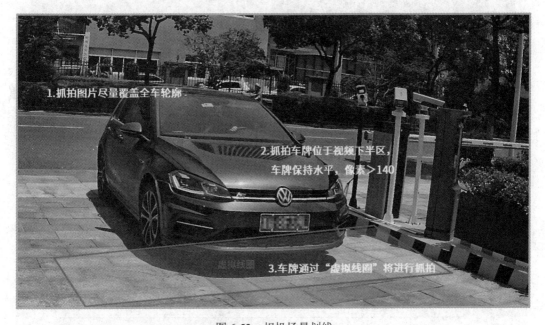

图 6-52　相机场景划线

(2) 开闸控制方式。登录相机 Web 端，启用道闸控制。勾选"命令开闸(平台)"，允许平台控制开闸，如图 6-53 所示。在下方填写平台 IP 地址。

图 6-53　开闸控制设置

(3) 补光灯调试。登录相机 Web 端，进入图像参数界面，补光模式选择"白光模式"。选择"按亮度自动"，如图 6-54 所示。

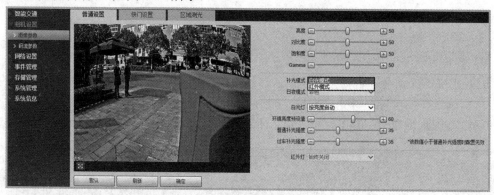

图 6-54　补光灯调试设置

(4) 配置屏幕&语音。选择控制设置，按需勾选"单机模式或托管模式(平台)"。选择不同状态下所显示的内容，如图 6-55 所示。选择"语音播报选项"，如图 6-56 所示。

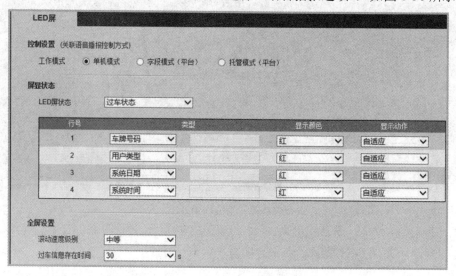

图 6-55　屏幕&语音设置

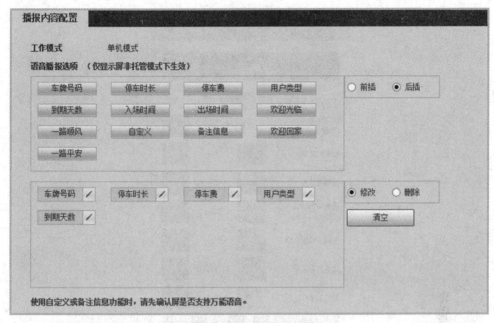

图 6-56　语音播报内容选择

(5) 车牌识别验证。在预览界面勾选"接收图片"，正常安装车牌(国内车牌)的车辆通过，检查抓拍记录以及识别到的车牌是否准确。在向导页面或安装调试页面，有实时对过车的分析，并给出评价。主要方向来车应绝大部分满足 A 评价。

2) 雷达调试

(1) 下载"雷达调试助手"。

(2) 蓝牙连接雷达。进入调试助手后允许开启蓝牙，选择雷达蓝牙设备，并输入默认密码 88888888，如图 6-57 所示，选择雷达类型勾选"防砸"，如图 6-58 所示。根据现场设备信息，修改基本参数，如图 6-59 所示。

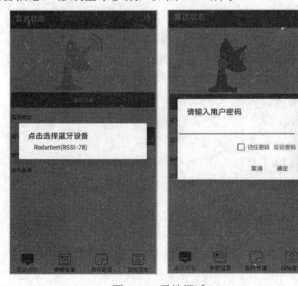

图 6-57　雷达调试

图 6-58　防砸模式选择

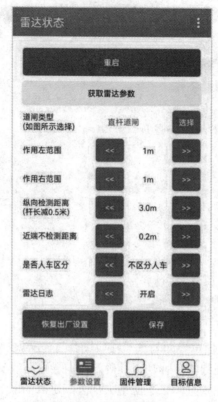

图 6-59 雷达参数修改

雷达设置参数保存之后或环境改变后必须进行背景学习：

① 点击"背景学习"，等待 30～60 s，直到提示背景学习成功，否则需要重新进行背景学习。

② 背景学习之后需要检查背景学习结果是否正常。

3) 道闸调试

(1) 确认道闸弹簧力度，即落杆抖，紧弹簧；起杆抖，松弹簧，如图 6-60 所示。

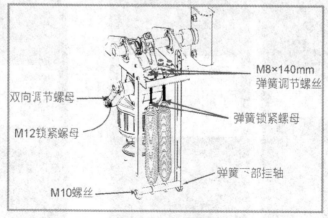

图 6-60 道闸调试

(2) 可根据实际需求，调节主板功能，如表 6-2 所示。

表 6-2　主板调节说明

功能项	说　　明
限位调试	设置道闸起杆位置和落杆位置。出厂默认起杆 90°，落杆水平
速度调试	设置道闸起杆、落杆的速度快慢，不同杆件类型、长度、速度不一样
延时落杆(无车延时落杆,过车立刻落杆)	道闸开到位之后，开始倒计时，经过设置的时间到了之后杆子自动落杆。倒计时的时候有外部开闸或防砸信号输入重新计时，过车之后触发雷达，信号从有到无之后道闸立刻落杆
延时落杆(过车延时落杆,无车不落杆)，也叫地感过滤时间等	道闸触发雷达关闸信号之后正常情况下是马上落杆，开启此功能后经过一个设定的时间才落杆
计数模式	开启后道闸会记录开闸信号和关闸信号次数，当关闸信号的次数≥开闸信号次数时道闸才执行落杆，当关闸信号次数少于开闸信号次数道闸不落杆
车队模式(常开模式)	开启后屏蔽地感/雷达信号，过车不会落杆。实现方式：①相机设置常开；②道闸遥控器一键常开
断电抬杆	设备断电后道闸自动抬杆到竖直状态(部分设备支持)
485 日志功能	通过道闸的 485 接口和相机的 485 接口相连，可以从相机 web 端获取道闸运行状态和运行日志，包括设备运行次数、开关闸的信号源等

4) SmartParking 软件调试

(1) 安装 SmartParking 软件。

(2) 添加设备，如图 6-61 所示。

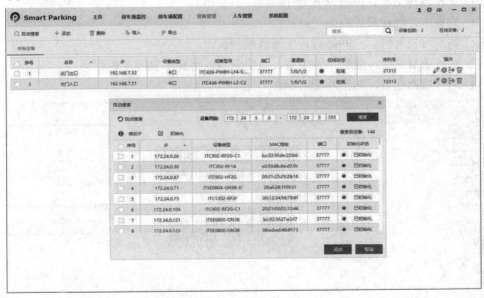

图 6-61　软件调试

(3) 停车场配置，可根据配置向导进行操作。

① 车场配置，如图 6-62 所示。

图 6-62　车场配置

注：相同车牌过滤，特别是混进混出车道，避免抓拍车辆尾牌；车牌识别错误，提升匹配性(入场、出场分别配置)；对无入场记录车辆，自动放行，特别是新建设停车场，利用率高。

② 车道配置。选择对应的站点，进入车道配置。

- 输入车道名称；
- 选择是主停车场还是子停车场；
- 选择进口还是出口；
- 下拉选择主、辅相机设备 IP；
- 设置主、辅相机抓拍间隔时间；
- 添加可视对讲、自助终端、车道监控相机。

③ 车辆信息配置，包括车辆类型、收费车型、特殊车辆等车辆信息。

④ 放行规则配置，如图 6-63 所示。

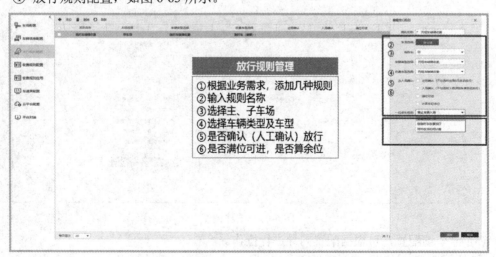

图 6-63　放行规则配置

⑤ 收费规则配置。

(a) 配置规则如图 6-64 所示。

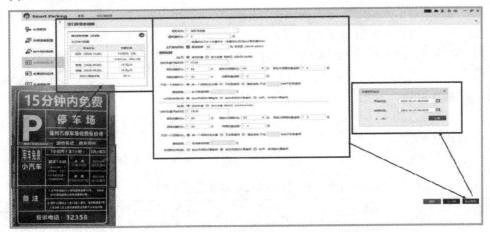

图 6-64　规则配置

(b) 规则应用如图 6-65 所示。

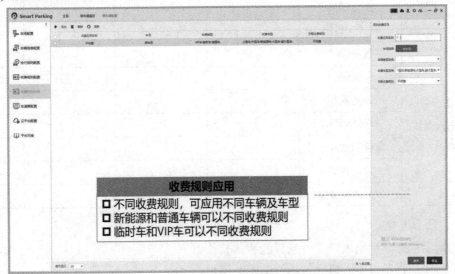

图 6-65　规则应用

⑥ 人车管理。

(a) 添加月租车、储值车、VIP 车等车辆车主信息。

(b) 同步白名单，支持选择免费车和月租车。

⑦ 功能验证。

(a) 双击画面进行视频和图片的切换。

(b) 手动抓拍，在未识别车牌时，单击 📷 手动抓拍车辆图片。

(c) 常开，单击 ▤ ，设置车道常开。

(d) 查看历史记录，单击"历史记录"，条转载记录中心查看车辆进出记录。

(e) 快捷键，现金支付-双击空格键、免费放行-单击回车键。

4. 实训成果

(1) 完成车行出入系统相机端的调试。

(2) 完成车行出入系统雷达的调试。

(3) 完成车行出入系统道闸的调试。

(4) 完成车行出入系统 SmartParking 软件的调试。

 评价与考核

一、任务评价

任务评价见表6-3。

表 6-3　实训 6-2、6-3 任务评价

考核项目	评价要点	学生自评	小组互评	教师评价	小计
车行出入系统 安装接线	安装流程				
	安装高度				
	雷达安装				
	杆式一体机				
	设备接线				
车行出入系统 调试	相机调试				
	开闸控制				
	补光灯调试				
	车牌识别验证				
	雷达调试				
	放行规则调试				

二、任务考核

1. 简要描述车行出入口交付场景的整体架构。

2. 简要描述车行出入口交付场景的产品清单。

3. 概述车行出入口交付场景的安装接线和施工规范。

4. 车行出入系统相机端调试的主要内容有哪些?

5. 车行出入系统防砸雷达相关调试的主要内容有哪些?

6. 车行出入系统道闸相关调试的主要内容有哪些?

 拓展与提升

随着城市智慧园区的快速发展,园区车辆出入及停放正成为园区管控的热点问题之一。试结合前面所学的知识和实践训练,谈谈园区停车安全管理存在的主要问题,同时给出自己的解决思路。

附录 配套教学资源

教材中融入的课程教学资源								
序号	资源名称	二维码	序号	资源名称	二维码	序号	资源名称	二维码
1	智慧园区概述		12	吊装安装丨枪型摄像机		23	一体式液晶拼接落地后维护安装指导	
2	智慧园区的类型		13	大华录像机开箱视频		24	桌面式交换机壁挂安装视频	
3	智慧园区的关键技术		14	顶装安装丨枪型摄像机		25	【安装指导】7寸智能门禁一体机	
4	智慧城市简介		15	横杆装安装丨枪型摄像机		26	室内机安装指导	
5	大华股份公司简介		16	立杆装安装丨枪型摄像机		27	人闸施工部署	
6	【IVD501】硬件安装指导		17	网络球形摄像机丨壁装		28	【安装指导】人闸（摆闸）	
7	【IVSS708】硬件安装指导		18	网络球形摄像机丨吊装		29	【安装指导】人闸（翼闸）	
8	半球丨壁装		19	网络云台摄像机丨座装		30	车闸出入口显示屏安装指导	
9	半球丨吊装		20	5.8G无线视频传输设备安装动画指导		31	车闸施工安装总览	
10	半球丨顶装		21	ARC9016C-V3报警主机接线		32	车闸系统接线	
11	壁装安装丨枪型摄像机		22	分体式液晶拼接前维护安装指导				

"岗课赛证"融通清单

"岗"——国家职业技能标准相关工种/岗位技能要求在教材中的融入								
职业岗位	4-07-05-05 安全防范系统安装维护员(2015版)				4-04-02-02 信息通信网络线务员(2019版)			
职业等级	五级(初级)、四级(中级)、三级(高级)				五级(初级)、四级(中级)、三级(高级)			
职业技能	安全防范系统(工程)基础施工	设备安装调试	系统调试	维修维护	电缆施工与维护	光缆施工与维护	综合布线装维员	信息通信网络施工员
项目二	√	√	√	√	√	√	√	√
项目三	√	√	√	√	√		√	√
项目四	√	√	√	√	√			√
项目五	√	√	√	√	√		√	√

"课"——课程教学活动在教材中的融入		
教师活动	学生活动	对应教材内容
1.课前布置任务 2.教学设计 3.课程导入 4.课程学习 5.课程总结 6.考核评价	1.课前预习 2.展示、讨论 3.课内学习 4.在线练习或线下实训 5.课后作业 6.参与讨论	1.典型案例 2.微课资源 3.课程教学资源 4.翻转课堂教学 5.探究式教学

"赛"——职业技能大赛在教材中的融入																	
教材内容	全国智能交通系统集成与应用技能竞赛(全国交通行指委2020)					建筑智能化系统安装与调试职业技能大赛(教育部2019)											
	理论竞赛	技能竞赛			职业素养与安全意识	理论竞赛	技能竞赛						团队合作能力	工作效率	质量意识	安全意识	职业素养
		检测并修复交通模拟监控系统故障	搭建模拟与网络高清混合监控系统	交通视频大数据的采集和分析			对讲门禁	网络视频监控	周界防范	巡更	环境监控	DDC照明控制					
项目一	√					√											

续表

教材内容	全国智能交通系统集成与应用技能竞赛(全国交通行指委2020)					建筑智能化系统安装与调试职业技能大赛(教育部2019)											
	理论竞赛	技能竞赛			职业素养与安全意识	理论竞赛	技能竞赛						团队合作能力	工作效率	质量意识	安全意识	职业素养
		检测并修复交通模拟监控系统故障	搭建模拟与网络高清混合监控系统	交通视频大数据的采集和分析			对讲门禁	网络视频监控	周界防范	巡更	环境监控	DDC照明控制					
项目二		√	√	√	√			√					√	√	√	√	√
项目三			√				√						√	√	√	√	√
项目四			√	√					√				√	√	√	√	√
项目五			√	√									√	√	√	√	√
项目六				√			√	√					√	√	√	√	√

"证"——"1+X"职业技能等级证书技能要求在教材中的融入									
安全防范系统建设与运维									
"1+X"职业技能等级证书技能要求	初　级					中　高　级			
	安全防范系统施工安装部署	视频监控系统安装及基础配置应用	报警系统安装部署及基础配置应用	出入门禁控制系统安装部署及基础配置应用	安全防范系统现场巡检与运维	视频监控系统业务配置与运维	入侵紧急报警系统业务配置与运维	出入门禁控制系统业务配置与运维	安全防范综合系统部署与运维
项目二	√	√			√	√			√
项目三	√		√		√		√		
项目四	√			√	√				√
项目五	√				√				√

参 考 文 献

[1]　王文利. 智慧园区实践[M]. 北京：人民邮电出版社, 2018.

[2]　安全防范工程技术标准(GB 50348—2018)[M]. 中国计划出版社, 2018.

[3]　出入口控制系统技术要求(GB/T 37078—2018)[M]. 中国标准出版社, 2019.

[4]　楼寓对讲系统第 3 部分：特定应用技术要求(GB/T 31070.3—2021)[M]. 中国标准出版社, 2019.

[5]　入侵和紧急报警系统技术要求(GB 32581—2016)[M]. 中国标准出版社, 2016.

[6]　入侵和紧急报警系统控制指示设备(GB 12663—2019)[M]. 中国标准出版社, 2019.

[7]　停车库(场)安全防范要求(DB 4403/T 55—2020)[M]. 深圳市市场监督管理局, 2020.

[8]　孙佳华. 人工智能安防[M]. 清华大学出版社, 2020.

[9]　都伊林. 智能安防新发展与应用[M]. 华中科技大学出版社, 2018.

[10]　刘桂芝. 安全防范技术及系统应用[M]. 电子工业出版社, 2021.